はじめに

大学での物理の勉強はまず力学から始まる．ここで躓く原因は次のようなものであろう．①高校で十分学習していないなどのために基礎の物理量（加速度，仕事，…etc.）の把握ができていない．力の働きを誤って捉えている（例えばつり合いと作用反作用の混同，…etc.）．②物理量の意味するところが実感できない（例えば角運動量，慣性モーメント，…etc.）．③どこでどの法則や公式を使うか思いつかない．④ベクトルの演算，微分，積分等の数学知識が不十分なので数式の展開が分からない．

そこで，本書では読者が自ら問題を解き，考えを進めることにより力学の最初の壁が乗り越えられるようにデザインした．そのために数多く良問を精選・作成することで1，2年次に学ぶ力学のエッセンスを凝縮した．さらに力学を学び始めた読者が迷うことなく高い効率で学習できるように全ての問題に丁寧な解説を付けた．途中の計算過程もできる限り省くことなく記してある．

物理の学習は昔から現在に至るまで演習が必須である．これは水泳を畳の上でいくら練習しても泳げるようにならないのと同じことである．自分で図を描き，数式を書き込んでゆく過程で頭が活性化して，物理法則の理解と定着が完成する（かのニュートンも自分のノートに，読んだ書籍の内容や自身の実験・考察・数式等を克明に書き込んでいった）．

本書の対象は主として大学教養課程で学ぶ理系の学生である．高校で物理を履修しなかった初心者でも読めるように基本事項では初歩から説明してある．また，ベクトル演算，微分積分の数学公式は基本事項とMemoの欄でまとめてあるので必要に応じて参照するとよい．Columnは息抜きも兼ねて気楽に読んでいただければと思う．問題とそれに関連する練習問題は全て1ページに収めてあり，無駄なく学習が進むように工夫してある．各問題には考え方として，解決に必要な指針を示した．これは問題を解くヒントとしても使用できる．さらに問題には注釈の形でポイントが付けてある．ここで解答の過程で要となる部分や使用公式，誤りやすい箇所などを指摘した．かたわらにアドバイザーが付いているように思って読んでほしい．

問題は，基本を確認する設問から高度な応用力・数学力を要するもの，あるいは新規に作成したオリジナル問題も含めて豊富に用意したので，大学院入試でも大きな効果が期待できる．公式を導く問題も多く入れてある．これにより能動的に物理法則を身につけることができる．なお，問題の答は問題文に与えられている文字を用いるのが原則であるが，重力加速度 g と万有引力定数 G は省いてあることが多い．

おわりに，本書の執筆を勧めてくださった石綿夏委也先生，並びに暖かく強力に推進していただいた東京図書の川上禎久氏に心より感謝いたします．

堀江克己

装幀　岡 孝治

Chapter 1

運動の記述

質点の運動を数式化する．質点の位置を記述する座標系の
設定から始め，速度，加速度の意味を学ぶ．
また，物理の各分野で多用するベクトルの作図や
いろいろな演算についても知識を深めてゆく．

1 位置と座標
2 ベクトルとスカラー
3 速度
4 加速度

基本事項

1　位置と座標（問題 1-1）

❶ 直交座標

大きさを無視して点として扱う物体を**質点**という．粒子，小物体，小球などと表現することもあるが，物体自身の回転や内部の運動は考えない．空間内の質点の位置を表すのに互いに直角な方向に x 軸，y 軸，z 軸をとった**直交座標系**（デカルト座標系）が使われる．質点の位置の各軸への正射影により，位置が 3 個の数値の組 (x, y, z) で表せる．直線運動だけを考える場合は x 軸，平面内の 2 次元運動なら x, y 軸のみで足りる．

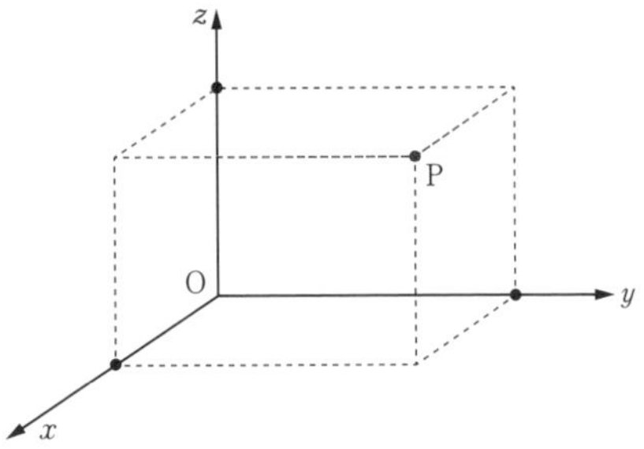

❷ 平面極座標（2 次元極座標）

平面内の質点の位置 P を原点 O からの距離 r と，OP が x 軸となす角 θ（方位角）を用いて表す方式で，回転を扱うとき等に便利である．θ は x 軸から反時計回りの方向に測っていく．

極座標の値 (r, θ) から直交座標の値 (x, y) を求める式は，

$$x = r\cos\theta$$

$$y = r\sin\theta$$

逆に，直交座標の値 (x, y) から極座標の値 (r, θ) を求める式は，

$$r = \sqrt{x^2 + y^2}$$

$$\tan\theta = \frac{y}{x}$$

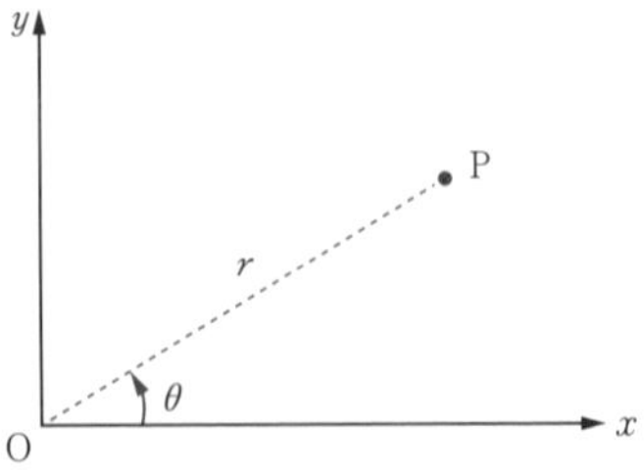

なお，空間内の運動を扱うときは 3 次元極座標を用いる（**練習問題 1-1**）.

例　直交座標の値 $(x, y) = (10, 10)$ を極座標で表すと $(r, \theta) = \left(10\sqrt{2}, \dfrac{\pi}{4}\right)$

2　ベクトルとスカラー（問題 1-2, 3, 4, 5）

❶ ベクトル

ベクトルは速度や力のように大きさと向きを併せもつもので，$\vec{A}$ あるいは太字で $\boldsymbol{A}$ のように表す．ベクトルを図に描くときは，線の長さで大きさを示し，矢印で向きを示す有向線分で表す．

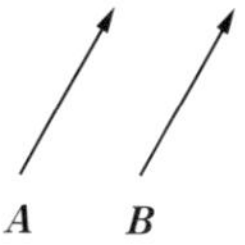

大きさが等しく向きが同じ 2 つのベクトル $\boldsymbol{A}$，$\boldsymbol{B}$ は等しく，$\boldsymbol{A} = \boldsymbol{B}$ と表す．

ベクトルの大きさは $A = |\boldsymbol{A}|$ のように表記する．

❷ スカラー

温度や質量のように向きをもたない量をスカラーという．これは単一の実数で表すことができ，座標系の取り方によらない量である．

❸ ベクトルの実数倍（スカラー倍）

ベクトルに実数 k をかけたものを定義できる．

$k > 0$ のとき $k\boldsymbol{A}$ は，$\boldsymbol{A}$ と同じ向きで大きさが k 倍であり，

$k < 0$ のとき $k\boldsymbol{A}$ は，$\boldsymbol{A}$ と逆向きで大きさが $|k|$ 倍とする．

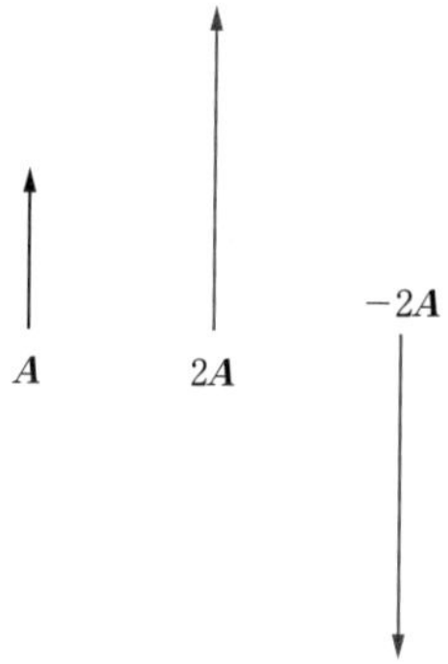

特に $k = -1$ の場合，$-1\boldsymbol{A} = -\boldsymbol{A}$ と表記し $\boldsymbol{A}$ の**逆ベクトル**という．

$k = 0$ のとき $0\boldsymbol{A} = \boldsymbol{0}$ は，大きさが 0 のベクトルで**零ベクトル**という．

❹ ベクトルの合成と分解

ベクトル $\boldsymbol{A}, \boldsymbol{B}$ の和 $\boldsymbol{A}+\boldsymbol{B}$ は，図のように $\boldsymbol{A}$ の終点に $\boldsymbol{B}$ の始点を合わせて並べることにより求められる．

同じ結果は平行四辺形の対角線でも求めることができる．

ベクトルの和は順序を交換しても同じである．

$$\boldsymbol{A}+\boldsymbol{B}=\boldsymbol{B}+\boldsymbol{A}$$

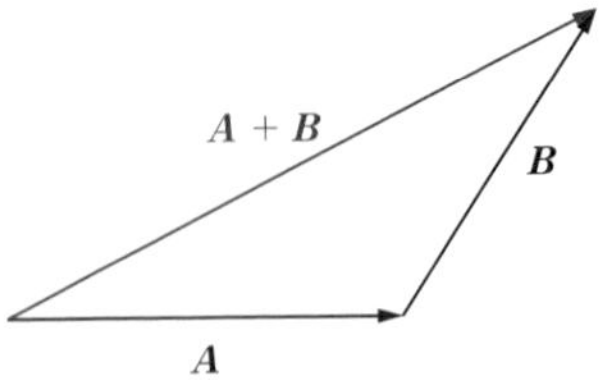

並べる方法

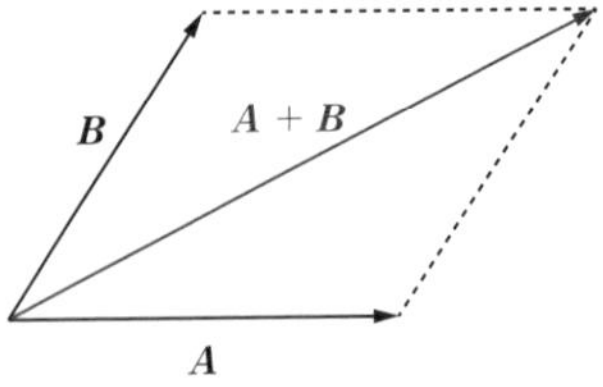

平行四辺形の方法

逆に 1 つのベクトルを複数のベクトルの和で表すこともでき，ベクトルの分解という．

❺ ベクトルの差

ベクトル $\boldsymbol{A}, \boldsymbol{B}$ の差 $\boldsymbol{A}-\boldsymbol{B}=\boldsymbol{X}$ は $\boldsymbol{B}+\boldsymbol{X}=\boldsymbol{A}$ となるようなベクトル $\boldsymbol{X}$ であり，$\boldsymbol{A}, \boldsymbol{B}$ の始点をそろえて描いたとき，$\boldsymbol{B}$ の終点から $\boldsymbol{A}$ の終点に向かうベクトルとして作図できる．$\boldsymbol{A}$ と $-\boldsymbol{B}$ の和と考えてもよい．

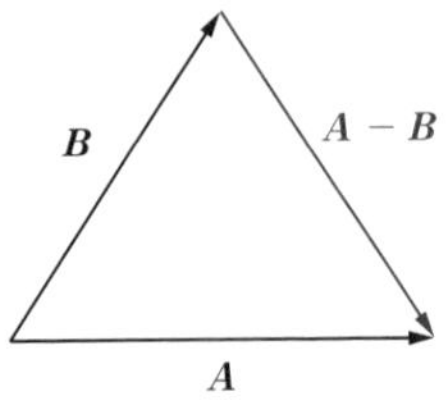

❻ ベクトルの成分

大きさが 1 のベクトルを**単位ベクトル**という．空間内に xyz 座標軸を取り，各軸の方向の単位ベクトルを $\boldsymbol{i}, \boldsymbol{j}, \boldsymbol{k}$ とすると，任意のベクトル $\boldsymbol{A}$ は $\boldsymbol{A}=A_x\boldsymbol{i}+A_y\boldsymbol{j}+A_z\boldsymbol{k}$ と表せる．$\boldsymbol{i}, \boldsymbol{j}, \boldsymbol{k}$ は**基本ベクトル**といい，ベクトル $\boldsymbol{A}$ を基本ベクトルで表した式の係数 A_x, A_y, A_z をそれぞれ $\boldsymbol{A}$ の x 成分，y 成分，z 成分といい，$\boldsymbol{A}=(A_x, A_y, A_z)$ と表す．

ベクトルの始点を座標の原点におくと，矢印の終点の座標が決まるが，この座標がベクトルの成分にほかならない．

❼ ベクトルの内積（スカラー積）

2つのベクトル $\boldsymbol{A}, \boldsymbol{B}$ がなす角を θ $(0 \leqq \theta \leqq \pi)$ として，**内積** $\boldsymbol{A}\cdot\boldsymbol{B}$ が次の式で定義される．

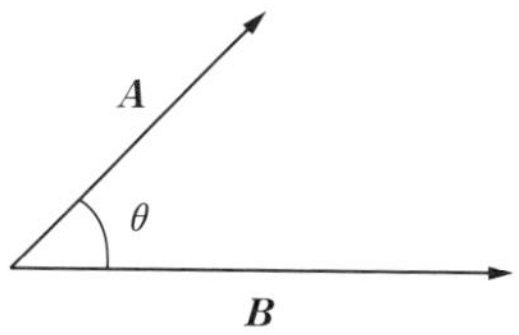

$$\boldsymbol{A}\cdot\boldsymbol{B} = |\boldsymbol{A}|\,|\boldsymbol{B}|\cos\theta$$

これは座標系の取り方によらない単一の実数でありスカラー量なので**スカラー積**ともいう．

$\boldsymbol{B} = \boldsymbol{A}$ のとき，$\theta = 0$ なので同一ベクトルどうしの内積（$\boldsymbol{A}^2$ と表記することもある）はベクトルの大きさの2乗に等しい．

$$\boldsymbol{A}\cdot\boldsymbol{A} = |\boldsymbol{A}|^2$$

$\boldsymbol{0}$ でない2つのベクトル $\boldsymbol{A}$，$\boldsymbol{B}$ が直交する条件は，$\theta = \dfrac{\pi}{2}$ より，内積が0になることである．

$$\boldsymbol{A} \perp \boldsymbol{B} \iff \boldsymbol{A}\cdot\boldsymbol{B} = 0$$

❽ 内積の基本的な性質

直交座標系の基本ベクトル $\boldsymbol{i}, \boldsymbol{j}, \boldsymbol{k}$ の間の内積の値は，定義から次のようになることが分かる．

$$\boldsymbol{i}\cdot\boldsymbol{i} = \boldsymbol{j}\cdot\boldsymbol{j} = \boldsymbol{k}\cdot\boldsymbol{k} = 1$$

$$\boldsymbol{i}\cdot\boldsymbol{j} = \boldsymbol{j}\cdot\boldsymbol{k} = \boldsymbol{k}\cdot\boldsymbol{i} = 0$$

一般に，内積は順序を交換しても変わらない（交換法則）．

$$\boldsymbol{A}\cdot\boldsymbol{B} = \boldsymbol{B}\cdot\boldsymbol{A}$$

次のように，かっこを外して展開できる（分配法則）．

$$\boldsymbol{A}\cdot(\boldsymbol{B} + \boldsymbol{C}) = \boldsymbol{A}\cdot\boldsymbol{B} + \boldsymbol{A}\cdot\boldsymbol{C}$$

実数はどこに入れてもよい（結合法則）．

$$(a\boldsymbol{A})\cdot\boldsymbol{B} = \boldsymbol{A}\cdot(a\boldsymbol{B}) = a(\boldsymbol{A}\cdot\boldsymbol{B}) \quad (a \text{ は実数})$$

❾ 内積の成分表示

ベクトル $\boldsymbol{A}, \boldsymbol{B}$ を直交座標成分で表して，

$$\boldsymbol{A} = (A_x, A_y, A_z), \quad \boldsymbol{B} = (B_x, B_y, B_z)$$

とすると，内積は次のように表せる．

$$\boldsymbol{A}\cdot\boldsymbol{B} = A_xB_x + A_yB_y + A_zB_z$$ （**練習問題 1-3**）．

ベクトルの成分は基本ベクトルとの内積をとったものに等しい．

$$A_x = \boldsymbol{i}\cdot\boldsymbol{A}, \quad A_y = \boldsymbol{j}\cdot\boldsymbol{A}, \quad A_z = \boldsymbol{k}\cdot\boldsymbol{A}$$ （**練習問題 1-3**）

例 内積の展開 $|\boldsymbol{A}+\boldsymbol{B}|^2 = (\boldsymbol{A}+\boldsymbol{B})\cdot(\boldsymbol{A}+\boldsymbol{B})$

$$= \boldsymbol{A}\cdot\boldsymbol{A} + \boldsymbol{A}\cdot\boldsymbol{B} + \boldsymbol{B}\cdot\boldsymbol{A} + \boldsymbol{B}\cdot\boldsymbol{B}$$

$$= |\boldsymbol{A}|^2 + 2\boldsymbol{A}\cdot\boldsymbol{B} + |\boldsymbol{B}|^2$$

⑩ ベクトルの外積（ベクトル積）

2 つのベクトル $\boldsymbol{A}, \boldsymbol{B}$ の**外積** $\boldsymbol{A}\times\boldsymbol{B}$ は，$\boldsymbol{A}, \boldsymbol{B}$ それぞれに直角で $\boldsymbol{A}$ から $\boldsymbol{B}$ に右ねじを回したときにねじが進む向きで，その大きさは $\boldsymbol{A}, \boldsymbol{B}$ が張る平行四辺形の面積に等しいものとして定義される．

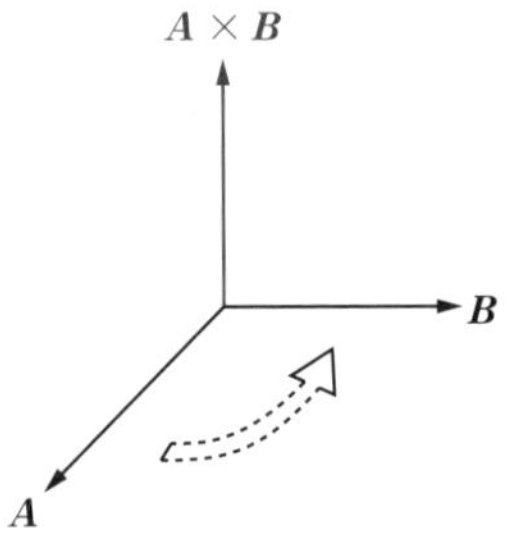

大きさは，2 つのベクトル $\boldsymbol{A}, \boldsymbol{B}$ がなす角を θ $(0 \leqq \theta \leqq \pi)$ として，次のように表せる．

$$|\boldsymbol{A}\times\boldsymbol{B}| = |\boldsymbol{A}||\boldsymbol{B}|\sin\theta$$

$\boldsymbol{A}\times\boldsymbol{B}$ はスカラーでなくベクトルであることに注意しよう．

$\boldsymbol{B}=\boldsymbol{A}$ のとき，$\theta = 0$ なので，同一ベクトルの外積は $\boldsymbol{0}$ になる．

$$\boldsymbol{A}\times\boldsymbol{A} = \boldsymbol{0}$$

⑪ 外積の基本的な性質

外積の定義より，直交座標系の基本ベクトル $\boldsymbol{i}, \boldsymbol{j}, \boldsymbol{k}$ 相互の外積は次のようになる．

$$\boldsymbol{i}\times\boldsymbol{i} = \boldsymbol{j}\times\boldsymbol{j} = \boldsymbol{k}\times\boldsymbol{k} = \boldsymbol{0}$$

$$\boldsymbol{i}\times\boldsymbol{j} = \boldsymbol{k}, \quad \boldsymbol{j}\times\boldsymbol{k} = \boldsymbol{i}, \quad \boldsymbol{k}\times\boldsymbol{i} = \boldsymbol{j}$$

ベクトルの順序を交換すると符号が変わる（要注意！）．

$$\boldsymbol{A}\times\boldsymbol{B} = -\boldsymbol{B}\times\boldsymbol{A}$$

次のような分配法則が成立する．

$$\boldsymbol{A}\times(\boldsymbol{B}+\boldsymbol{C}) = \boldsymbol{A}\times\boldsymbol{B} + \boldsymbol{A}\times\boldsymbol{C}$$

結合法則も成立する．

$$(a\boldsymbol{A})\times\boldsymbol{B} = \boldsymbol{A}\times(a\boldsymbol{B}) = a(\boldsymbol{A}\times\boldsymbol{B}) \quad (a \text{ は実数})$$

⓬ 外積の成分表示

ベクトルの直交座標成分 $\boldsymbol{A} = (A_x, A_y, A_z)$，$\boldsymbol{B} = (B_x, B_y, B_z)$ を用いると，次のように外積を成分で表すことができる（**練習問題 1-3**）.

$$\boldsymbol{A} \times \boldsymbol{B} = (A_yB_z - A_zB_y)\boldsymbol{i} + (A_zB_x - A_xB_z)\,\boldsymbol{j} + (A_xB_y - A_yB_x)\boldsymbol{k}$$

Memo　ベクトルの外積の成分は次のように覚えるとよい．$\boldsymbol{C} = \boldsymbol{A} \times \boldsymbol{B}$ として，

$$C_x = A_yB_z - A_zB_y \quad (\text{i})$$

$$C_y = A_zB_x - A_xB_z \quad (\text{ii})$$

$$C_z = A_xB_y - A_yB_x \quad (\text{iii})$$

左辺と右辺第 1 項の添え字（赤色）は，(i) $x \to y \to z$　(ii) $y \to z \to x$　(iii) $z \to x \to y$　のように，$x \to y \to z \to x$　の順序に並べ，右辺第 2 項の添え字は第 1 項の添え字の順を入れ替える．

⓭ ベクトルの恒等式（問題 1-4，5，**練習問題 1-5, 6**）

ベクトル $\boldsymbol{A}$，$\boldsymbol{B}$，$\boldsymbol{C}$，$\boldsymbol{D}$ に対して次の恒等式が成立する．

$$\boldsymbol{A}\cdot(\boldsymbol{B} \times \boldsymbol{C}) = \boldsymbol{B}\cdot(\boldsymbol{C} \times \boldsymbol{A}) = \boldsymbol{C}\cdot(\boldsymbol{A} \times \boldsymbol{B})$$

$$\boldsymbol{A} \times (\boldsymbol{B} \times \boldsymbol{C}) = (\boldsymbol{A}\cdot\boldsymbol{C})\boldsymbol{B} - (\boldsymbol{A}\cdot\boldsymbol{B})\boldsymbol{C}$$

$$(\boldsymbol{A} \times \boldsymbol{B})\cdot(\boldsymbol{C} \times \boldsymbol{D}) = (\boldsymbol{A}\cdot\boldsymbol{C})(\boldsymbol{B}\cdot\boldsymbol{D}) - (\boldsymbol{A}\cdot\boldsymbol{D})(\boldsymbol{B}\cdot\boldsymbol{C})$$

$$(\boldsymbol{A} \times \boldsymbol{B}) \times (\boldsymbol{C} \times \boldsymbol{D}) = \{\boldsymbol{A}\cdot(\boldsymbol{B} \times \boldsymbol{D})\}\boldsymbol{C} - \{\boldsymbol{A}\cdot(\boldsymbol{B} \times \boldsymbol{C})\boldsymbol{D}\}$$

3　速度（問題 1-7，8）

❶ 位置ベクトルと変位

座標系の原点を始点にとり，質点の位置を終点に取ったベクトルを**位置ベクトル**という．質点の位置の変化により，位置ベクトルも変化する．位置ベクトルが $\boldsymbol{r}$ から $\boldsymbol{r}'$ に変化したとき $\Delta\boldsymbol{r} = \boldsymbol{r}' - \boldsymbol{r}$ を**変位**という．

❷ 速度

単位時間当たりの質点の変位を**速度**という．これは各瞬間で定義されて，**瞬間速度**ともいう．

$$\boldsymbol{v} = \lim_{\Delta t \to 0} \frac{\Delta \boldsymbol{r}}{\Delta t} = \frac{d\boldsymbol{r}}{dt} = \dot{\boldsymbol{r}}$$

ここで，$\dot{\boldsymbol{r}}$（アール ドット）は $\boldsymbol{r}$ の時間微分を表す簡略記号である．速度は変位と同様にベクトル量である．

速度ベクトルは軌道の接線方向を向く．

質点の位置が空間内の直交座標 (x, y, z) で表されているとき，位置ベクトル $\boldsymbol{r}$ は基本ベクトル $\boldsymbol{i}, \boldsymbol{j}, \boldsymbol{k}$ を用いて，$\boldsymbol{r} = x\boldsymbol{i} + y\boldsymbol{j} + z\boldsymbol{k}$ と表すことができ，$\boldsymbol{i}, \boldsymbol{j}, \boldsymbol{k}$ が時間によらない定ベクトルであることから，

$$\boldsymbol{v} = \frac{d\boldsymbol{r}}{dt} = \frac{d}{dt}(x\boldsymbol{i} + y\boldsymbol{j} + z\boldsymbol{k}) = \frac{dx}{dt}\boldsymbol{i} + \frac{dy}{dt}\boldsymbol{j} + \frac{dz}{dt}\boldsymbol{k}$$

と書けるので，速度ベクトルを直交座標の成分で表示すると，

$$(v_x, v_y, v_z) = \left(\frac{dx}{dt}, \frac{dy}{dt}, \frac{dz}{dt}\right)$$

となり，各成分はそれぞれの位置座標の時間微分になる．

❸ 直線運動の速度

質点の運動が一直線上の運動であれば，運動方向に x 軸をとり，速度の x 成分を単に v と書いて

$$v = \frac{dx}{dt} = \dot{x}$$

となる．

質点の速度の向きは速度の符号で示される．正の向きの速度は $v > 0$ であり，負の向きの速度は $v < 0$ である．

速度は x-t グラフの接線の傾きに等しい．

速度 ＝ 位置の時間微分 ＝ x-t グラフの傾き

Memo

位置 x の**時間微分** $\dfrac{dx}{dt}$ は，時間間隔 Δt とその間の変位 Δx の比の値 $\dfrac{\Delta x}{\Delta t}$ で，Δt を限りなく 0 に近づけたときの極限値で定義される．

$$\frac{dx}{dt} = \lim_{\Delta t \to 0} \frac{\Delta x}{\Delta t}$$

これは十分小さい Δt に対する比の値 $\dfrac{\Delta x}{\Delta t}$ と考えればよい．

例えば $x = t^2$ とすると，$\dfrac{\Delta x}{\Delta t} = \dfrac{(t + \Delta t)^2 - t^2}{\Delta t} = 2t + \Delta t$ だから，$\Delta t \to 0$ として，$\dfrac{dx}{dt} = 2t$ が得られる．一般には，任意の実数 p に対して $\dfrac{d}{dt} t^p = pt^{p-1}$ となる．

微分演算には次の性質がある．関数 $f(t)$，$g(t)$ および実数 a に対して

$$\frac{d(f+g)}{dt} = \frac{df}{dt} + \frac{dg}{dt}, \qquad \frac{d(af)}{dt} = a\frac{df}{dt}$$

❹ 速さ

速度ベクトル $\boldsymbol{v}$ の大きさ $|\boldsymbol{v}|$ を**速さ**という．速さは向きを含まない．一直線上の運動の場合は速度の絶対値になる．

速さは質点が単位時間あたりに描く軌跡の長さに等しい．

例　等速円運動は速さが一定で円軌道を描く運動のことであるが，速度の向きは絶えず変わっているので，等速度円運動というものはないことになる．

❺ 速度の積分と変位

x 軸上を運動する質点について考える．

微小時間 Δt をとると，速度の式 $v = \dfrac{\Delta x}{\Delta t}$ より，$\Delta x = v\Delta t$

つまり，速度と時間間隔の積が質点の変位になる．

時刻 t_1 から t_2 までの変位 $x_2 - x_1$ を考えよう．この区間を間隔 $\Delta t_1, \Delta t_2, \cdots$ の微小区間に分割して，各区間の変位 $\Delta x_1, \Delta x_2, \cdots$ を足し合わせると，

$$x_2 - x_1 = \sum \Delta x_i = \sum v_i \Delta t_i$$

ここで $\Delta t_i \to 0$ とすると，和が定積分となって，

$$変位\quad x_2 - x_1 = \int_{t_1}^{t_2} v dt \quad \cdots ㊟$$

速度を時刻 t_1 から t_2 まで積分すると，この間の変位に等しくなることがわかる．

縦軸に速度 v，横軸に時刻 t をとった v-t グラフで見ると，グラフと横軸で囲まれた面積が質点の移動距離を表すことになる．

なお，$v < 0$ のときは質点が x 軸の負の向きに移動していることに注意する必要がある．

質点の t_1 から t_2 までの走行距離（実際に移動した道のり）を求めるには㊟

式で速度の絶対値をとらなければならない．

$$\text{走行距離}\ s = \int_{t_1}^{t_2} |v|\, dt$$

Memo

関数 $f(t)$ に対して $\dfrac{dF}{dt} = f(t)$ となる関数 $F(t)$ を $f(t)$ の**原始関数**といい，$F(t) = \int f(t) dt$ と表す．

次に，区間 $[t_1, t_2]$ を限りなく小さな幅 $\Delta t_i\ (i = 1, 2, \cdots)$ の区間に分割したとき，i 番目の区間の関数値 f_i と Δt_i の積の総和 $S = \sum f_i \Delta t_i$ を関数 f の t_1 から t_2 までの**定積分**といい，$S = \int_{t_1}^{t_2} f(t) dt$ と表記する．これは f-t グラフの面積に相当する．定積分は原始関数を用いて，$\int_{t_1}^{t_2} f(t) dt = F(t_2) - F(t_1)$ の関係より求めることができる．

❻ 平均の速さ

速さが時間とともに変動する場合の平均を考える．時刻 t_1 から t_2 までの $|v|$-t グラフの面積と同じ面積になるような長方形を作り，その高さを平均値 $|v|_{\text{ave}}$ と定義する．

図の 2 つの面積が等しいので，$\int_{t_1}^{t_2} |v|\, dt = |v|_{\text{ave}}(t_2 - t_1)$ より，

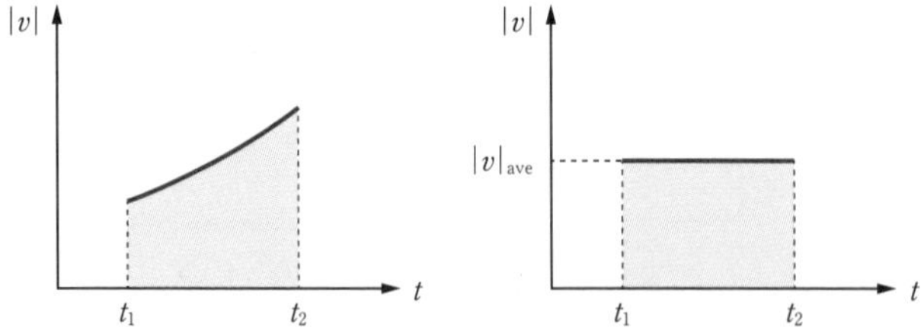

$$|v|_{\text{ave}} = \frac{\int_{t_1}^{t_2} |v|\, dt}{t_2 - t_1} = \frac{s}{t_2 - t_1}$$

平均の速さは移動した道のりをそれに要した時間で割ればよい．

❼ 相対速度

物体の速度は観測者（座標系）によって異なってくる．通常は地面に固定した座標系を考えて，これに対する速度を定義している．例えば電車の時速 150

km というのは地面に対する速度であるが，動いている車から見ると異なるものになる．

座標系 K（例えば地面に固定した座標系）に対して並進運動（向きを変えない平行移動による運動）している座標系（＝観測者）A を考える．座標系 K の原点を O，座標系 A の原点を O′ とする．座標系 A の原点 O′ から見た質点 B の位置ベクトル $\boldsymbol{r}_{\mathrm{AB}}$ は，座標系 K の原点 O から見た点 O′ の位置ベクトル $\boldsymbol{r}_{\mathrm{A}}$ および質点 B の位置ベクトル $\boldsymbol{r}_{\mathrm{B}}$ を用いて，

$$\boldsymbol{r}_{\mathrm{AB}} = \boldsymbol{r}_{\mathrm{B}} - \boldsymbol{r}_{\mathrm{A}}$$

この式を時間で微分すれば，**相対速度**の式が得られる．

$$\boldsymbol{v}_{\mathrm{AB}} = \boldsymbol{v}_{\mathrm{B}} - \boldsymbol{v}_{\mathrm{A}}$$ （相対速度 ＝ 相手の速度 － 自分の速度）

これが A から見た B の速度であり，A に対する B の相対速度という．

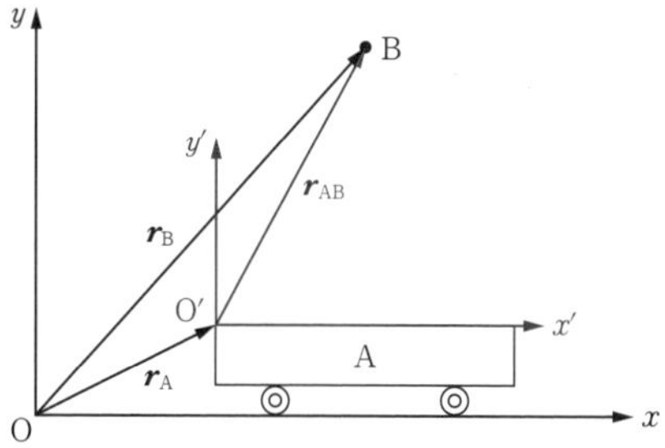

例　電車 A が時速 150 km で走り，逆向きに電車 B が時速 120 km で走っているとき，A の進行方向を正として A に対する B の相対速度を求めると，$-120 - 150 = -270$ km/h となる．つまり A から見ると，B は後方に時速 270 km で走っている．

4　加速度（問題 1-10, 11, 12, 13, 16, 18）

❶ 加速度

速度の時間変化率を**加速度**という．

$$\boldsymbol{a} = \frac{d\boldsymbol{v}}{dt} = \frac{d^2\boldsymbol{r}}{dt^2} = \ddot{\boldsymbol{r}}$$

直交座標成分で表すと，

$$\boldsymbol{a} = (a_x, a_y, a_z) = \left(\frac{dv_x}{dt}, \frac{dv_y}{dt}, \frac{dv_z}{dt}\right) = \left(\frac{d^2x}{dt^2}, \frac{d^2y}{dt^2}, \frac{d^2z}{dt^2}\right)$$

Memo **2 階微分**

位置 x を時間 t で微分したものが $\dfrac{dx}{dt}$（1 階微分）であったが，これをさらに微分したものが 2 階微分と呼ばれ，$\dfrac{d}{dt}\left(\dfrac{dx}{dt}\right) = \dfrac{d^2x}{dt^2} = \ddot{x}$ などと表記する．物理の基本方程式には 1 階微分や 2 階微分が頻繁に登場する．

❷ 等加速度直線運動

一直線上の加速度一定の運動を**等加速度直線運動**という．「一定」とは，時間が経過しても同じ値に保たれていることを意味する．

等加速度直線運動でよく用いる 3 つの公式は次のように表せる（問題 1-⑩）．

（i） $v = v_0 + at$ （速度を時間の関数で表す）

（ii） $x = x_0 + v_0t + \dfrac{1}{2}at^2$ （位置を時間の関数で表す）

（iii） $v^2 - {v_0}^2 = 2a(x - x_0)$ （速度の 2 乗の変化と変位の関係）

❸ 相対加速度

相対速度と同様に**相対加速度**を考えることができる．

相対速度の式

$\boldsymbol{v}_{\mathrm{AB}} = \boldsymbol{v}_{\mathrm{B}} - \boldsymbol{v}_{\mathrm{A}}$ をもう一回時間で微分して，

$\boldsymbol{a}_{\mathrm{AB}} = \boldsymbol{a}_{\mathrm{B}} - \boldsymbol{a}_{\mathrm{A}}$（相対加速度 = 相手の加速度 − 自分の加速度）

A に対する B の相対加速度は B の加速度から A の加速度を引けばよい．

❹ 加速度の接線成分，法線成分

平面内を運動する質点の加速度を軌跡の接線方向と**法線**（曲線に垂直な直線）方向に分解することを考える．まず，接線方向成分は速さの変化率に等しいことが次のようにして分かる．

質点の速度ベクトル $\boldsymbol{v}$ の大きさの 2 乗，つまり速さ $|\boldsymbol{v}|$ の 2 乗は，

$$|\boldsymbol{v}|^2 = \boldsymbol{v}\cdot\boldsymbol{v}$$

両辺を時間で微分すれば $2|\boldsymbol{v}|\dfrac{d|\boldsymbol{v}|}{dt} = 2\boldsymbol{v}\cdot\dfrac{d\boldsymbol{v}}{dt}$ より，

$$\frac{d\,|\boldsymbol{v}|}{dt} = \frac{\boldsymbol{v}}{|\boldsymbol{v}|}\cdot\frac{d\boldsymbol{v}}{dt} = \frac{\boldsymbol{v}}{|\boldsymbol{v}|}\cdot\boldsymbol{a} = \boldsymbol{e}_t\cdot\boldsymbol{a}$$

ここで，$\boldsymbol{e}_t = \dfrac{\boldsymbol{v}}{|\boldsymbol{v}|}$ は速度方向の単位ベクトルなので．$\boldsymbol{e}_t\cdot\boldsymbol{a}$ は軌跡の接線方向の加速度（運動方向を正とする）になっていることが分かる．したがって，加速度の接線方向成分は速さの変化率に等しい．等速運動の場合は，速さが変化しないので軌跡の形によらず接線方向の加速度は 0 である．

次に，法線方向を考える．曲線上の任意の点のごく近くは円の一部で近似できるから，質点が運動軌跡の任意の点を通過するとき，微小時間の間では円運動とみなせる．この円の半径 ρ は**曲率半径**とよばれる（その逆数 $1/\rho$ は**曲率**といい，曲線のカーブの度合いを表す．大きい曲率はそれだけ急カーブということになる）．この場合，加速度の中心方向成分は $\dfrac{|\boldsymbol{v}|^2}{\rho}$（導出は**問題** 1-16）であり，これが法線方向の加速度になる．

以上をまとめると，

加速度の接線成分（進行方向を正）$= \dfrac{d\,|\boldsymbol{v}|}{dt}$

加速度の法線成分 $= \dfrac{|\boldsymbol{v}|^2}{\rho}$

Memo　積の微分について次の公式が成立する．a, b はスカラー量，$\boldsymbol{A}, \boldsymbol{B}$ はベクトル量である．

$$\frac{d}{dt}(ab) = \dot{a}b + a\dot{b}$$

$$\frac{d}{dt}(a\boldsymbol{B}) = \dot{a}\boldsymbol{B} + a\dot{\boldsymbol{B}}$$

$$\frac{d}{dt}(\boldsymbol{A}\cdot\boldsymbol{B}) = \dot{\boldsymbol{A}}\cdot\boldsymbol{B} + \boldsymbol{A}\cdot\dot{\boldsymbol{B}}$$

$$\frac{d}{dt}(\boldsymbol{A}\times\boldsymbol{B}) = \dot{\boldsymbol{A}}\times\boldsymbol{B} + \boldsymbol{A}\times\dot{\boldsymbol{B}}$$
（$\boldsymbol{A}, \boldsymbol{B}$ の順序を保持することに注意）

問題 1-1 ▼座標系の回転

平面内に点Pがあり，直交座標系Kの原点Oから点Pまでの距離がr，OPとx軸とのなす角がθである．

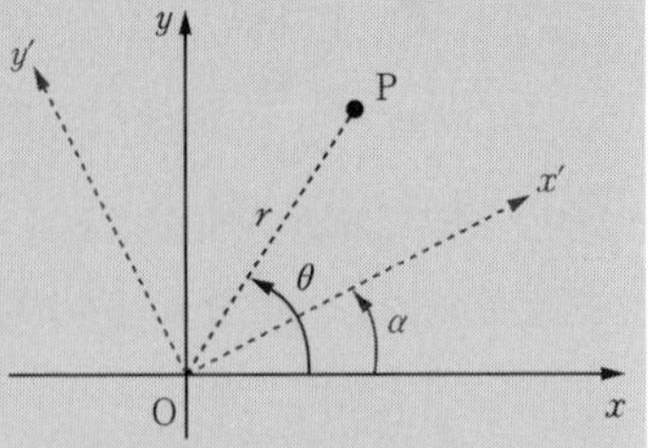

(1) 点PのKにおける座標x, yをそれぞれr, θで表せ．

(2) 座標系Kを，原点Oを中心として反時計回りに角α回転した座標系をK′とする．点PのK′における座標x', y'をそれぞれr, θ, αで表せ．

(3) x', y'をそれぞれx, y, αで表せ．

●考え方●

平面内の点Pは不動であるが，座標系の回転により点Pの位置を表す座標の値は変化する．点Pの位置をいったん極座標で表しておくと，回転後の座標が容易に求められる．

解答

(1) $x = r\cos\theta,\ \ y = r\sin\theta$ …① 答

(2) 原点から点Pまでの距離はrであるが，OPがx'軸となす角が$\theta - \alpha$㋐になるので①のθを$\theta - \alpha$で置き換えて，

$$x' = r\cos(\theta - \alpha), \quad y' = r\sin(\theta - \alpha) \quad 答$$

(3) 三角関数の加法定理を用いて，

$$x' = r(\cos\theta\cos\alpha + \sin\theta\sin\alpha) \text{㋑}$$
$$= x\cos\alpha + y\sin\alpha \text{㋒} \quad 答$$
$$y' = r(\sin\theta\cos\alpha - \cos\theta\sin\alpha) \text{㋑}$$
$$= y\cos\alpha - x\sin\alpha \text{㋒} \quad 答$$

ポイント

㋐ 方位角がα小さくなる．
㋑ 加法定理
$\cos(A \pm B) = \cos A\cos B \mp \sin A\sin B$
$\sin(A \pm B) = \sin A\cos B \pm \cos A\sin B$
㋒ ①式を用いる．

練習問題 1-1 (3次元極座標) 解答 p. 188

xyz空間内に点P(x, y, z)があり，原点Oからの距離をr，OPがz軸となす角をϕ（天頂角）とする．また，点Pからxy平面に下した垂線の足を点P′として，OP′とx軸とのなす角をθ（方位角）とする．(1) x, y, zをr, θ, ϕを用いて表せ．(2) $(x, y, z) = (3, \sqrt{3}, 2)$のとき，$r, \theta, \phi$を求めよ．

問題 1-2 ▼ベクトルの回転と実数倍

平面内のベクトル $\boldsymbol{A} = (A_x, A_y)$ を反時計回りに 90° 回転して $k\,(>0)$ 倍したベクトルを $\boldsymbol{B}$ とする．

(1) $\boldsymbol{B}$ の成分表示を求めよ．

(2) $\boldsymbol{A}+\boldsymbol{B}$ の大きさを $\boldsymbol{A}$ の大きさ A と k で表せ．

●考え方●

(1) ベクトルを k 倍すると，成分も k 倍になる．

(2) $\boldsymbol{A}$ と $\boldsymbol{B}$ が直交するので，平行四辺形の方法で合成するのがよい．

解答

(1) 図から分かるように，㋐ $\boldsymbol{A}$ を 90° 反時計回りに回転したベクトルは，$(-A_y, A_x)$ であり，これを k 倍すれば，$\boldsymbol{B} = (-kA_y, kA_x)$ 答

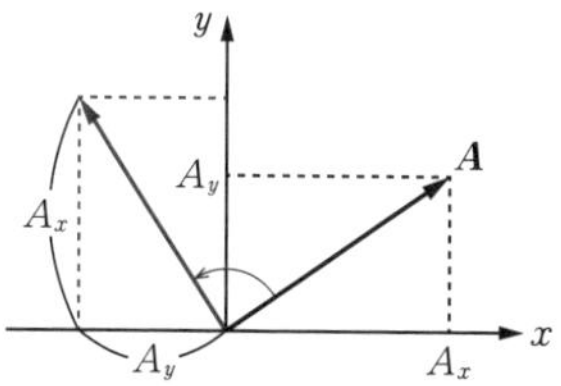

(2) $\boldsymbol{A}, \boldsymbol{B}$ を 2 辺とする長方形の対角線の長さを求め，

$\sqrt{A^2 + (kA)^2} = A\sqrt{1+k^2}$ ㋑ 答

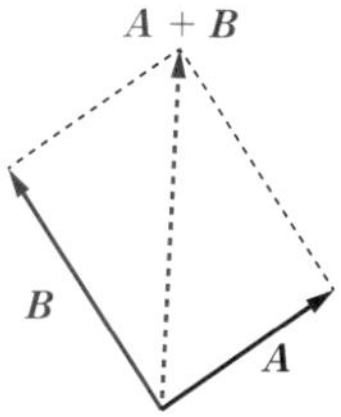

ポイント

㋐ $A_x > 0$，$A_y > 0$ の場合の図を描いている．90° 回転すると x 成分が負になり，y 成分は正である．

㋑ 三平方の定理

練習問題　1-2　　解答 p. 188

(1) ベクトル $\boldsymbol{A}_1 = (A_x, 0)$ を，反時計回りに角度 ϕ だけ回転したベクトル $\boldsymbol{B}_1$ の成分表示を求めよ．

(2) ベクトル $\boldsymbol{A}_2 = (0, A_y)$ を，反時計回りに角度 ϕ だけ回転したベクトル $\boldsymbol{B}_2$ の成分表示を求めよ．

(3) ベクトル $\boldsymbol{A} = (A_x, A_y)$ を，反時計回りに角度 ϕ だけ回転したベクトル $\boldsymbol{B}$ の成分表示を求めよ．

問題 1-3 ▼ベクトルの成分と内積

平面内のベクトル $\boldsymbol{A}=(1,2)$，$\boldsymbol{B}=(3,4)$ を考える．

(1) $\boldsymbol{A},\boldsymbol{B}$ のなす角 θ の余弦 $\cos\theta$ を求めよ．

(2) ベクトル $\boldsymbol{C}=(5,6)$ を係数 p,q を用いて，$\boldsymbol{C}=p\boldsymbol{A}+q\boldsymbol{B}$ と表すことができる．p,q の値を求めよ．

●考え方●

(1) 内積の定義の式 $\boldsymbol{A}\cdot\boldsymbol{B}=|\boldsymbol{A}||\boldsymbol{B}|\cos\theta$ を用いて $\cos\theta$ が求まる．

(2) ベクトルの等式を成分の等式で書き直して，連立方程式を解けばよい．

解答

(1) $\boldsymbol{A}\cdot\boldsymbol{B}=|\boldsymbol{A}||\boldsymbol{B}|\cos\theta$ より，

$$\cos\theta=\frac{\boldsymbol{A}\cdot\boldsymbol{B}}{|\boldsymbol{A}||\boldsymbol{B}|}=\underbrace{\frac{1\times 3+2\times 4}{\sqrt{1^2+2^2}\sqrt{3^2+4^2}}}_{㋐}=\frac{11}{5\sqrt{5}}$$ 答

(2) $\boldsymbol{C}=p\boldsymbol{A}+q\boldsymbol{B}$ より，

$$(5,6)=p(1,2)+q(3,4)$$
$$=(p+3q,2p+4q)$$

$\underbrace{p+3q=5}_{㋑}$ …①

$\underbrace{2p+4q=6}_{㋒}$ …②

①,②より，$p=-1$，$q=2$ 答

ポイント

㋐ 内積を成分で表すと，
$\boldsymbol{A}\cdot\boldsymbol{B}=A_xB_x+A_yB_y$
ベクトル $\boldsymbol{A}$ の大きさは
$|\boldsymbol{A}|=\sqrt{A_x^2+A_y^2}$

㋑ x 成分が相等しい．

㋒ y 成分が相等しい．

Memo $\boldsymbol{C}=p\boldsymbol{A}+q\boldsymbol{B}$ のようにベクトルを $\boldsymbol{A}$ の実数倍と $\boldsymbol{B}$ の実数倍の和で表した式を $\boldsymbol{A},\boldsymbol{B}$ の**線形結合**という．平面内において互いに平行でなく零ベクトル以外の 2 つのベクトルをとれば，平面内の任意のベクトルはこれらの線形結合で表される．

練習問題 1-3 解答 p. 188

(1) ベクトル $\boldsymbol{A},\boldsymbol{B}$ の内積を直交座標の成分で表す式 $\boldsymbol{A}\cdot\boldsymbol{B}=A_xB_x+A_yB_y+A_zB_z$，およびベクトルの成分を基本ベクトルとの内積で表す式 $A_x=\boldsymbol{i}\cdot\boldsymbol{A}$，$A_y=\boldsymbol{j}\cdot\boldsymbol{A}$，$A_z=\boldsymbol{k}\cdot\boldsymbol{A}$ を**基本事項 ❽** に示した内積の基本的な性質から導け．

(2) ベクトル $\boldsymbol{A},\boldsymbol{B}$ の外積を直交座標の成分で表す式
$\boldsymbol{A}\times\boldsymbol{B}=(A_yB_z-A_zB_y)\boldsymbol{i}+(A_zB_x-A_xB_z)\boldsymbol{j}+(A_xB_y-A_yB_x)\boldsymbol{k}$ を**基本事項 ⓫** に示した外積の基本的な性質から導け．

問題 1-4 ▼ベクトルの三重積（I）

(1) 3 個のベクトル $\boldsymbol{A}, \boldsymbol{B}, \boldsymbol{C}$ が張る**平行六面体**の体積 V を内積と外積を用いて表せ.

(2) ベクトル $\boldsymbol{A} = (A_x, 0, 0)$, $\boldsymbol{B} = (B_x, B_y, 0)$, $\boldsymbol{C} = (C_x, C_y, C_z)$ が張る平行六面体の体積 V を求めよ.

●考え方●

ベクトル $\boldsymbol{B}, \boldsymbol{C}$ が張る平行四辺形を平行六面体の底面と見る.

解答

(1) $\boldsymbol{B} \times \boldsymbol{C}$ の向きは $\boldsymbol{B}, \boldsymbol{C}$ が張る平行四辺形に垂直であり，その大きさは平行四辺形の面積に等しい.

$\boldsymbol{A}$ と $\boldsymbol{B} \times \boldsymbol{C}$ のなす角を θ とすると $|\boldsymbol{A}\cos\theta|$㋐ が平行六面体の高さになるので,

$$V = |\boldsymbol{B} \times \boldsymbol{C}|\,|\boldsymbol{A}\cos\theta| = |\boldsymbol{A} \cdot (\boldsymbol{B} \times \boldsymbol{C})|$$ 答

なお，$\boldsymbol{A} \cdot (\boldsymbol{B} \times \boldsymbol{C}) = \boldsymbol{B} \cdot (\boldsymbol{C} \times \boldsymbol{A}) = \boldsymbol{C} \cdot (\boldsymbol{A} \times \boldsymbol{B})$ であり，いずれもその絶対値は $\boldsymbol{A}, \boldsymbol{B}, \boldsymbol{C}$ が張る平行六面体の体積に等しい.

(2) $\boldsymbol{B} \times \boldsymbol{C}$ の x 成分は $B_yC_z - 0 \cdot C_y = B_yC_z$ となるので，$\boldsymbol{A}$ と $\boldsymbol{B} \times \boldsymbol{C}$ の内積は，$\boldsymbol{A} \cdot (\boldsymbol{B} \times \boldsymbol{C}) = A_xB_yC_z$ と求められる.

この式の絶対値を取り，平行六面体の体積は，$V = |A_xB_yC_z|$ である. 答

ポイント

㋐ $\boldsymbol{A}$ について，$\boldsymbol{B}, \boldsymbol{C}$ が張る底面の法線方向の成分の大きさが $|\boldsymbol{A}|\,|\cos\theta|$ となる.

【別解】 $\boldsymbol{A}, \boldsymbol{B}$ が張る xy 平面内にある平行四辺形を平行六面体の底面と見れば，底面積が $|A_xB_y|$ で高さが $|C_z|$ である. よって体積は,

$$V = |A_xB_y|\,|C_z| = |A_xB_yC_z|$$

となる. 答

練習問題 1-4　解答 p. 189

零ベクトルでない 2 個のベクトル $\boldsymbol{A} = (A_x, A_y, 0)$, $\boldsymbol{B} = (B_x, B_y, 0)$ のなす角 θ ($0 \leqq \theta \leqq \pi$) の正接 $\tan\theta$ を求めよ. ただし，$\boldsymbol{A} \cdot \boldsymbol{B} \neq 0$ とする.

問題 1-5 ▼ベクトルの三重積（Ⅱ）

3 個のベクトル $\boldsymbol{A}, \boldsymbol{B}, \boldsymbol{C}$ の積について次の恒等式が成立することを示せ．

(1) $\boldsymbol{A} \times (\boldsymbol{B} \times \boldsymbol{C}) = (\boldsymbol{A} \cdot \boldsymbol{C})\boldsymbol{B} - (\boldsymbol{A} \cdot \boldsymbol{B})\boldsymbol{C}$

(2) $\boldsymbol{A} \times (\boldsymbol{B} \times \boldsymbol{C}) + \boldsymbol{B} \times (\boldsymbol{C} \times \boldsymbol{A}) + \boldsymbol{C} \times (\boldsymbol{A} \times \boldsymbol{B}) = 0$

●考え方●

(1) 等式の両辺の x 成分が等しいことを示せばよい．

(2) (1)の式を用いる．

解答

(1) $\boldsymbol{A} = (A_x, A_y, A_z)$，$\boldsymbol{B} = (B_x, B_y, B_z)$，$\boldsymbol{C} = (C_x, C_y, C_z)$ のようにベクトルを成分で表す．

左辺 $\boldsymbol{A} \times (\boldsymbol{B} \times \boldsymbol{C})$ の x 成分は，

$$A_y(B_xC_y - B_yC_x) - A_z(B_zC_x - B_xC_z) \quad ㋐$$

$$= (A_xC_x + A_yC_y + A_zC_z)B_x - (A_xB_x + A_yB_y + A_zB_z)C_x$$

$$= (\boldsymbol{A} \cdot \boldsymbol{C})B_x - (\boldsymbol{A} \cdot \boldsymbol{B})C_x$$

となり，右辺の x 成分に等しい．同様に y, z 成分も両辺で等しいことから，等式が証明された．

ポイント

㋐ $\boldsymbol{B} \times \boldsymbol{C} = (D_x, D_y, D_z)$ とすると，外積の成文表示より，

$D_x = B_yC_z - B_zC_y$
$D_y = B_zC_x - B_xC_z$
$D_z = B_xC_y - B_yC_x$

(2) (1)の公式 $\boldsymbol{A} \times (\boldsymbol{B} \times \boldsymbol{C}) = (\boldsymbol{A} \cdot \boldsymbol{C})\boldsymbol{B} - (\boldsymbol{A} \cdot \boldsymbol{B})\boldsymbol{C}$ で $\boldsymbol{A}, \boldsymbol{B}, \boldsymbol{C} \to \boldsymbol{B}, \boldsymbol{C}, \boldsymbol{A}$ とそれぞれの文字を置き換えれば，$\boldsymbol{B} \times (\boldsymbol{C} \times \boldsymbol{A}) = (\boldsymbol{B} \cdot \boldsymbol{A})\boldsymbol{C} - (\boldsymbol{B} \cdot \boldsymbol{C})\boldsymbol{A}$.

さらにこの式で $\boldsymbol{B}, \boldsymbol{C}, \boldsymbol{A} \to \boldsymbol{C}, \boldsymbol{A}, \boldsymbol{B}$ と置き換えて，$\boldsymbol{C} \times (\boldsymbol{A} \times \boldsymbol{B}) = (\boldsymbol{C} \cdot \boldsymbol{B})\boldsymbol{A} - (\boldsymbol{C} \cdot \boldsymbol{A})\boldsymbol{B}$.

以上より，

$$\boldsymbol{A} \times (\boldsymbol{B} \times \boldsymbol{C}) + \boldsymbol{B} \times (\boldsymbol{C} \times \boldsymbol{A}) + \boldsymbol{C} \times (\boldsymbol{A} \times \boldsymbol{B})$$

$$= (\boldsymbol{A} \cdot \boldsymbol{C})\boldsymbol{B} - (\boldsymbol{A} \cdot \boldsymbol{B})\boldsymbol{C} + (\boldsymbol{B} \cdot \boldsymbol{A})\boldsymbol{C} - (\boldsymbol{B} \cdot \boldsymbol{C})\boldsymbol{A} + (\boldsymbol{C} \cdot \boldsymbol{B})\boldsymbol{A} - (\boldsymbol{C} \cdot \boldsymbol{A})\boldsymbol{B}.$$

ここで，内積は順序を逆にしても変わらないので，

$\boldsymbol{A} \cdot \boldsymbol{C} = \boldsymbol{C} \cdot \boldsymbol{A}$，$\boldsymbol{A} \cdot \boldsymbol{B} = \boldsymbol{B} \cdot \boldsymbol{A}$，$\boldsymbol{B} \cdot \boldsymbol{C} = \boldsymbol{C} \cdot \boldsymbol{B}$ より，

$\boldsymbol{A} \times (\boldsymbol{B} \times \boldsymbol{C}) + \boldsymbol{B} \times (\boldsymbol{C} \times \boldsymbol{A}) + \boldsymbol{C} \times (\boldsymbol{A} \times \boldsymbol{B}) = \boldsymbol{0}$ が導かれる．

練習問題　1-5　解答 p. 189

次のベクトルの恒等式が成立することを示せ．

$(\boldsymbol{A} \times \boldsymbol{B}) \cdot (\boldsymbol{C} \times \boldsymbol{D}) = (\boldsymbol{A} \cdot \boldsymbol{C})(\boldsymbol{B} \cdot \boldsymbol{D}) - (\boldsymbol{A} \cdot \boldsymbol{D})(\boldsymbol{B} \cdot \boldsymbol{C})$

問題 1-6 ▼ベクトルの公式

ベクトル $\boldsymbol{A}, \boldsymbol{B}, \boldsymbol{C}$ に対して，次の関係が成り立つことを示せ．

(1) $|\boldsymbol{A}+\boldsymbol{B}| \leqq |\boldsymbol{A}|+|\boldsymbol{B}|$

(2) $|\boldsymbol{A}\times\boldsymbol{B}|^2 = |\boldsymbol{A}|^2|\boldsymbol{B}|^2-(\boldsymbol{A}\cdot\boldsymbol{B})^2$

●考え方●

(2) **練習問題 1-5** で示した公式を用いる．

解答

ポイント

㋐ $\cos\theta$ の範囲は，
$-1 \leqq \cos\theta \leqq 1$

(1) ベクトル $\boldsymbol{A}, \boldsymbol{B}$ のなす角 θ を用いて，

$$\begin{aligned}|\boldsymbol{A}+\boldsymbol{B}|^2 &= (\boldsymbol{A}+\boldsymbol{B})\cdot(\boldsymbol{A}+\boldsymbol{B})\\ &= |\boldsymbol{A}|^2+|\boldsymbol{B}|^2+2\boldsymbol{A}\cdot\boldsymbol{B}\\ &= \underbrace{|\boldsymbol{A}|^2+|\boldsymbol{B}|^2+2|\boldsymbol{A}||\boldsymbol{B}|\cos\theta}_{㋐}\\ &\leqq |\boldsymbol{A}|^2+|\boldsymbol{B}|^2+2|\boldsymbol{A}||\boldsymbol{B}| = (|\boldsymbol{A}|+|\boldsymbol{B}|)^2.\end{aligned}$$

平方根を取れば，

$$|\boldsymbol{A}+\boldsymbol{B}| \leqq |\boldsymbol{A}|+|\boldsymbol{B}|$$

(2) **練習問題 1-5** で示した公式

$$(\boldsymbol{A}\times\boldsymbol{B})\cdot(\boldsymbol{C}\times\boldsymbol{D}) = (\boldsymbol{A}\cdot\boldsymbol{C})(\boldsymbol{B}\cdot\boldsymbol{D})-(\boldsymbol{A}\cdot\boldsymbol{D})(\boldsymbol{B}\cdot\boldsymbol{C})$$

において，$\boldsymbol{C}=\boldsymbol{A}$，$\boldsymbol{D}=\boldsymbol{B}$ とすれば，

$$(\boldsymbol{A}\times\boldsymbol{B})\cdot(\boldsymbol{A}\times\boldsymbol{B}) = (\boldsymbol{A}\cdot\boldsymbol{A})(\boldsymbol{B}\cdot\boldsymbol{B})-(\boldsymbol{A}\cdot\boldsymbol{B})(\boldsymbol{B}\cdot\boldsymbol{A})$$

$$\therefore\ |\boldsymbol{A}\times\boldsymbol{B}|^2 = |\boldsymbol{A}|^2|\boldsymbol{B}|^2-(\boldsymbol{A}\cdot\boldsymbol{B})^2$$

練習問題 1-6 解答 p. 189

(1) N 個のベクトル $\boldsymbol{A}_1, \boldsymbol{A}_2, \cdots, \boldsymbol{A}_N$ について次の不等式が成り立つことを示せ．

$$|\boldsymbol{A}_1+\boldsymbol{A}_2+\cdots+\boldsymbol{A}_N| \leqq |\boldsymbol{A}_1|+|\boldsymbol{A}_2|+\cdots+|\boldsymbol{A}_N|$$

(2) 次のベクトルの恒等式を示せ．

$$(\boldsymbol{A}\times\boldsymbol{B})\times(\boldsymbol{C}\times\boldsymbol{D}) = \{\boldsymbol{A}\cdot(\boldsymbol{B}\times\boldsymbol{D})\}\boldsymbol{C}-\{\boldsymbol{A}\cdot(\boldsymbol{B}\times\boldsymbol{C})\boldsymbol{D}\}$$

問題 1-7 ▼v-t グラフ

x 軸上を運動する質点があり，時刻 0 に原点を出発し，速度が図のような時間変化をし，$t = 60$〔s〕で静止した．

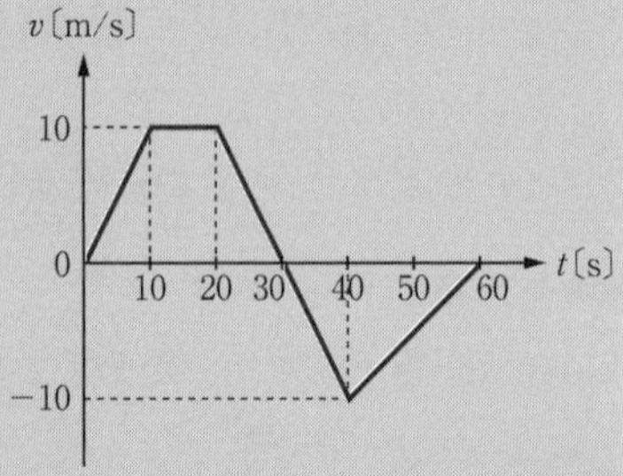

(1) 質点の位置座標の最大値 x_{M} を求めよ．

(2) 質点の走行距離を求めよ．

(3) $t = 60$〔s〕における質点の位置座標を求めよ．

(4) $30 \leqq t \leqq 60$〔s〕における質点の運動の平均の速さを求めよ．

●考え方●

v-t グラフの面積が移動距離に等しいことと，速度の符号が運動方向を示すことに注意すれば，質点の移動の様子が分かる．

解答

(1) $0 < t < 30$〔s〕の区間は，$v > 0$ で，v-t グラフの面積が 200〔m〕だから，質点は x 軸の正の向きに 200〔m〕進む．

$30 < t < 60$〔s〕の区間は，$v < 0$ で，v-t グラフの面積が 150〔m〕だから，質点は x 軸の負の向きに 150〔m〕進む．

質点の動きは図のようになり㋐，$x_{\mathrm{M}} = 200$〔m〕 答

ポイント

㋐ 折り返すときは速度の符号が変わる瞬間なので速度 0 である．

(2) 走行距離は実際に移動した道のりのことなので，

$200 + 150 = 350$〔m〕 答

(3) $x = 200 - 150 = 50$〔m〕 答

(4) 平均の速さ $|v|_{\mathrm{ave}}$ は移動した道のりを時間で割ればよい．

$$|v|_{\mathrm{ave}} = \frac{150}{30} = 5 \text{〔m/s〕}$$ 答

練習問題 1-7 解答 p. 189

直線上を速さ V で動き始めた質点が一定の加速度で減速し，時間 T だけ経過したとき静止した．物体の移動距離 D を求めよ．

問題 1-8 ▼速度の合成・相対速度

速さ V で流れている幅が D の川があり，人が水に対して速さ $v\,(>V)$ で岸辺の点Aからまっすぐ泳ぐ．

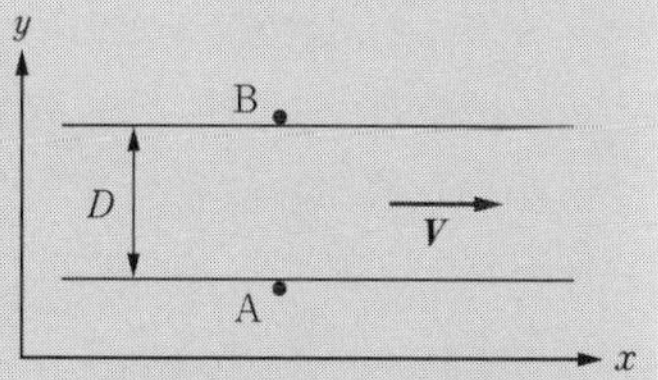

(1) 人が最短の時間で対岸に着く時の所要時間 T_1 と，そのときに川下に流される距離 L を求めよ．

(2) 人が真正面の対岸上の点Bに着くとき，水に対する相対速度がABとなす角 θ の正接 $\tan\theta$ を求めよ．

●考え方●

地面に対する人の速度 = 地面に対する水の速度 + 水に対する人の速度．エスカレーター上を歩く人の運動と同様に考えるとイメージしやすい．

解答

地面に固定した座標系として川の流れる方向に x 軸，垂直な方向に y 軸をとる．㋐

(1) 地面に対する人の速度の y 成分は水に対する人の速度の y 成分に等しく，これが最大の時が最短時間で対岸に達する．

これは水に対する人の速度が y 方向を向くときである．

よって，地面に対する人の速度は x 成分が V，y 成分が v である．

y 方向の運動に着目して，$D=vT_1$ ㋑ より $T_1=\dfrac{D}{v}$ 答

x 方向の運動に着目して，$L=VT_1=\dfrac{V}{v}D$ 答

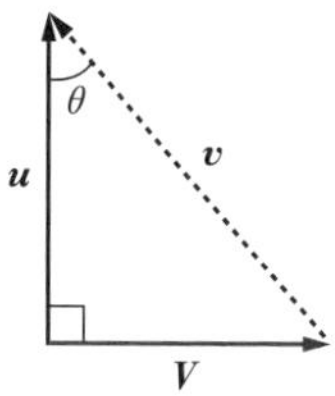

(2) 地面に対する人の速度が y 方向であれば，人は川に垂直に横断して点Bに達する．このとき速度ベクトルは図のようになり，㋒ 地面に対する人の速度の大きさ u が $u=\sqrt{v^2-V^2}$ ㋓ とわかる．これより，$\tan\theta=\dfrac{V}{u}=\dfrac{V}{\sqrt{v^2-V^2}}$ 答

ポイント

㋐ 運動を x 方向と y 方向に分解

㋑ 等速度なら
変位 = 速度 × 時間

㋒ ベクトルを並べて合成

㋓ 三平方の定理
$u^2+V^2=v^2$ より

練習問題　1-8　　解答 p. 189

地面に対して速さ V で平行移動している箱の中で，粒子1と粒子2が運動している．粒子1と粒子2の箱に対する相対速度は，互いに逆向きで大きさはともに V である．

(1) 粒子1に対する粒子2の相対速度の大きさはいくらか．

(2) 地面に対する粒子1，2の速度は互いに垂直であることを示せ．ただし，一方の粒子の速さが0の場合を除く．

問題 1-9 ▼ガリレイ変換

空間内に xyz 座標系Kと $x'y'z'$ 座標系K′がある．x', y', z' の各軸はそれぞれ x, y, z の各軸に平行であり，時刻0でKとK′の原点は一致し，K′はKに対して x 軸の正の向きに速さ V で等速度運動している．

(1) 時刻 t における質点Pの位置座標の成分がKにおいて x, y, z であるとき，K′における位置座標 x', y', z' を求めよ．

(2) 時刻 t における質点Pの速度成分および加速度成分が，Kにおいてそれぞれ v_x, v_y, v_z，および a_x, a_y, a_z であるとき，K′における速度成分 $v_x{}', v_y{}', v_z{}'$ および加速度成分 $a_x{}', a_y{}', a_z{}'$ を求めよ．

●考え方●

質点Pの位置を示す座標の値は，座標系の選び方で異なってくる．ここでは互いに等速度運動する座標系の間の変換式を求める．この変換は**ガリレイ変換**と呼ばれる．速度の変換式は位置を時間微分すればよい．

解答

(1) x', y', z' を x, y, z, t で表すと，

$$x' = x - Vt,\quad y' = y,\quad z' = z$$ ㋐ 答

(2) 位置座標を時間で微分すれば，速度成分を得る．

$$v_x{}' = \frac{dx'}{dt} = \frac{d}{dt}(x - Vt) = \frac{dx}{dt} - V = v_x - V,$$

$$v_y{}' = \frac{dy'}{dt} = \frac{dy}{dt} = v_y,\quad v_z{}' = \frac{dz'}{dt} = \frac{dz}{dt} = v_z$$ 答

速度成分を時間で微分すれば，加速度成分を得る．加速度は両座標系で一致することが分かる．

$$a_x{}' = \frac{dv_x{}'}{dt} = \frac{d}{dt}(v_x - V) = \frac{dv_x}{dt} = a_x,\quad a_y{}' = \frac{dv_y{}'}{dt} = \frac{dv_y}{dt} = a_y,$$

$$a_z{}' = \frac{dv_z{}'}{dt} = \frac{dv_z}{dt} = a_z$$ 答

ポイント

㋐ K′の原点がKの原点より Vt だけ x 軸の正の向きに変位している．

練習問題　1-9　解答 p. 190

(1) 問題 1-9において，質点PのKにおける位置が時刻 t の関数として $x = 0$, $y = 0$, $z = -ct$ で与えられている．c は正の定数である．質点PのK′における運動方向が z' 軸の負方向となす角 θ の正接 $\tan\theta$ を求めよ．

(2) 雨の中を車が水平方向に走っている．雨滴は鉛直方向に一定の速さ c で落下しているものとする．(a)車の速さが V のとき，車から見た雨滴の落下方向が鉛直線となす角が θ であった．c を V, θ で表せ．(b)車が加速し θ が増加した．車の加速度 a を V, θ，および角 θ の増加率 $\dfrac{d\theta}{dt}$ を用いて表せ．(c)雨滴の落下方向が $\theta = 15°$ から $\theta = 30°$ まで増加した．車の速さは何倍になったか．

問題 1-⑩ ▼等加速度直線運動の公式

x 軸上を一定の加速度 a で運動する質点について次の 3 つの公式を導け．時刻 t における質点の位置を x，速度を v とし，時刻 0 におけるそれぞれの値を x_0，v_0 とする．

(ⅰ) $v = v_0 + at$　(ⅱ) $x = x_0 + v_0 t + \frac{1}{2}at^2$　(ⅲ) $v^2 - v_0{}^2 = 2a(x - x_0)$

●考え方●

(ⅰ) 速度の微分が加速度なので，加速度を積分して速度が得られる．

(ⅱ) 位置の微分が速度なので，速度を積分して位置が得られる．

(ⅲ) (ⅰ), (ⅱ)の式から t を消去する．

解答

(ⅰ) $\frac{dv}{dt} = a$ より，$v = \int a dt = at + C$ （C は積分定数）

$t = 0$ のとき $v = v_0$ だから，$C = v_0$ ㋐

よって，$v = v_0 + at$

(ⅱ) $\frac{dx}{dt} = v$ より，

$$x = \int v dt = \int (v_0 + at) dt = v_0 t + \frac{1}{2}at^2 + C' \quad (C' \text{ は積分定数})$$

$t = 0$ のとき，$x = x_0$ だから，$C' = x_0$ ㋐

よって，$x = x_0 + v_0 t + \frac{1}{2}at^2$

(ⅲ)
$$\begin{aligned} v^2 - v_0{}^2 &= (v_0 + at)^2 - v_0{}^2 \\ &= 2a\left(v_0 t + \frac{1}{2}at^2\right) \\ &= 2a(x - x_0) \end{aligned}$$ ㋑

ポイント

㋐ 初期条件（$t = 0$ のときの値）を入れて積分定数を決定する．

㋑ (ⅱ)の式を利用する．

練習問題　1-10　解答 p. 190

x 軸上を等加速度運動している質点がある．x 軸上に 3 点 $P_1(x_1)$，$P_2(x_2)$，$P_3(x_3)$ をとり，$x_3 - x_2 = x_2 - x_1 = L\ (> 0)$ とする．質点が P_1 から P_2 まで移動する時間が T_1, P_2 から P_3 まで移動する時間が T_2 であった．この運動の加速度 a を L, T_1, T_2 で表せ．

問題 1-11 ▼空間内の等加速度運動の公式

空間内を一定の加速度 $\boldsymbol{a}$ で運動する質点について，x, y, z 軸の各方向について等加速度直線運動の公式が成り立つので，次のベクトルで表した公式が成り立つ．ここで，時刻 t における質点の位置ベクトルを $\boldsymbol{r}$，速度ベクトルを $\boldsymbol{v}$ とし，時刻 0 におけるそれぞれの値を $\boldsymbol{r}_0, \boldsymbol{v}_0$ とする．

$$\boldsymbol{v} = \boldsymbol{v}_0 + \boldsymbol{a}t \quad \cdots(\text{i}) \qquad \boldsymbol{r} = \boldsymbol{r}_0 + \boldsymbol{v}_0 t + \frac{1}{2}\boldsymbol{a}t^2 \quad \cdots(\text{ii})$$

(1) (i), (ii)式を用いて次の公式を導け． $\boldsymbol{v}^2 - \boldsymbol{v}_0{}^2 = 2\boldsymbol{a}\cdot(\boldsymbol{r} - \boldsymbol{r}_0) \cdots(\text{iii})$

(2) 質点が $-\infty < t < +\infty$ の時間にわたって運動しているとする．$\boldsymbol{v}_0\ (\neq \boldsymbol{0})$ と $\boldsymbol{a}\ (\neq \boldsymbol{0})$ のなす角 θ の範囲が $0 < \theta < \pi$ の場合，質点は空間内で放物線軌道を描く．

(a) 放物線の頂点 A において，$\boldsymbol{v}$ と $\boldsymbol{a}$ との内積 $\boldsymbol{a}\cdot\boldsymbol{v}$ はいくらか．

(b) 質点が頂点 A を通過する時刻 t_{A} を $\boldsymbol{v}_0$，$\boldsymbol{a}, \theta$ で表せ．

●考え方●

(2) $t \to \pm\infty$ のとき，放物線の接線の方向が限りなく加速度ベクトルに平行な向きに近づく．

解答

(1) (i)式を用いて

$$\boldsymbol{v}^2 - \boldsymbol{v}_0{}^2 = (\boldsymbol{v}_0 + \boldsymbol{a}t)^2 - \boldsymbol{v}_0{}^2 = \boldsymbol{v}_0{}^2 + 2\boldsymbol{v}_0\cdot\boldsymbol{a}t + \boldsymbol{a}^2t^2 - \boldsymbol{v}_0{}^2 \text{ ㋐}$$

$$= 2\boldsymbol{a}\cdot\left(\boldsymbol{v}_0 t + \frac{1}{2}\boldsymbol{a}t^2\right)$$

(ii)式より，$\boldsymbol{v}^2 - \boldsymbol{v}_0{}^2 = 2\boldsymbol{a}\cdot(\boldsymbol{r} - \boldsymbol{r}_0)$

(2) (a) (i)式から分かるように $t \to \pm\infty$ のとき，$\boldsymbol{v} \approx \boldsymbol{a}t$ ㋑ となり，速度は加速度と平行になる．したがって，放物線の軸は加速度に平行であることが分かる．放物線の頂点では速度が軸に垂直なので速度と加速度は直交する．ゆえに，$\boldsymbol{a}\cdot\boldsymbol{v} = 0$ 答

(b) $\boldsymbol{a}\cdot\boldsymbol{v} = \boldsymbol{a}\cdot(\boldsymbol{v}_0 + \boldsymbol{a}t_{\text{A}}) = \boldsymbol{a}\cdot\boldsymbol{v}_0 + \boldsymbol{a}^2 t_{\text{A}} = 0$

$$\therefore\ t_{\text{A}} = -\frac{\boldsymbol{a}\cdot\boldsymbol{v}_0}{\boldsymbol{a}^2} = -\frac{|\boldsymbol{a}|\,|\boldsymbol{v}_0|\cos\theta}{|\boldsymbol{a}|^2} = -\frac{|\boldsymbol{v}_0|\cos\theta}{|\boldsymbol{a}|} \quad \text{答}$$

ポイント

㋐ 内積の展開の式 $(\boldsymbol{A} + \boldsymbol{B})^2 = \boldsymbol{A}^2 + 2\boldsymbol{A}\cdot\boldsymbol{B} + \boldsymbol{B}^2$ を用いる．

㋑ ≈はほとんど等しいという意味である．
$\boldsymbol{v}_0$ は定ベクトルなので，$|t|$ が十分大きくなれば $|\boldsymbol{v}_0| \ll |\boldsymbol{a}t|$ となって $\boldsymbol{v}_0$ は無視できる．

練習問題　1-11 解答 p. 190

空間内で質点 A, B がそれぞれ異なる位置 $\boldsymbol{r}_{\text{A}}, \boldsymbol{r}_{\text{B}}$ から速度 $\boldsymbol{v}_{\text{A}}, \boldsymbol{v}_{\text{B}}$ で打ち出され，ともに一定の加速度 $\boldsymbol{a}$ で運動した．A, B が衝突するための条件は何か．また，$\boldsymbol{r}_{\text{A}} = (0, 0, 0)$，$\boldsymbol{r}_{\text{B}} = (b, b, 0)$，$\boldsymbol{v}_{\text{A}} = (\sqrt{ab}, \sqrt{ab}, 0)$，$\boldsymbol{v}_{\text{B}} = (0,\ 0,\ 0)$，$\boldsymbol{a} = (a, 0, 0)$ のとき，衝突点の座標を求めよ．ただし，$a > 0$，$b > 0$ とする．

問題 1-⑫ ▼等加速度運動の対称性

x 軸上を一定の加速度 $-b\,(<0)$ で運動する質点が点 A, B をそれぞれ速度 v_{A}, v_{B} $(v_{\mathrm{A}} > v_{\mathrm{B}} > 0)$ で通過し点 C で折り返した後，点 B, A をそれぞれ速度 u_{B}, u_{A} で通過した．

(1) $u_{\mathrm{A}} = -v_{\mathrm{A}}$，$u_{\mathrm{B}} = -v_{\mathrm{B}}$ となることを示せ．

(2) 質点が点 A から点 B まで移動する時間と，折り返し後，点 B から点 A まで移動する時間は等しいことを示せ．

(3) $\mathrm{AC} = L_{\mathrm{A}}$，$\mathrm{BC} = L_{\mathrm{B}}$ とする．質点が初めに点 A から点 B まで移動する時間を $L_{\mathrm{A}}, L_{\mathrm{B}}, b$ で表せ．

●考え方●

等加速度直線運動の公式を活用して対称性を導く．

解答

(1) 等加速度直線運動の公式（ⅲ）$v^2 - v_0{}^2 = 2a(x - x_0)$ から，位置が同じなら速さは等しいことが分かる．折り返した後の速度は逆向きになるから，

$$u_{\mathrm{A}} = -v_{\mathrm{A}},\quad u_{\mathrm{B}} = -v_{\mathrm{B}}$$

(2) 折り返す前と後の移動時間をそれぞれ T, T' とすると，等加速度直線運動の公式（ⅰ）より，

$$v_{\mathrm{B}} = v_{\mathrm{A}} - bT \ \text{㋐} \quad \cdots①$$

$$-v_{\mathrm{A}} = -v_{\mathrm{B}} - bT' \ \text{㋐} \quad \cdots②$$

① − ②より，$T' = T$

(3) A → C の時間を T_{A} とすると，C → A の運動㋑に等加速度直線運動の公式（ⅱ）を用いて，

$$L_{\mathrm{A}} = \frac{1}{2}bT_{\mathrm{A}}{}^2 \ \text{㋒} \text{ より，} \quad T_{\mathrm{A}} = \sqrt{\frac{2L_{\mathrm{A}}}{b}}$$

同様に B → C の時間 T_{B} は，$T_{\mathrm{B}} = \sqrt{\dfrac{2L_{\mathrm{B}}}{b}}$

A → B の時間は $T_{\mathrm{A}} - T_{\mathrm{B}} = \sqrt{\dfrac{2}{b}}\left(\sqrt{L_{\mathrm{A}}} - \sqrt{L_{\mathrm{B}}}\right)$ 答

ポイント

㋐ 等加速度直線運動の公式（ⅰ）

$$v = v_0 + at$$

㋑ C → A の時間も T_{A} であり，点 C で速さ 0 なので C → A の運動に着目すると式が立てやすい．

㋒ 等加速度直線運動の公式（ⅱ）

$$x = x_0 + v_0 t + \frac{1}{2}at^2$$

練習問題　1-12

解答 p. 190

一直線上を等加速度運動する質点があり，点 P を速度 3 m/s で通過したのち，5 s 後に点 P を再び通過した．この間に質点が移動した道のりは何 m か．

問題 1-13 ▼平面内の等加速度運動

x-y 平面内で質点が原点から初速度の x 成分が $u\ (>0)$，y 成分が $v\ (>0)$ で運動をはじめ加速度が y 軸の負の向きに大きさ b の等加速度運動をした.

(1) 軌跡の方程式（y を x の関数で表す式）を求めよ.

(2) 運動を始めてから再び $y=0$ となるときまでに x 方向に進む距離 L を求めよ.

(3) y の最大値 H を求めよ.

(4) 初速度の大きさを w, 初速度が x 軸となす角を $\theta\ (0° < \theta < 90°)$ とする. w を一定に保ち, θ を様々に変えるとき, L が最大になるときの θ は何度か.

●考え方●

x 方向の等速運動と y 方向の等加速度運動に分解して立式する.

解答

(1) 経過時間を t として,

$x = ut$ ㋐ …①　　$y = vt - \dfrac{1}{2}bt^2$ ㋑ …②

①，②式より，t を消去して, ㋒

$$y = \frac{v}{u}x - \frac{b}{2u^2}x^2 \quad \cdots③$$ 答

これは放物線を表す式である.

(2) ③式で $y=0$ とすると，$x = 0,\ \dfrac{2uv}{b}$.

このうち $x>0$ の解が L になるので,

$$L = \frac{2uv}{b} \quad \cdots④$$ 答

(3) $x = \dfrac{L}{2} = \dfrac{uv}{b}$ のとき，放物線の頂点で y は最大値をとるから,

③式に $x = \dfrac{uv}{b}$ を代入して，$H = \dfrac{v^2}{2b}$ 答

(4) $u = w\cos\theta,\ v = w\sin\theta$ ㋓ を④式に代入して,

$$L = \frac{2w^2\sin\theta\cos\theta}{b} = \frac{w^2\sin 2\theta}{b}$$ ㋔

これより L が最大となるのは $2\theta = 90°$ のときだから，$\theta = 45°$ 答

ポイント

㋐ x 方向は等速運動.

㋑ y 方向は初速度 0, 加速度 $-b$ の等加速度運動.

㋒ ①式より，$t = \dfrac{x}{u}$ を②式に代入する.

㋓ 初速度を x 成分と y 成分に分解する.

㋔ 2 倍角の公式 $\sin 2\theta = 2\sin\theta\cos\theta$ を利用する.

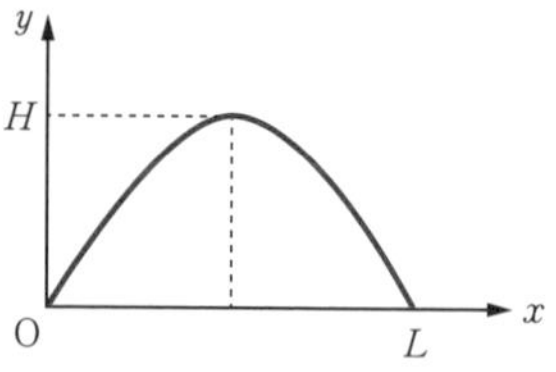

練習問題 1-13　　解答 p. 191

地上から水平となす角 45° の方向に初速 40 m/s で小球を打ち出した. 水平方向は等速，鉛直方向は下向きに加速度 10 m/s^2 として，水平到達距離 L と最高点の高さ H を求めよ.

問題 1-14 ▼相対運動

xy 平面上で質点 1, 2 がそれぞれ x 軸上と y 軸上を運動しており，時刻 t における質点 1 の x 座標が $x = at^2 + b$，質点 2 の y 座標が $y = ct$ で与えられている．a, b, c はいずれも正の定数である．

(1) 質点 1 の加速度の x 成分を求めよ．

(2) 質点 1, 2 間の距離の最小値はいくらか．

(3) 質点 2 から見た質点 1 の運動軌跡を考える．時刻 0 における軌跡の曲率半径 ρ を求めよ．

●考え方●

(3) 質点 2 に対する質点 1 の相対運動は，加速度が一定であり，時刻 0 のとき速度が加速度に垂直なので時刻 0 における位置を頂点とする放物線を描く．

解答

(1) 質点 1 の x 方向の速度は位置座標を時間微分して，$\dot{x} = 2at$ であり，加速度はさらに微分して，

$$\ddot{x} = 2a \quad 答$$

(2) 質点 1 は時刻 0 のとき $x = b$ の位置で折り返すが，このとき質点 2 が原点にあるので 2 点間の距離が最小になっている．よって，距離の最小値は b である．答

(3) 質点 2 の速度は y 方向を向き，$\dot{y} = c$ であり，加速度は 0 である．質点 2 から見た質点 1 の運動を考えると，相対加速度は x 方向に $2a$，時刻 0 のとき相対速度は y 方向に $-c$ ㋐ となるので，図のような放物線を描く．図は質点 2 に固定した $x'y'$ 座標系で見た質点 1 の軌道 ㋑ である．時刻 0 で質点 1 は放物線の頂点にあり法線加速度が $\dfrac{c^2}{\rho}$ と書けるので，

$$\frac{c^2}{\rho} = 2a \text{ より，} \rho = \frac{c^2}{2a} \quad 答$$

ポイント

㋐ 質点 2 に対する質点 1 の相対加速度は，$(2a, 0) - (0, 0) = (2a, 0)$ であり，時刻 0 における相対速度は，$(0, 0) - (0, c) = (0, -c)$ である．

㋑ 質点 2 に対する質点 1 の相対位置を表す式 $x' = at^2 + b$，$y' = ct$ から t を消去すれば放物線の式 $x' = a\left(\dfrac{y'}{c}\right)^2 + b$ を得る．

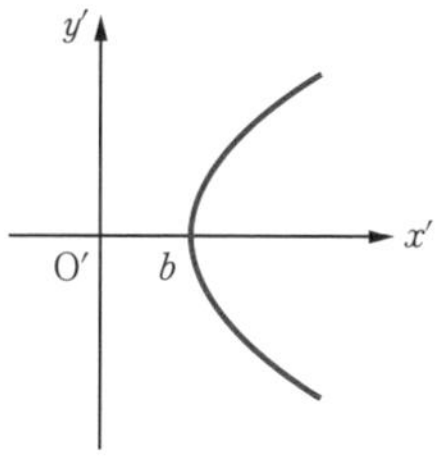

練習問題　1-14　解答 p. 191

地面に固定した x 軸を水平方向に取る．x 方向に一定の速度 V (> 0) で動いているベルトコンベアーがあり，その上を模型自動車が x 軸の原点の位置からベルトに対する初速 0，一定の加速度 $-a$ $(a > 0)$ で動き始めた．模型自動車が再び原点の位置を通過するまでに，ベルト上を走行した距離はいくらか．

問題 1-⑮ ▼極座標表示の速度

x-y 平面上を運動する質点の位置 P の極座標表示を (r, θ) とすると，位置ベクトル $\boldsymbol{r}$ は，$\boldsymbol{r} = r\boldsymbol{e}_r$ と表せる．$\boldsymbol{e}_r$ は原点から質点に向かう単位ベクトルであり，基本ベクトル $\boldsymbol{i}, \boldsymbol{j}$ を用いて，$\boldsymbol{e}_r = \cos\theta\boldsymbol{i} + \sin\theta\boldsymbol{j}$ と表せる．

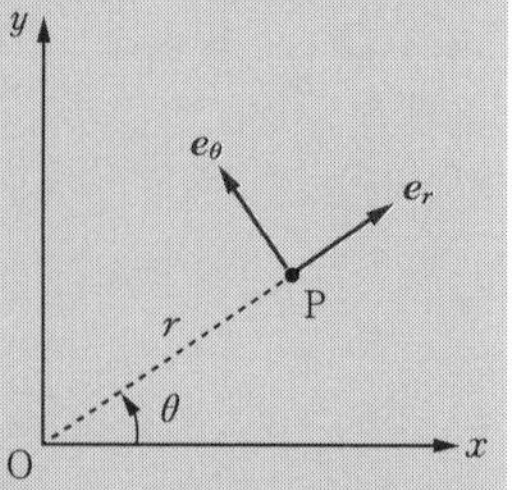

(1) 反時計回りの回転方向の単位ベクトル $\boldsymbol{e}_\theta$ は $\boldsymbol{e}_r$ を反時計回りに 90° 回転したベクトルである．
$\boldsymbol{e}_\theta$ を $\boldsymbol{i}, \boldsymbol{j}, \theta$ で表せ．

(2) $\boldsymbol{e}_r, \boldsymbol{e}_\theta$ は質点の移動とともに時間変化するベクトルである．それらの変化率について次の関係式が成り立つことを示せ．

$$\frac{d\boldsymbol{e}_r}{dt} = \dot{\theta}\boldsymbol{e}_\theta, \quad \frac{d\boldsymbol{e}_\theta}{dt} = -\dot{\theta}\boldsymbol{e}_r$$

(3) 速度の動径方向成分 v_r と反時計回りの回転方向成分 v_θ を $r, \dot{r}, \dot{\theta}$ のうち必要なものを用いて表せ．

●考え方●

位置ベクトルの式 $\boldsymbol{r} = r\boldsymbol{e}_r$ を時間微分して速度を $\boldsymbol{e}_r, \boldsymbol{e}_\theta$ を用いた式で表す．$\boldsymbol{e}_r$ の係数が v_r，$\boldsymbol{e}_\theta$ の係数が v_θ である．

解答

(1) 図より $\boldsymbol{e}_\theta$ の x 成分が $-\sin\theta$，
y 成分が $\cos\theta$ なので，

$\boldsymbol{e}_\theta = -\sin\theta\boldsymbol{i} + \cos\theta\boldsymbol{j}$ 答

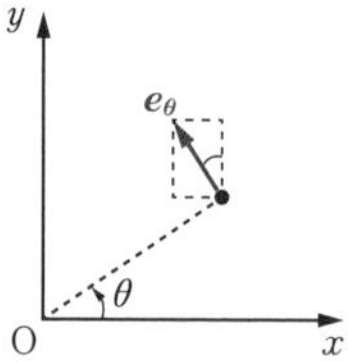

(2)
$$\frac{d\boldsymbol{e}_r}{dt} = \underbrace{\frac{d}{dt}(\cos\theta)\boldsymbol{i} + \frac{d}{dt}(\sin\theta)\boldsymbol{j}}_{㋐}$$
$$= \underbrace{-\dot{\theta}\sin\theta\boldsymbol{i}}_{㋑} + \dot{\theta}\cos\theta\boldsymbol{j} = \dot{\theta}\boldsymbol{e}_\theta$$
$$\frac{d\boldsymbol{e}_\theta}{dt} = \frac{d}{dt}(-\sin\theta)\boldsymbol{i} + \frac{d}{dt}(\cos\theta)\boldsymbol{j}$$
$$= -\dot{\theta}\cos\theta\boldsymbol{i} - \dot{\theta}\sin\theta\boldsymbol{j} = -\dot{\theta}\boldsymbol{e}_r$$

(3)
$$\boldsymbol{v} = \frac{d\boldsymbol{r}}{dt} = \frac{d}{dt}(r\boldsymbol{e}_r) \underbrace{= \dot{r}\boldsymbol{e}_r + r\dot{\boldsymbol{e}}_r}_{㋒} = \dot{r}\boldsymbol{e}_r + r(\dot{\theta}\boldsymbol{e}_\theta)$$

これより，$v_r = \dot{r}$，$v_\theta = r\dot{\theta}$ 答

ポイント

㋐ $\boldsymbol{i}, \boldsymbol{j}$ が定ベクトルなので，ベクトル $\boldsymbol{A} = A_x\boldsymbol{i} + A_y\boldsymbol{j}$ の微分は

$$\frac{d\boldsymbol{A}}{dt} = \frac{dA_x}{dt}\boldsymbol{i} + \frac{dA_y}{dt}\boldsymbol{j}$$

㋑ (合成関数の微分) $\cos\theta$ を θ で微分して，θ の時間微分をかける．

㋒ 積の微分

$$\frac{d}{dt}(a\boldsymbol{B}) = \dot{a}\boldsymbol{B} + a\dot{\boldsymbol{B}}$$

練習問題　1-15　解答 p. 191

点 O の周りに周期 T で等速回転している棒があり，質点が棒に対して一定の速さ V で棒に沿って外向きに移動している．質点が点 O から距離 r の位置を通過するときの地面に対する質点の速さ u を求めよ．

問題 1-16 ▼極座標表示の加速度

x-y 平面上を運動する質点の位置の極座標表示を (r, θ) とする．

(1) 問題 1-15の結果を利用して，加速度の動径方向成分 a_r および反時計回りの回転方向成分 a_θ を $r, \dot{r}, \ddot{r}, \dot{\theta}, \ddot{\theta}$ のうち必要なものを用いて表せ．

(2) 円運動をする質点の加速度の中心方向成分を，円軌道の半径 ρ と速さ v で表せ．

●考え方●

速度ベクトルを時間で微分して，加速度ベクトルを得る．単位ベクトル $\boldsymbol{e}_r$，$\boldsymbol{e}_\theta$ のそれぞれの係数が a_r，a_θ になる．

解答

(1) 問題 1-15(3)で得た式より，速度ベクトルは

$$\boldsymbol{v} = \dot{r}\boldsymbol{e}_r + (r\dot{\theta})\boldsymbol{e}_\theta$$

これを時間で微分して加速度ベクトルの式を得る．

$$\boldsymbol{a} = \frac{d\boldsymbol{v}}{dt} = \ddot{r}\boldsymbol{e}_r + \dot{r}\dot{\boldsymbol{e}}_r + (\dot{r}\dot{\theta} + r\ddot{\theta})\boldsymbol{e}_\theta + r\dot{\theta}\dot{\boldsymbol{e}}_\theta \quad ㋐$$

$$= \ddot{r}\boldsymbol{e}_r + \dot{r}\dot{\theta}\boldsymbol{e}_\theta + (\dot{r}\dot{\theta} + r\ddot{\theta})\boldsymbol{e}_\theta + r\dot{\theta}(-\dot{\theta}\boldsymbol{e}_r) \quad ㋑$$

$$= (\ddot{r} - r\dot{\theta}^2)\boldsymbol{e}_r + (r\ddot{\theta} + 2\dot{r}\dot{\theta})\boldsymbol{e}_\theta \quad ㋒$$

これより，$a_r = \ddot{r} - r\dot{\theta}^2$，$a_\theta = r\ddot{\theta} + 2\dot{r}\dot{\theta}$

(2) 円軌道の中心を座標の原点に選ぶ．$r = \rho$（一定）なので，$\dot{r} = 0$，$\ddot{r} = 0$

$$v_r = \dot{r} = 0,\quad v_\theta = r\dot{\theta} = \rho\dot{\theta}$$

速さは $v = |\rho\dot{\theta}|$ となるから $|\dot{\theta}| = \dfrac{v}{\rho}$

よって，$a_r = \ddot{r} - r\dot{\theta}^2 = -\rho\left(\dfrac{v}{\rho}\right)^2 = -\dfrac{v^2}{\rho}$

これより，加速度の中心方向成分㋓が $\dfrac{v^2}{\rho}$ と分かる．

> **ポイント**
>
> ㋐ 積の微分の公式
> $\dfrac{d}{dt}(a\boldsymbol{B}) = \dot{a}\boldsymbol{B} + a\dot{\boldsymbol{B}}$
>
> ㋑ 問題 1-15(2)の式
> $\dot{\boldsymbol{e}}_r = \dot{\theta}\boldsymbol{e}_\theta$，$\dot{\boldsymbol{e}}_\theta = -\dot{\theta}\boldsymbol{e}_r$ を用いた．
>
> ㋒ $\boldsymbol{e}_r$ の項と $\boldsymbol{e}_\theta$ の項に整理する．
>
> ㋓ a_r が負なので，加速度の動径方向成分は原点から質点に向かう単位ベクトル $\boldsymbol{e}_r$ と逆向きになる．よって，この加速度の成分は円軌道の中心に向かうことが分かる．

練習問題　1-16　解答 p. 191

(1) 問題 1-15, 16の結果より，$a_r = \dot{v}_r - \dfrac{{v_\theta}^2}{r}$，$a_\theta = \dot{v}_\theta + \dfrac{v_r v_\theta}{r}$ が成立することを示せ．

(2) $a_\theta = \dfrac{1}{r}\dfrac{d}{dt}(rv_\theta)$ と表せることを示せ．

問題 1-17 ▼渦巻《うずま》き軌道

座標平面を運動する質点の軌道が極座標で $r(t) = Re^{-bt}$，$\theta(t) = \omega t$ のように時刻 t の関数で与えられたとき，速度と加速度の各成分 $v_r, v_\theta, a_r, a_\theta$ を求め r, b, ω で表せ．R, b, ω はいずれも正の定数である．

●考え方●

問題 1-15, 16の公式を利用する．

解答

動径の式 $r(t) = Re^{-bt}$ を時間で微分して，

$$\dot{r} = -bRe^{-bt} = -br \quad ㋐$$

となる．これをさらに微分して，

$$\ddot{r} = -b\dot{r} = -b(-br) = b^2r.$$

方位角の式 $\theta(t) = \omega t$ を時間で微分して，

$\dot{\theta} = \omega$ となる．これをさらに微分して，$\ddot{\theta} = 0$.

以上より，

$$v_r = \dot{r} = -br \quad \text{答}$$

$$v_\theta = r\dot{\theta} = r\omega \quad \text{答}$$

$$a_r = \ddot{r} - r\dot{\theta}^2 = b^2r - r\omega^2 = r(b^2 - \omega^2) \quad \text{答}$$

$$a_\theta = r\ddot{\theta} + 2\dot{r}\dot{\theta} = -2br\omega \quad \text{答}$$

ポイント

㋐ 指数関数 $f(x) = e^x$ の導関数は，$f'(x) = e^x$

練習問題 1-17 解答 p. 191

座標平面内を運動する質点の時刻 t における位置が極座標表示で正の定数 c, ω を用いて $r(t) = ct$，$\theta(t) = \omega t$ のように与えられたとき，速度および加速度の成分 $v_r, v_\theta, a_r, a_\theta$ を r, c, ω で表せ．

問題 1-⑱ ▼加速度の接線，法線成分，曲率半径

小球を水平方向に速さ v_0 で打ち出した．小球は鉛直面内で運動し，水平方向は等速，鉛直方向は下向きに加速度 g の等加速度とする．打ち出してから時間 t だけ経過したときの次の諸量を求めよ．

(1) 小球の速さ v

(2) 小球の加速度について，軌跡の接線方向成分 a_t，および法線方向成分 a_n

(3) 小球の軌跡の曲率半径 ρ

●考え方●

(1) 水平方向の速度と鉛直方向の速度を合成する．

(2) 速さの変化率が接線方向の加速度に等しい．また，接線方向の加速度と法線方向の加速度を合成すれば大きさが g になる．

(3) 法線方向の加速度と曲率半径の関係式 $a_n = \dfrac{v^2}{\rho}$ を利用する．

解答

(1) 水平速度が v_0，鉛直速度が gt㋐ だから，速さは

$$v = \sqrt{{v_0}^2 + g^2t^2}$$ ㋑ 答

(2) 加速度の接線方向成分は速さの変化率に等しいから

$$a_t = \frac{dv}{dt} = \frac{2g^2t}{2\sqrt{{v_0}^2 + g^2t^2}} = \frac{g^2t}{\sqrt{{v_0}^2 + g^2t^2}}$$ ㋒ 答

${a_n}^2 + {a_t}^2 = g^2$ より，$a_n = \sqrt{g^2 - {a_t}^2}$

$$= \frac{v_0 g}{\sqrt{{v_0}^2 + g^2t^2}}$$ 答

(3) $a_n = \dfrac{v^2}{\rho}$ より，$\rho = \dfrac{v^2}{a_n} = \dfrac{\sqrt{({v_0}^2 + g^2t^2)^3}}{v_0 g}$ 答

ポイント

㋐ 鉛直方向は初速 0，加速度 g の等加速度運動

㋑ ベクトル $\boldsymbol{A} = (A_x, A_y)$ の大きさは $|\boldsymbol{A}| = \sqrt{{A_x}^2 + {A_y}^2}$

㋒ 合成関数の微分をする．$f = {v_0}^2 + g^2t^2$ とおけば $v = \sqrt{f}$

$$\frac{dv}{dt} = \frac{dv}{df}\frac{df}{dt} = \frac{1}{2\sqrt{f}}\cdot 2g^2t = \frac{g^2t}{\sqrt{{v_0}^2 + g^2t^2}}$$

練習問題　1-18

解答 p. 192

地上から水平となす角 45° の方向に初速 144 km/h で小球を打ち出した．水平方向は等速，鉛直方向は下向きに加速度 10 m/s^2 として，軌道の最高点における曲率半径を求めよ．

column1 ◆メートルの定義の変遷

国際単位系 SI (System International) では長さの基本単位はメートルである.

初めフランス科学アカデミーによって，子午線の北極から赤道までの長さが 1 万キロメートルになるように定義され，これに基づきメートル原器 30 本が作成された. これは白金 90%，イリジウム 10% の合金でできた棒に 1 m を示す目盛り線を刻印したものである. 日本に渡された原器は重要文化財に指定されている. しかしながら，このような人工の金属製物差しでは熱膨張や経年変化，また目盛り線の誤差もあり完全ではない.

その後クリプトン 86 原子の準位が遷移するときに出す橙色の光の波長を基準とし，この波長の 1650763.73 倍を 1 m とした. しかし，これとてもクリプトンランプの再現性が悪いため，改良の必要があった. そうして，光の速さの測定精度の向上により，1983 年に真空中の光速を基準とする 1 m が定義され現在に至っている. これは 1 秒に光が真空中を伝わる行程の長さを 299792458 m とするものである. こうして人工の物体でなく，光速を基とする普遍的な長さの定義が確立した. なお，1 秒はセシウム 133 原子が放射する特定の電磁波の周期の 9192631770 倍の時間として，1967 年に定義されている.

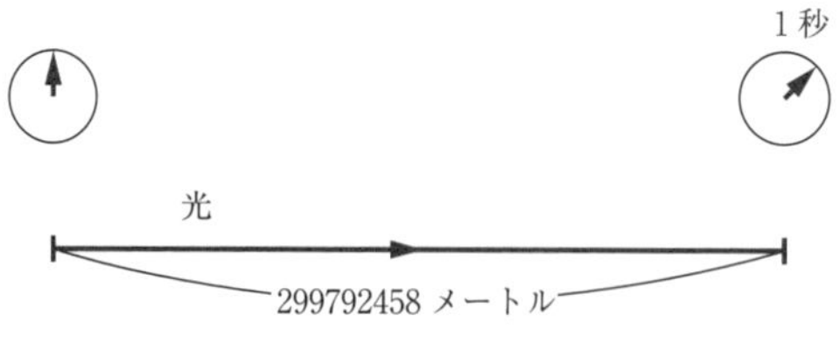

Chapter 2

運動の法則

力学の出発点である運動の法則を学ぶ.
力の種類と働きを概観し,力のつり合いと運動方程式を様々な典型例に応用する.
さらに，非慣性系における慣性力の取り扱いについても考察する.

基本事項

1　力（問題 2-1, 2, 3, 6）

❶ 力の働き

物体に**力**が作用すると，物体の移動，回転，変形などが生じる．力はベクトル量であり，大きさ，**作用点**，向きの 3 要素がある．

❷ 圧力

物体の表面が単位面積あたり垂直に押される力を**圧力**という．圧力の単位は〔N/m^2〕でこれを〔Pa〕（パスカル）とも記す．

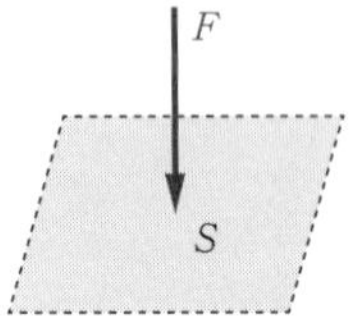

面積 S の面が大きさ F の力で押されるとき圧力 P は，

$$P = \frac{F}{S}$$

これより，面全体が押される力は $F = PS$ となる．

例　大気の圧力はおよそ 1×10^5〔Pa〕$= 1000$〔hPa〕であり，1 辺の長さが 10〔cm〕の正方形の面を大気が押す力は 1×10^5〔Pa〕$\times 1 \times 10^{-2}$〔m^2〕$= 1 \times 10^3$〔N〕にもなり，ほぼ 100 kg の物体に働く重力の大きさに等しい．

❸ 離れて働く力（遠隔力）

主に**重力**と**電磁気力**がある．

(1)　万有引力（重力）

距離が r 離れた質量 m_1 の質点と質量 m_2 の質点間には互いに**引力**が働く．作用線は 2 点を結ぶ直線であり，力の大きさ F は次式で与えられる（**万有引力の法則**）．

$$F = G\frac{m_1 m_2}{r^2}$$

ここで，$G = 6.67 \times 10^{-11}$〔$N \cdot m^2/kg^2$〕を**万有引力定数**という．

地表面近くでは質量 m の物体に働く重力は，鉛直方向下向きで大きさ（重さ）W は $W = mg$ となる．g は重力による加速度の大きさで，物体の質量によらず，$g = 9.8$〔m/s^2〕である．地球の中心を通る直線を**鉛直線**という．

(2)　静電気力

距離が r 離れた電荷 q_1 をもつ質点（**点電荷**）と電荷 q_2 をもつ質点間には引力または**斥力**（**反発力**）が働く．作用線は 2 点を結ぶ直線であり，q_1 と q_2 が異符号のときは引力，同符号のときは斥力になる．真空中において静止している2つの点電荷の間で互いにおよぼし合う力（**静電気力**）の大きさ F は次式で与えられる（**クーロンの法則**）．

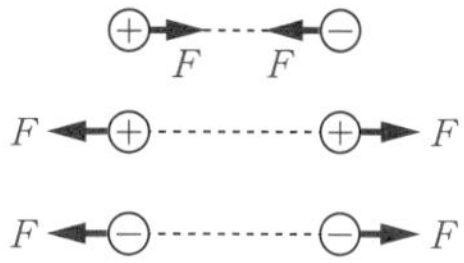

$$F = k\frac{|q_1q_2|}{r^2}$$

ここで，$k = 8.99 \times 10^9$〔$\mathrm{N \cdot m^2/C^2}$〕をクーロンの法則の比例定数という．

上の式は2つの電荷が静止している場合であり，運動する電荷間に働く電磁気力は，より込み入った複雑なものになる．

❹ 接触して働く力（近接力）

力には物体にじかに接して働く力（近接力）と，離れて働く力（遠隔力）がある．近接力は次のようにいろいろな種類がある．

(1) **張力**

物体に糸を付けて引くと，物体には糸の方向に引かれる力が働く．これを**張力**といい，空中にある軽い（＝質量が無視できる）糸の張力の大きさはどの部分でも等しい．ひもやロープによる力も同様である．また，軽い糸がなめらかに回る軽い滑車にかけられている場合も，張力の大きさは糸のどの部分でも等しい．

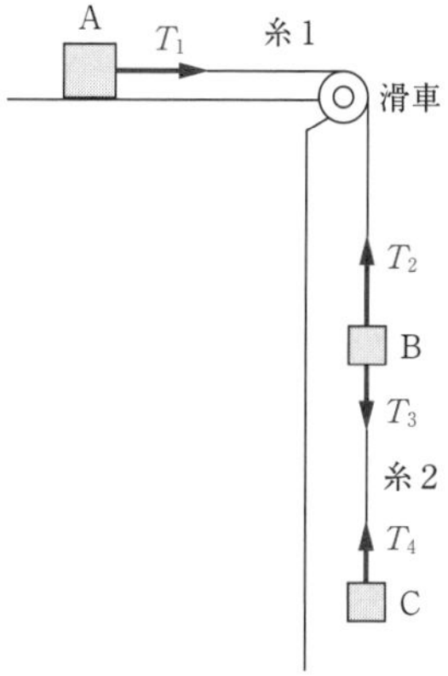

例　図のように物体 A, B, C をなめらかに回る軽い滑車にかけられた糸1と糸2で連結したとき，糸1が A, B におよぼす張力の大きさは等しく $T_1 = T_2$ である．また，糸2が B, C におよぼす張力の大きさもそれぞれ等しく $T_3 = T_4$ である．これは A, B, C が静止しているときだけでなく運動している場合でも成り立つ．

(2) **抗力，垂直抗力**

物体が床や壁，斜面などの面に接触しているとき，面から受ける力を**抗力**といい，面に垂直な成分を**垂直抗力**，面に平行な成分を**摩擦力**という．

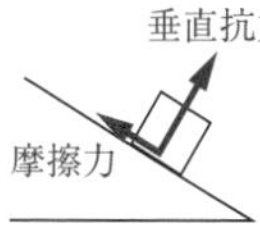

(3) 静止摩擦力

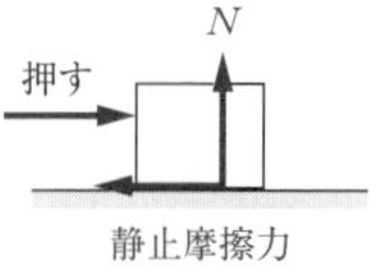

面上で静止している物体を小さな力で押しても動かない．これは物体が面に対して滑るのを止める力が働くためである．この力には限界があり，**最大摩擦力**という．最大摩擦力 $f_{\max}$ は物体が面から受ける垂直抗力 N に比例し，

$$f_{\max} = \mu N$$

と表される．μ は**静止摩擦係数**といい，物体と面の種類や状態で決まる値をもつ．静止摩擦力が μN と書けるのは物体が面に対して滑る直前のときだけであることに注意しよう．

(4) 動摩擦力

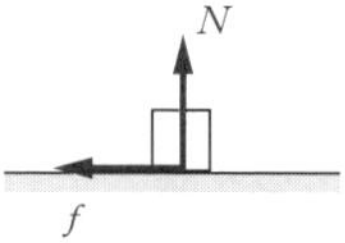

物体が面に対して滑っているときに面に対する相対速度と逆向きに働く力で，その大きさ f は物体が面から受ける垂直抗力 N に比例し，

$$f = \mu' N$$

と表される．μ' は**動摩擦係数**といい，通常，動摩擦係数は静止摩擦係数より小さい．

(5) 弾性力

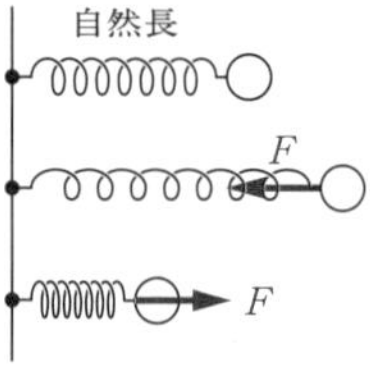

ばねやゴムひもはそれぞれに固有の自然長に戻ろうとする性質があり，このときに働く力を**弾性力**という．ばねの自然長からの伸びまたは縮みが x のとき，弾性力の大きさ F は，x があまり大きくない範囲であれば，$F = kx$ となる（**フックの法則**）．k を**ばね定数**という．自然長より伸びているばねの弾性力は物体を引く向きに働き，自然長より縮んでいるばねの弾性力は物体を押す向きに働く．

(6) 抵抗力

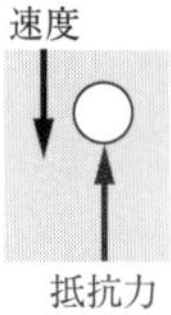

物体が気体や液体中を運動するとき，運動を妨げる力を受ける．

球形の物体が空気中を運動する場合，速さがあまり大きくなければ**空気抵抗**の大きさは速さに比例する．

(7) 浮力

流体（液体，気体）中で静止している物体が周りの流体から受ける力の合力を**浮力**という．一般に，浮力は重力と逆向きに働き，大きさは物体が排除した流体の重さに等しい（**アルキメデスの原理**）．

例　水平面を境に上下に分離した2種類の液体にまたがって物体が沈んで静止している．上下の液体の密度はそれぞれ ρ_1, ρ_2 であり，物体が押しのけた液体の体積は上側が V_1，下側が V_2 とすると，物体が押しのけた液体の質量は $\rho_1 V_1 + \rho_2 V_2$ なので物体が受ける浮力の大きさ F は，$F = (\rho_1 V_1 + \rho_2 V_2)g$ となる．

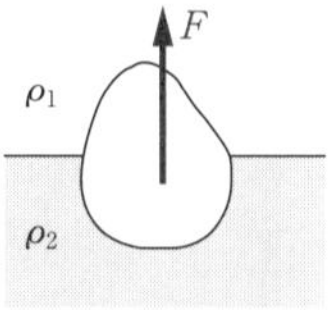

2　運動の第1法則（問題 2-[1]）

❶ 力の合成と分解

質点に複数の力 $\boldsymbol{F}_1, \boldsymbol{F}_2, \cdots$ が働くとき，力をこれらのベクトル和 $\boldsymbol{F} = \boldsymbol{F}_1 + \boldsymbol{F}_2 + \cdots$ で置き換えても同じ働きになる．これを合力という．

逆に，1つの力はいくつかの力の和で表すこともでき，分解した力は分力という．

❷ 力のつり合い

物体に働く合力が0になるとき，力がつり合っているという．

$$\boldsymbol{F}_1 + \boldsymbol{F}_2 + \cdots = \boldsymbol{0} \iff \text{力のつり合い}$$

❸ 慣性の法則（運動の第1法則）

物体に働く力がつり合っているとき，物体の速度は変わらない．

すなわち，静止している物体は静止し続け，運動している物体は等速直線運動をする．

運動の第2, 3法則は第1法則が前提となっていて，慣性の法則が成り立つような座標系で記述しなければならない．

3　運動の第2法則（問題 2-[2], [5], [7], [8], [9], [14]）

❶ 運動方程式（運動の第2法則）

質量 m の質点にはたらく力の和（合力）を $\boldsymbol{F}$，質点の加速度を $\boldsymbol{a}$ とすると，

$$m\boldsymbol{a} = \boldsymbol{F}$$

が常に成立する．すなわち質点の加速度は合力と同じ向きで，大きさは合力に比例し質量に反比例する．

Memo **慣性質量と重力質量**

運動方程式に現れる質量は「**慣性質量**」といい，物体の速度変化のしにくさを表す．力が加わったとき，ピンポン玉のように慣性質量が小さければ，すぐ動き出すが，新幹線の車両のように慣性質量が大きいとゆっくりと速さが増す．また，慣性質量が大きい車両はブレーキをかけてもすぐには止まらない．

これに対して万有引力の法則に現れる質量は「**重力質量**」といい，物体の間に働く重力の大きさを決める量である．実験事実によって，この2種の質量は等価であることが示されている．また，**アインシュタイン**の**一般相対性理論**（重力の理論）はこの**等価原理**に基づいている．

❷ 運動方程式の解

微小時間 Δt を用いて加速度は $\boldsymbol{a} = \dfrac{\Delta \boldsymbol{v}}{\Delta t}$ と表せるので，運動方程式は

$$m\frac{\Delta \boldsymbol{v}}{\Delta t} = \boldsymbol{F}$$

と書け，速度変化が $\Delta \boldsymbol{v} = \dfrac{\boldsymbol{F}}{m}\Delta t$ と求まる．したがって，ある時刻において質点の位置と速度が分かれば，微小時間後の位置と速度が求められる．この手続きを繰り返すことにより，任意の時刻における位置が決まることになる．運動方程式は質点の位置 $\boldsymbol{r} = \boldsymbol{r}(t)$ を用いて，$m\dfrac{d^2\boldsymbol{r}}{dt^2} = \boldsymbol{F}$ と表せる．この2階の**微分方程式**は，力 $\boldsymbol{F}$ が質点の位置と速度で決まるものとすれば，初期条件として時刻0における位置 $\boldsymbol{r}(0)$ と速度 $\dot{\boldsymbol{r}}(0)$ が与えられると，その解が一意的に決まってしまう．

4 運動の第3法則（問題 2-4, 10, 12, 13）

❶ 作用・反作用の法則（運動の第3法則）

2つの物体間で及ぼし合う力は，同一作用線上にあり，互いに逆向きで同じ大きさである．

作用と反作用は2つの物体に働くペアの力について言っているのであり，1つの物体に働く2力のつり合いとは異なることに注意しよう．

例　床上で質量 m の球が静止しているとき，球が床から受けている垂直抗力を作用とすると，その反作用として床は球から鉛直下向きで同じ大きさの力を受けている．

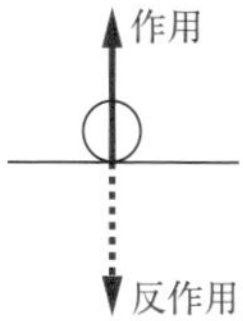

❷ 質点系の運動方程式

質点の集まりを**質点系**という．まず，質量がそれぞれ m_1, m_2 の質点 1，2 からなる系を考える．系の外部から働く力を**外力**，系に所属する質点間に働く力は**内力**という．

質点 1, 2 に働く外力の合力をそれぞれ $\boldsymbol{F}_1, \boldsymbol{F}_2$ とする．また，質点 1 が質点 2 から受ける力を $\boldsymbol{f}$ とすると，作用・反作用の法則より，質点 2 が質点 1 から受ける力は $-\boldsymbol{f}$ となる．

質点 1 および質点 2 の運動方程式は，それぞれ

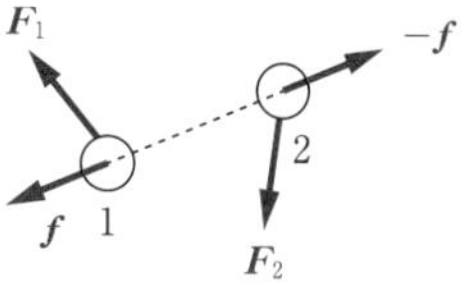

$$m_1 \frac{d^2\boldsymbol{r}_1}{dt^2} = \boldsymbol{F}_1 + \boldsymbol{f} \quad \cdots①$$

$$m_2 \frac{d^2\boldsymbol{r}_2}{dt^2} = \boldsymbol{F}_2 - \boldsymbol{f} \quad \cdots②$$

となり，①，②式を加えることにより，次の式を得る．

$$(m_1 + m_2)\frac{d^2}{dt^2}\left(\frac{m_1\boldsymbol{r}_1 + m_2\boldsymbol{r}_2}{m_1 + m_2}\right) = \boldsymbol{F}_1 + \boldsymbol{F}_2$$

ここで，$M = m_1 + m_2$，$\boldsymbol{r}_\mathrm{G} = \dfrac{m_1\boldsymbol{r}_1 + m_2\boldsymbol{r}_2}{m_1 + m_2}$ とおくと

$$M\frac{d^2\boldsymbol{r}_\mathrm{G}}{dt^2} = \boldsymbol{F}_1 + \boldsymbol{F}_2$$

となる．M は質量の和であり，$\boldsymbol{r}_\mathrm{G}$ は**重心**の位置を定義するベクトルである．

これは重心に全質量が集中していると見なしたときの運動方程式（重心の運動方程式）であり，働く力は外力だけを考慮すればよいことが分かる．

N 個の質点からなる系についても同様の方程式が導ける．

$$M\frac{d^2\boldsymbol{r}_\mathrm{G}}{dt^2} = \boldsymbol{F}_1 + \boldsymbol{F}_2 + \cdots + \boldsymbol{F}_N$$

ここで，$M - m_1 + m_2 + \cdots + m_N$ は全質量であり，

$$\boldsymbol{r}_\mathrm{G} = \frac{m_1\boldsymbol{r}_1 + m_2\boldsymbol{r}_2 + \cdots + m_N\boldsymbol{r}_N}{m_1 + m_2 + \cdots + m_N}$$

は N 個の質点系の重心の位置ベクトルである．

右辺は系の質点に働く外力の和である．内力は作用と反作用の関係にあるため打ち消し合って，重心の運動方程式には現れない．

質点系の力のつり合いも同様で，系に対して働く外力だけを考慮すればよい．

❸ 物体の運動方程式

板や箱のような大きさがあるが変形しない物体（**剛体**）の並進運動を考えることがよくある．物体の位置は物体内の任意の代表点（例えば物体の重心）の座標で指定できる．また，物体の速度，加速度はその代表点の速度，加速度で定義できる．並進運動する剛体なら，代表点をどこに選んでも速度，加速度は同一である．

物体を質点系と考えれば，運動方程式に現れる力は物体に働く外力のみであり，物体内で及ぼし合う内力は現れないことが分かる．

❹ 2 質点系の相対運動

質量が m_1, m_2 の 2 つの質点があり，質点 1 が質点 2 からうける力を $\boldsymbol{f}_1$，質点 2 が質点 1 から受ける力を $\boldsymbol{f}_2$ とし，質点系の外部からの力は働いていないとする．運動方程式は，それぞれ

$$m_1\ddot{\boldsymbol{r}}_1 = \boldsymbol{f}_1$$

$$m_2\ddot{\boldsymbol{r}}_2 = \boldsymbol{f}_2$$

質点 2 に対する質点 1 の相対位置を

$\boldsymbol{r} = \boldsymbol{r}_1 - \boldsymbol{r}_2$ とすると，作用・反作用の関係より $\boldsymbol{f}_1 = -\boldsymbol{f}_2$ に注意して

$$\ddot{\boldsymbol{r}} = \ddot{\boldsymbol{r}}_1 - \ddot{\boldsymbol{r}}_2 = \left(\frac{1}{m_1} + \frac{1}{m_2}\right)\boldsymbol{f}_1$$

$\dfrac{1}{\mu} = \dfrac{1}{m_1} + \dfrac{1}{m_2}$ とおくと，

$$\mu\ddot{\boldsymbol{r}} = \boldsymbol{f}_1$$

これは，質点 2 に対する質点 1 の**相対運動**の運動方程式であり，μ を**換算質量**という．質点 2 を基準に取ると，あたかも質量 μ の質点 1 が運動しているように見えることが分かる．

5 慣性力（問題 2-7, 9）

❶ 慣性系と非慣性系

慣性の法則が成り立つような座標系を**慣性系**という．

ある慣性系Kに対して等速度で並進運動する座標系K′も慣性系になる．Kにおいて等速度運動する質点は，K′においても等速度運動になるからである．

地上での物体の運動を考える場合，地面を慣性系と考えて差し支えない．

地面に対して加速度をもつ座標系では，慣性の法則は成り立たなくなり，**非慣性系**という．例えば，列車が発進すると，床に置かれた缶が転がることがある．この場合，列車内の観測者から見ると，力がつり合っているのに缶が動き出したことになり慣性の法則が成り立っていない．しかし，次に説明する見かけの力である慣性力を取り入れれば，非慣性系であっても慣性系と同じように扱うことができる．

❷ 慣性力

ある慣性系Kで，質量 m の物体の加速度が $\boldsymbol{a}$ のとき，運動方程式は，

$$m\boldsymbol{a} = \boldsymbol{F} \quad \cdots ⊛$$

慣性系Kに対して加速度 $\boldsymbol{A}$ で並進運動する座標系Lを考える．⊛式の両辺から $m\boldsymbol{A}$ を引くと，$m(\boldsymbol{a} - \boldsymbol{A}) = \boldsymbol{F} - m\boldsymbol{A}$ が得られる．ここで，$\boldsymbol{a} - \boldsymbol{A}$ は座標系Lにおける物体の加速度であり，物体に加わっている本来の力 $\boldsymbol{F}$ に加えて見かけの力 $-m\boldsymbol{A}$ が働くとみれば，Lにおいても運動方程式が成立する．この見かけの力を**慣性力**という．

物体に働く慣性力は，観測者の加速度と逆向きで，大きさは物体の質量と観測者の加速度の大きさの積に等しい．

❸ 見かけの重力

重力と慣性力の合力を見かけの重力という．これは物体の質量に比例する．

例　水平方向に等加速度運動している列車内でボールを手放せば，見かけの重力の方向に自由落下する．列車内ではあたかも鉛直線が斜めになったように見える．

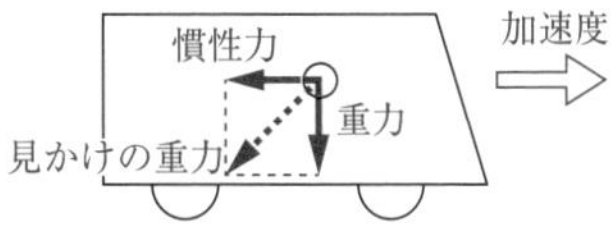

6　単位と次元（**問題** 2-15）

❶ 国際単位系

長さは，ある基準の長さの何倍であるかで測られる．つまり，長さ1を示す**単位**がある．質量や時間も同様である．国際単位系（SI）は次の4つの**基本単位**

を用いる **MKSA 単位系**を拡張したものであり，現在広く使われている．

この他に基本単位として**熱力学的温度**の単位 K（ケルビン）や物質量の単位 mol（モル）などが定められている．任意の物理量は，基本単位の乗除によって表すことができ，**組立単位**という．組立単位が基本単位のどのような組み合わせになるかを示すものを**次元**という．長さ，質量，時間，**電流**の次元はそれぞれ L, M, T, A で表す．また，特別な物理量には次のように固有の単位記号がある．

物理量	単位	次元
長さ	m（メートル）	L（Length）
質量	kg（キログラム）	M（Mass）
時間	s（秒）	T（Time）
電流	A（アンペア）	A

力	N（ニュートン）	仕事・エネルギー	J（ジュール）
圧力	Pa（パスカル）	仕事率	W（ワット）

例 速度は距離（m）を時間（s）で割るので単位は〔m/s〕である．

加速度は速度変化（m/s）を時間（s）で割るので単位は〔m/s^2〕である．力は，運動方程式 $ma = F$ より，質量と加速度の積だから単位を組み立てると〔kg〕×〔m/s^2〕=〔$kg \cdot m/s^2$〕と分かる．
以上から力の次元は $[L^1M^1T^{-2}A^0]$ となる．

❷ 次元解析

物理法則を表す等式の両辺は次元が一致しなければならない．このことを利用して，検算や，式に現れる指数を決めることができ，次元解析という．

Memo **合成関数の微分**

関数 $y = f(x)$ と $x = g(t)$ の合成関数

$y = f(g(t))$ の微分は，$\dfrac{dy}{dt} = \dfrac{dy}{dx}\dfrac{dx}{dt}$

（例） $y = \sin(t^2)$ を t で微分するには，$y = \sin x$，$x = t^2$ と置いて，

$$\frac{dy}{dt} = \frac{d}{dx}(\sin x)\cdot\frac{d}{dt}(t^2) = \cos x\cdot 2t = 2t\cos(t^2)$$

問題 2-1 ▼力のつり合い，慣性

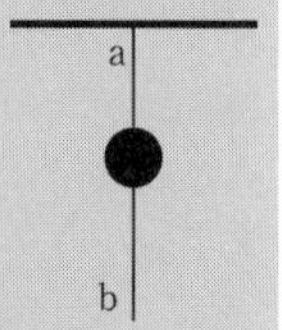

質量 m の鉄球の上側に軽い糸 a を付けて天井に固定し，球の下側に軽い糸 b を付けて鉛直下向きに引く．糸 a, b の張力の限界をともに T_0 ($> mg$) とする．

(1) 糸 b を引く力の大きさ F を 0 からゆっくりと増したところ，$F = F_0$ になったとき糸 a が切れた．F_0 を m，T_0 および重力加速度の大きさ g を用いて表せ．

(2) 糸 b だけを切るにはどのように引っ張ればよいか．

●考え方●

(1) ゆっくり引く過程では鉄球に働く力が常につり合っている．

(2) 鉄球に力が加わっても，慣性があるのですぐには動き出さない．

解答

(1) 糸 a, b の張力の大きさをそれぞれ T_a, T_b とする．

糸 b の下端部について，力のつり合いより，

$$T_b = F \quad \cdots ①$$ ㋐

鉄球に働く力のつり合いより，

$$T_a = mg + T_b \quad \cdots ②$$

よって，糸 a の張力は糸 b の張力より鉄球の重さ分だけ大きいので，先に糸 a が切れる．㋑

①，②式で $T_a = T_0$，$F = F_0$ として，$F_0 = T_0 - mg$ 答

(2) 糸 b を素早く引っ張ればよい．答

糸の張力が増すのは糸の伸びがわずかに増すためと考えられる．極めて短い時間であれば，鉄球は慣性のために動かない．したがって，糸 a の伸びが増加して張力が大きくなる前に糸 b の張力が限界に達して切れることになる．

ポイント

㋐ 糸は軽いので糸の重さは 0 とする．

㋑ ①, ②式から分かるように，F が大きくなると T_a, T_b とも増加するが，常に $T_a > T_b$ である．

練習問題　2-1

解答 p. 192

2 本の糸 a, b でつるしたかごに，少しずつ砂を入れていくとき，先に切れるのはどちらの糸か．糸 a, b が水平線となす角をそれぞれ α, β とすると，$\alpha > \beta$ であり，糸の強度は同じとする．

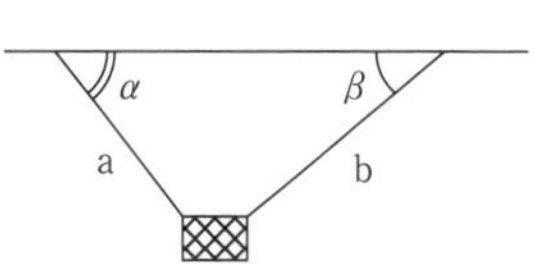

問題 2-2 ▼摩擦力，つり合い，運動方程式

長さ L の粗い板と小物体がある．小物体と板との間の静止摩擦係数を μ_0 とする．

(1) 板を水平から徐々に傾けるとき，小物体が滑り出すときの板の両端の高さの差 H を求めよ．

(2) 板をある傾きに固定して，小物体を板に沿って上向きに打ち出したところ，折り返した後，出発点に戻ってきた．上昇時間と下降時間のどちらが短いか．

●考え方●

斜面方向と法線方向（斜面に垂直な方向）に分解して，力のつり合いや運動方程式を考える．

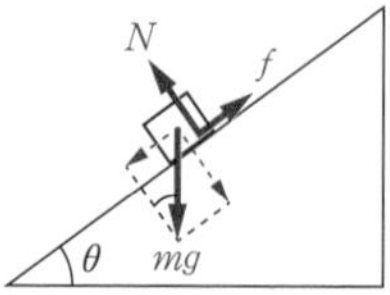

解答

(1) 小物体の重さを mg，板が水平面となす角を θ，静止摩擦力の大きさを f，垂直抗力の大きさを N とすると，斜面方向および法線方向の力のつり合いより，　$f = mg\sin\theta$,　$N = mg\cos\theta$.

　θ が増すと静止摩擦力が増大し，滑る直前では限界の最大摩擦力に達する㋐．この傾角を θ_0（摩擦角という）とすると，$f = \mu_0 N$ より，

$$mg\sin\theta_0 = \mu_0 mg\cos\theta_0$$

となり，$\mu_0 = \tan\theta_0 = \dfrac{H}{\sqrt{L^2 - H^2}}$.

$$\therefore\ H = \frac{\mu_0 L}{\sqrt{1 + {\mu_0}^2}}$$ 答

ポイント

㋐ 静止摩擦力が最大摩擦力に等しいのは滑る直前だけである．

㋑ $v-t$ グラフの面積が移動距離になる．上昇する区間と下降する区間の面積は等しいが，上昇する区間は傾きが大きいので時間は短い．

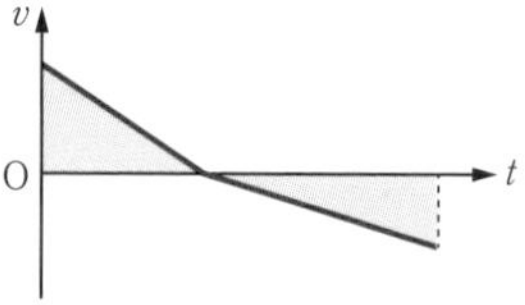

(2) 法線方向のつり合いより　$N = mg\cos\theta$.
斜面上向きを正の向きとして，上昇中の加速度を α，下降中の加速度を β，動摩擦係数を μ とする．上昇中の運動方程式は，
$m\alpha = -mg\sin\theta - \mu mg\cos\theta$ であり，下降中の運動方程式は
$m\beta = -mg\sin\theta + \mu mg\cos\theta$ なので，
$\alpha = -g(\sin\theta + \mu\cos\theta)$，$\beta = -g(\sin\theta - \mu\cos\theta)$.
これより，$|\alpha| > |\beta|$ と分かり，上昇中の加速度の大きさが下降中より大きいため，v-t グラフが図のようになる．よって，上昇時間の方が短い㋑． 答

練習問題 2-2　　解答 p. 192

床面上にある質量 M の板の上面に質量 m の小物体を置いて，小物体に糸を付け水平方向に引っ張り，徐々に力を増すと，小物体と板が一体で動き出した．このような運動が起こるために，小物体と板の間の静止摩擦係数 μ_1 と，板と床面の間の静止摩擦係数 μ_2 が満たすべき条件は何か．

問題 2-3 ▼圧力，浮力，アルキメデスの原理

(1) 密度 ρ の静止液体中において，深さ h の位置の圧力 p を求めよ．大気圧を p_0 とする．

(2) 円柱形の物体が長さ L だけ液体に沈んで静止している．物体が大気および液体から受ける力の合力の大きさ F を求めよ．円柱の断面積を S とする．

(3) 一般に，流体中で静止している物体が流体から受ける合力（浮力）は，重力と逆向きで物体が押しのけた流体の重さに等しいことを示せ．

●考え方●

(3) 物体と同じ形状の流体に働く力のつり合いを考えるとよい．

解答

(1) 断面積 S，高さ h の液柱に働く力のつり合い㋐より

$pS = p_0S + \rho Shg$　　$\therefore\ p = p_0 + \rho hg$ 答

(2) $F = (p_0 + \rho Lg)S - p_0S = \rho LSg$㋑ 答

(3) 物体 A の部分を流体 B で置き換えて，B に働く力のつり合いを考える．

B が周囲の流体から受ける力の合力を $\boldsymbol{F}$，B に働く重力を $m\boldsymbol{g}$㋒とすると，$\boldsymbol{F} + m\boldsymbol{g} = 0$　より，$\boldsymbol{F} = -m\boldsymbol{g}$．A と B の表面は同一の形状だから，A が周囲の流体から受ける力の合力は $\boldsymbol{F}$ に等しく，向きは重力と逆向きで大きさは A が押しのけた B㋓の重さ mg になることが分かる．答

ポイント

㋐ 静止した液体を考えているので，液体の任意の部分に対して力のつり合いが成り立つ．

㋑ 鉛直上向きを正として，合力を求める．深い方が大きな圧力なので，合力は上向きとなる．

㋒ 重力加速度のベクトル $\boldsymbol{g}$ を用いて，重力をベクトルで表現した．

㋓「押しのけた」というのは，物体が入ることによって，そこにあった流体が物体に置き換えられたということ．「排除した」ともいう．

練習問題　2-3

解答 p. 192

(1) 熱気球は，気球内の空気を加熱膨張させて密度を小さくして，浮き上がらせる．気球の体積を V，大気の密度を ρ_0，気球内の空気を除く装置の質量を M とする．気球が浮かぶためには，気球内の空気の密度をいくら以下にする必要があるか．

(2) ヘリウムガス風船は，風船内に軽い気体であるヘリウムガスを封入して浮上させる．大気の密度を ρ_0，風船内のヘリウムガスを除く風船の質量を M とする．風船内のガスの密度が一定値 ρ_1 であるとして，風船が浮かぶためには，風船の体積をいくら以上にする必要があるか．

問題 2-4 ▼力のつり合い，浮力，作用・反作用の法則

水を入れた容器を水平な床の上に置き，質量 m の小球に軽い糸を付けて水中に入れ静止させたところ，糸の張力の大きさが F であった．容器と水を合わせた質量を M とする．小球が受けている浮力の大きさ f と床が容器から押されている力の大きさ N を m, M, g, F の中から必要なものを用いて表せ．

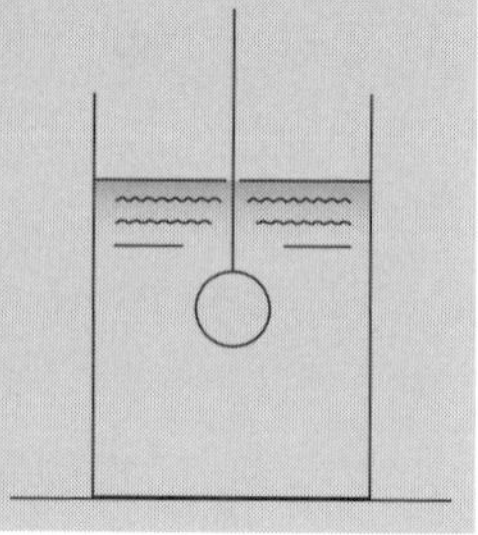

●考え方●

小球が水から受ける浮力の反作用として，水は小球から大きさ f で鉛直下向きの力を受ける．

解答

小球に働く力のつり合い　$F + f - mg = 0$ ㋐　…①

容器と水からなる系に働く力のつり合い

$N - Mg - f = 0$ ㋑　…②

①, ②式より，$f = mg - F$　答

$N = (m + M)g - F$　答

【別解】

小球，容器，水からなる系に働く力のつり合いを考えて，N を求めることもできる．

$F + N - mg - Mg = 0$ ㋒　…③

これから，$N = (m + M)g - F$　答

ポイント

㋐ 鉛直上向きを正の向きにとって，力の和 $= 0$

㋑ 小球が水から受ける浮力が上向きに大きさ f なので，作用と反作用の関係より，水は小球から下向きに大きさ f の力を受ける．

㋒ 小球と水の間で及ぼし合う大きさ f の力は，考察している系に対しては内力なのでつり合いの式に現れない．なお，③式は，①式と②式を加えたものになっている．

練習問題　2-4　解答 p. 192

容器中に水が入れてあり，氷が浮かんでいる．水面の外に出ている氷の体積が $100\ \mathrm{cm}^3$ であった．水の密度を $1.0\ \mathrm{g/cm}^3$，氷の密度を $0.9\ \mathrm{g/cm}^3$ とする．

(1) 水中に沈んでいる氷の体積はいくらか．

(2) 氷がすべて溶けて水になったとすると，水面の高さの変化はいくらか．

問題 2-5 ▼運動方程式，力のつり合い

滑らかな床上に傾角 θ の滑らかな斜面をもつ台があり，斜面上を質量 m の小球が滑り降りている．また，台が動かないように人が水平方向に力を加えている．

(1) 小球の速さが v_1 から v_2 になるまでの時間 t を求めよ．

(2) 斜面の角度 θ を変えると，人が台を押す力の大きさも変わるが，ある値 R_0 を超えることはない．R_0 を m, g で表せ．

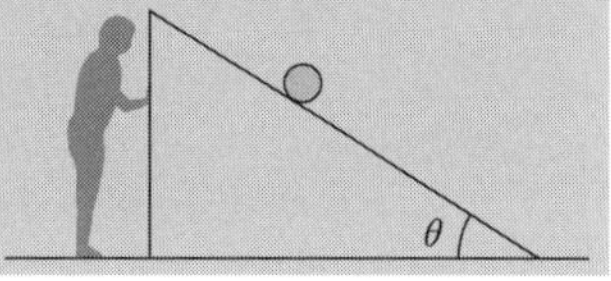

●考え方●

小球に働く力を斜面方向と垂直方向に分解して考える．
台は静止しているので，どの方向でも力がつり合う．

解答

(1) 小球に着目して，斜面方向の運動方程式

$ma = mg\sin\theta$ ㋐ より，

$a = g\sin\theta$

これより，小球は等加速度直線運動をするので

$v_2 = v_1 + at$ ㋑

$\therefore\ t = \dfrac{v_2 - v_1}{g\sin\theta}$ 答

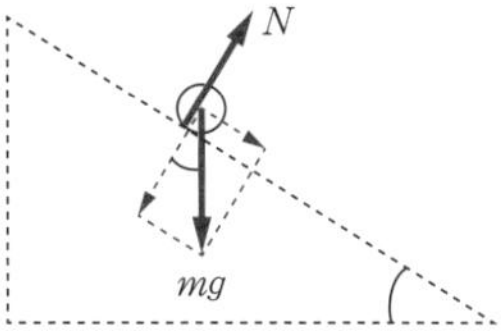

小球に働く力

ポイント

㋐ 右辺に斜面方向の力の成分を入れる．
㋑ 等加速度運動の公式
㋒ 2倍角の公式
$\sin 2\theta = 2\sin\theta\cos\theta$

(2) 小球について斜面に垂直な方向の力のつり合いより，$N = mg\cos\theta$
手が台を押す力を R として，台の水平方向の力のつり合いより，

$$R = N\sin\theta = mg\cos\theta\sin\theta = \frac{1}{2}mg\sin 2\theta \quad ㋒$$

R の最大値は $\theta = 45°$ のときで，

$$R_0 = \frac{1}{2}mg \quad 答$$

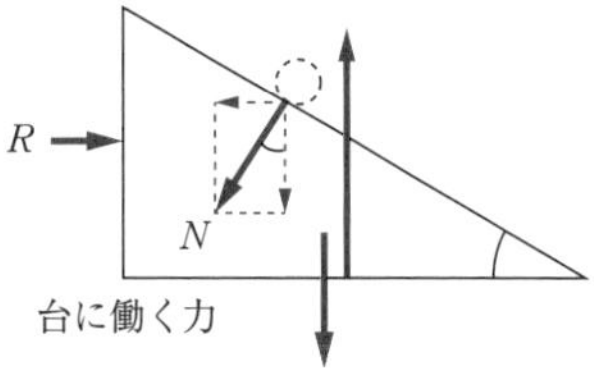

台に働く力

練習問題　2-5　解答 p. 192

鉛直な板に物体を接触させて水平方向に加速度運動させる．物体が板と一体となって運動するためには加速度がいくら以上であればよいか．板と物体との間の静止摩擦係数 μ と重力加速度の大きさ g を用いて表せ．

問題 2-6 ▼滑車がロープから受ける力

(1) 滑車の円弧 AB 部分に軽いロープが接している．ロープの AB 部分が点 A, B において受けている張力のベクトルをそれぞれ $\boldsymbol{T}_{\mathrm{A}}$, $\boldsymbol{T}_{\mathrm{B}}$ とすると，滑車がロープから受けている力 $\boldsymbol{N}$ は，$\boldsymbol{T}_{\mathrm{A}}$ と $\boldsymbol{T}_{\mathrm{B}}$ の和に等しいことを示せ．

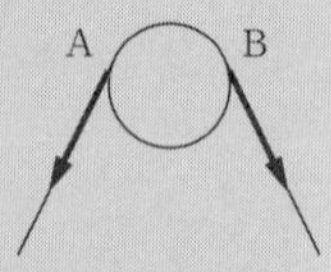

(2) 図のように質量 M の人が，なめらかに回る滑車にかけられた軽いロープを引いて，質量 m のおもりを静止させている．滑車と支柱を合わせた質量を m_0 とする．人が床に及ぼす力の大きさ N と支柱が天井を引く力の大きさ R を求めよ．滑車は回転していないので，ロープの張力の大きさは両側で等しい．

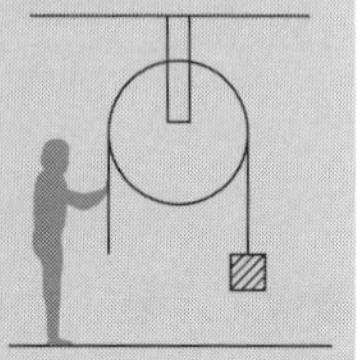

●考え方●

ロープの滑車に接触している部分に着目して，力のつり合いを考察する．

解答

(1) ロープは軽いので，運動していてもロープに働く力はつり合っている㋐．作用・反作用の法則より，ロープが滑車から受けている力は $-\boldsymbol{N}$ なのでロープの AB 部分に働く力のつり合いより，

$$-\boldsymbol{N} + \boldsymbol{T}_{\mathrm{A}} + \boldsymbol{T}_{\mathrm{B}} = 0 \quad \therefore \boldsymbol{N} = \boldsymbol{T}_{\mathrm{A}} + \boldsymbol{T}_{\mathrm{B}}$$

このように，滑車がロープから受ける力は接点での張力を合成すればよい㋑ことが分かる．なお，なめらかに回る軽い滑車であれば，力のモーメントのつり合いより，張力 $\boldsymbol{T}_{\mathrm{A}}$, $\boldsymbol{T}_{\mathrm{B}}$ の大きさは等しくなることも分かる（問題 7-14参照）．

(2) ロープの張力の大きさを T とする．おもり，人，支柱を含めた滑車に働く力のつり合いより，$T = mg$, $T + N = Mg$㋒, $R = m_0g + 2T$㋓ これらより，$N = (M - m)g$, $R = (m_0 + 2m)g$ 答

ポイント

㋐ 運動方程式より合力 = 質量 × 加速度 = 0 × 加速度 = 0

㋑ 滑車はロープとの接触部である円弧部分で力を受けるがその合力は，シンプルに接点での張力の合力に等しいことが分かる．

㋒ 人がロープを下向きに引くのでその反作用としてロープが人を上向きに張力 T で引く．

㋓ 滑車がロープから受ける力は両側の接点における張力の和になる．

練習問題 2-6 解答 p. 193

ともに質量 m の小球 1, 2 を軽い糸で連結し，質量 M の台に固定された滑らかに回る軽い滑車にかけたところ，台は粗い床上で静止し，小球 1 は滑らかな面の上を水平方向に運動し，小球 2 は鉛直方向に運動した．台が床上を滑らずに静止するための，台と床との間の静止摩擦係数 μ が満たす条件は何か．

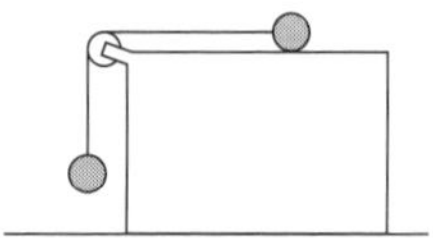

問題 2-7 ▼滑車による運動(Ⅰ)

質量 M のおもり A と動滑車を糸 1 で連結し，定滑車にかけた．さらに質量 m_1 の小球 B と質量 m_2 の小球 C を糸 2 で連結し動滑車にかけた．A, B, C を静かに手放したとき，A の鉛直下向きの加速度 α を求めよ．滑車はなめらかに回り，糸と滑車の質量は無視する．

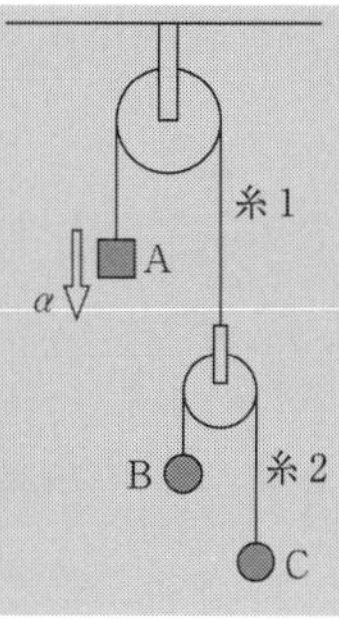

●考え方●　地面に対する小球の加速度は，動滑車の加速度と，動滑車に対する小球の相対加速度の合成で表せる．

解答

糸 1, 2 の張力の大きさをそれぞれ T, S とする．A の運動方程式は，　$M\alpha = Mg - T$ ㋐ …①

動滑車に対する B の相対加速度を鉛直上向きに β と㋑して，

B の運動方程式は，$m_1(\alpha + \beta) = S - m_1 g$ ㋒ …②

C の運動方程式は，$m_2(\beta - \alpha) = m_2 g - S$ ㋓ …③

動滑車の運動方程式は，$0 \cdot \alpha = T - 2S$　…④

①～④より，β, T, S を消去して

$$\alpha = \frac{M(m_1 + m_2) - 4m_1 m_2}{M(m_1 + m_2) + 4m_1 m_2} g \quad \text{答}$$

ポイント

㋐ 下向きを正の向きにとる．
㋑ 加速度を上向きと仮定して立式する．
㋒ 動滑車の加速度は上向きに α であり，B の加速度は α と β を合成すればよい．
㋓ 動滑車に対する C の加速度は下向きに β なので地面に対する加速度は下向きに $\beta - \alpha$ となる．

この式から A が実際に落下する条件は $\alpha > 0$ より $M > \dfrac{4m_1 m_2}{m_1 + m_2}$ であることが分かる．

参考　動滑車に固定した観測者から見ると，B には鉛直下向きに慣性力 $m_1\alpha$ が働くので B の運動方程式は，$m_1\beta = S - m_1 g - m_1\alpha$ となり，②式と等価な式を得る．

練習問題　2-7　　　解答 p. 193

図のように，軽い滑車を備えた質量 $m/4$ の台車が床面上を左向きの加速度 α で滑っていて，軽い糸で連結した質量がともに m の 2 個の小球が台車に対して運動しており，支点の右側部分の糸は常に鉛直線と一定の角度に保たれている．摩擦は無視するものとして，α を重力加速度 g で表せ．

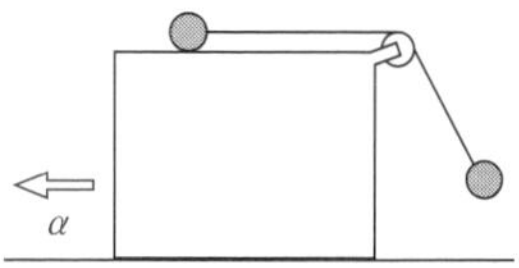

問題 2-8 ▼滑車による運動(Ⅱ)

図のように質量がそれぞれ M, m のおもり 1, 2 と軽い糸がかけられたなめらかに回る軽い滑車を用いた装置で，おもりを静かに手放した．

(1) おもり 1 の加速度の大きさを求めよ．

(2) おもり 1 が下向きに運動を始める条件は何か．

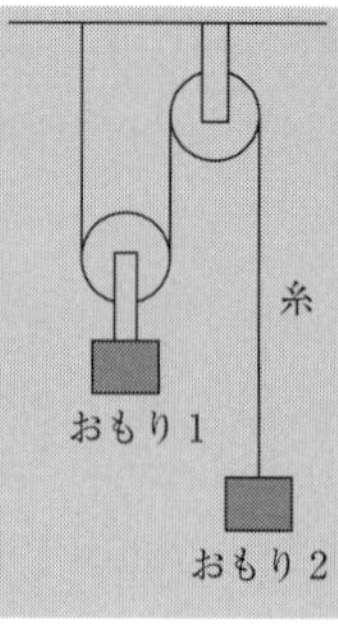

●考え方●

おもり 2 の運動は，おもり 1 の運動を 2 倍に拡大したものになる．

解答

(1) おもり 1 の加速度を下向きに a と仮定し，糸の張力の大きさを T とする．

動滑車を含めたおもり 1 の運動方程式は

$$ma = mg - 2T \quad \cdots①$$ ㋐

おもり 1 が下向きに x だけ変位すると，おもり 2 は上向きに $2x$ だけ変位するから，㋑ おもり 2 の速さは常におもり 1 の速さの 2 倍である．したがって，おもり 2 の加速度は上向きに $2a$ ㋒ だから，運動方程式は

$$M \cdot 2a = T - Mg \quad \cdots②$$

①, ②式より，T を消去して，$a = \dfrac{m - 2M}{m + 4M}g$ 答

(2) $a > 0$ であればよいので $m > 2M$ 答

ポイント

㋐ 動滑車が糸から受ける力は左右の接点での張力の和に等しい．

㋑ おもり 1 が x だけ下がると定滑車の左側の糸が $2x$ だけ長くなるので，おもり 2 が $2x$ 上昇する．

㋒ おもり 1, 2 の速さ v_1, v_2 は $v_2 = 2v_1$ の関係があるので $\dot{v}_2 = 2\dot{v}_1$ より，おもり 2 の加速度はおもり 1 の加速度の 2 倍の大きさになる．

練習問題 2-8

解答 p. 193

図に示す装置で，滑車のついた質量 m の物体が動摩擦係数 μ の固定された水平台上を運動している．ロープの端には質量 M のおもりが下がっている．滑車はなめらかに回り，滑車やロープの質量は無視するものとして，物体の加速度の大きさを求めよ．

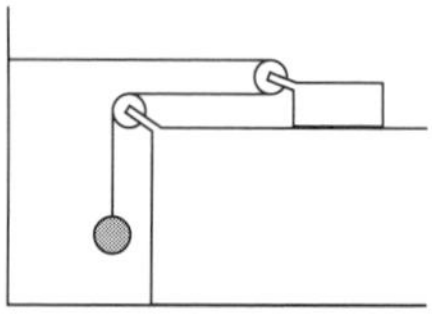

問題 2-9 ▼運動方程式，慣性力

床に置かれた質量 M の三角台の斜面上に質量 m の小球を静かに置いたところ，小球は斜面に対して大きさ b の加速度で滑り降り，台は床に対して大きさ A の加速度で運動した．斜面の傾角を θ，重力加速度の大きさを g とし，摩擦はないものとする．

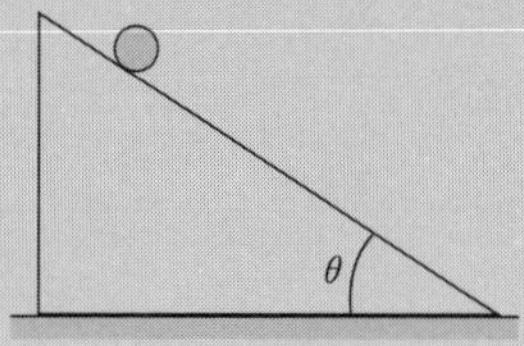

(1)　A, b をそれぞれ g, θ で表せ．

(2)　小球が斜面上を距離 L だけ滑る間に，台が床上を滑る距離 X を L, θ で表せ．

●考え方●

台に固定した観測者から見ると，小球に慣性力が働き斜面方向に加速度 b で運動する．

解答

(1)　まず，床上の観測者から見た台の水平方向の運動方程式を立てる．台と小球の間で互いに及ぼし合う垂直抗力の大きさを N として，

$$MA = N\sin\theta \quad \cdots ①$$ ㋐

次に，台上の観測者から見た小球の運動を考える．斜面に垂直な方向は静止しているから力がつり合う．

$$N + mA\sin\theta - mg\cos\theta = 0 \cdots ②$$ ㋑

斜面方向の運動方程式　$mb = mA\cos\theta + mg\sin\theta \cdots ③$ ㋑

①, ②, ③式を連立して，

$$N = \frac{Mmg\cos\theta}{M + m\sin^2\theta},\quad A = \frac{mg\sin\theta\cos\theta}{M + m\sin^2\theta},\quad b = \frac{(M+m)g\sin\theta}{M + m\sin^2\theta}$$ 答

(2)　小球が距離 L だけ滑る時間を t として，等加速度直線運動の公式より，

$L = \dfrac{1}{2}bt^2$，$X = \dfrac{1}{2}At^2$．2式から t を消去して(1)の結果を代入すれば，

$$X = \frac{m\cos\theta}{M+m}L$$ 答

ポイント

㋐ 小球と台が及ぼし合う垂直抗力は作用と反作用の関係にある．

㋑ 小球には水平方向右向きに慣性力 mA が働く．

練習問題　2-9　解答 p. 193

質量 m の小球を軽い糸につけて質量 M の箱の天井に下げ，箱を水平方向に一定の力で引き続けた．はじめ，糸が鉛直線となす角が θ で，小球は箱の下面から高さ H の位置で，箱に対して静止していた．糸を静かに切ったところ，小球が箱の下面に落下した．小球が箱に対して水平方向に移動した距離 d を求めよ．

問題 2-10 ▼物体系の運動方程式

水平な床面上で，質量が m の同じ種類の小球 $P_1, P_2, \cdots, P_n$ を一直線上で接触させて並べ，P_1 を大きさ F の一定の力で水平方向に押し続けたところ，n 個の小球が接触したまま，大きさ α の加速度で直線運動した．小球と床との間の動摩擦係数を μ とする．

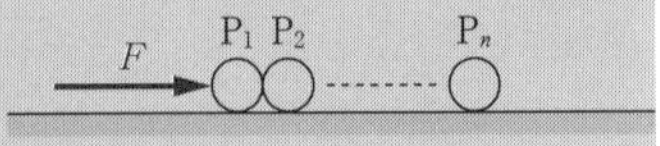

(1) α を求めよ．

(2) P_k と P_{k+1} の間で互いに及ぼし合う力の大きさ R_k を求めよ．

●考え方●

物体系の運動方程式は，外力だけを考えればよい．

解答

(1) n 個の小球からなる系の運動方程式

$nm\cdot\alpha = F - n\mu mg$ ㋐ より，

$$\alpha = \frac{F}{nm} - \mu g \quad \text{答}$$

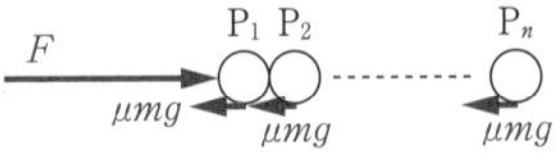

(2) $P_{k+1}, P_{k+2}, \cdots, P_n$ からなる系の運動方程式は，

$$(n-k)m\cdot\alpha = R_k - (n-k)\mu mg \quad ㋑$$

(1)の結果を代入して R_k について解くと，

$$R_k = \frac{n-k}{n}F \quad \text{答}$$

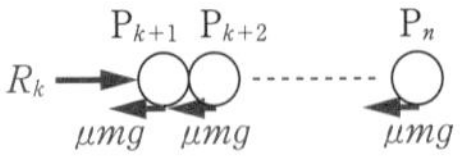

ポイント

㋐ 小球同士の間で及ぼし合う力は内力であり，合力の項には現れない．

㋑ この系に対して外力は R_k と摩擦力である．

練習問題 2-10 解答 p. 193

長さ l，一様な線密度 ρ のロープの下端に質量 M の鉄球を付けて，ロープの上端を鉛直上向きに大きさ F の力で引いている．ロープの下端から距離 x の位置における張力の大きさ $T(x)$ を求めよ．

問題 2-⑪ ▼重心の運動方程式

N 個の質点 $1, 2, \cdots, N$ からなる質点系を考える．質点 i の質量を m_i，質点系の外部から質点 i に働く力（外力）の和を $\boldsymbol{F}_i$ とする．また，質点 i が質点 $j (\neq i)$ から受ける力（内力）を $\boldsymbol{f}_{ij}$ とする．質点系の全質量を M，重心加速度を $\boldsymbol{a}_\mathrm{G}$ として，次の重心の運動方程式を導け．

$$M\boldsymbol{a}_\mathrm{G} = \sum_{i=1}^{N} \boldsymbol{F}_i$$

●考え方●

質点ごとの運動方程式を足し合わせる．すると，内力の項は消えて外力の項だけが残る．

解答

質点 i の位置ベクトル $\boldsymbol{r}_i$ を用いて運動方程式は，

$$m_i \frac{d^2 \boldsymbol{r}_i}{dt^2} = \boldsymbol{F}_i + \sum_j \boldsymbol{f}_{ij} \quad \cdots ①$$ ㋐

ここでは記法の簡略のため $\boldsymbol{f}_{ii} \equiv 0$ として，$\sum_j \boldsymbol{f}_{ij}$ は $j = 1$ から $j = N$ までの和を表す．①式の $i = 1$ から $i = N$ までの和を取れば，

$$\sum_i m_i \frac{d^2 \boldsymbol{r}_i}{dt^2} = \sum_i \boldsymbol{F}_i + \sum_{i,j} \boldsymbol{f}_{ij} \quad \cdots ②$$

②式の左辺は，

$$\sum_i m_i \frac{d^2 \boldsymbol{r}_i}{dt^2} = M \cdot \frac{\sum_i m_i \frac{d^2 \boldsymbol{r}_i}{dt^2}}{\sum_i m_i} = M \frac{d^2}{dt^2} \left(\frac{\sum_i m_i \boldsymbol{r}_i}{\sum_i m_i} \right) = M \frac{d^2 \boldsymbol{r}_\mathrm{G}}{dt^2} = M\boldsymbol{a}_\mathrm{G}$$

と書き換えられる．

②式の右辺第 2 項 $\sum_{i,j} \boldsymbol{f}_{ij} = \sum_i (\sum_j \boldsymbol{f}_{ij})$ は全ての (i, j) の組㋑についての $\boldsymbol{f}_{ij}$ の和であるが，2 質点 i, j の間で互いに及ぼし合う力 $\boldsymbol{f}_{ij}$ と $\boldsymbol{f}_{ji}$ は，作用と反作用の関係㋒にあるので，$\boldsymbol{f}_{ij} = -\boldsymbol{f}_{ji}$ が成り立つ．これより，②式の右辺第 2 項は $\boldsymbol{0}$ である．以上より，$M\boldsymbol{a}_\mathrm{G} = \sum_i \boldsymbol{F}_i$ が導かれた．

ポイント

㋐ 例えば質点 1 に働く力は，外力が $\boldsymbol{F}_1$，内力が $\boldsymbol{f}_{12} + \boldsymbol{f}_{13} + \cdots + \boldsymbol{f}_{1N}$ である．

㋑ 例えば $N = 3$ の場合，$(i, j) = (1, 1), (1, 2), (1, 3), (2, 1), (2, 2), (2, 3), (3, 1), (3, 2), (3, 3)$

㋒ 作用と反作用は互いに逆向きで大きさは等しい．

練習問題　2-11　解答 p. 194

水平な直線軌道上を一定の加速度 b で速度を増しながら運動している列車がある．質量がそれぞれ m_1, m_2 の 2 個の小球 1, 2 を軽いばねで連結して，ばねを水平にして縮めた状態で，列車の床から高さ H の位置で静かに手放したところ，2 個の小球が同時に床に達した．この過程における小球 1, 2 の列車の床に対する変位はそれぞれ $\Delta x_1, \Delta x_2$ であった．ただし列車の床に固定した x 軸を進行方向に取る．H を，$g, b, m_1, m_2, \Delta x_1, \Delta x_2$ を用いて表せ．

問題 2-⑫ ▼2 物体の相互運動

(1) 質量 m_1 の質点 P と質量 m_2 の質点 Q があり，P, Q に働く力は相互に及ぼし合う力のみとする．質点 P, Q がともに初速 0 で運動を始め，P の運動軌跡が位置ベクトル $\boldsymbol{r}_1 = \boldsymbol{r}_1(t)$ で与えられているとき，Q の位置ベクトル $\boldsymbol{r}_2(t)$ を $\boldsymbol{r}_2(0), m_1, m_2, \boldsymbol{r}_1(0), \boldsymbol{r}_1(t)$ で表せ．

(2) 滑らかな水平面上に置かれた質量 M の水平な長さ L の板の端から質量 m の人が初速 0 で歩き始めた．人が板の他端に達するまでの間に，板が水平面上を移動した距離を求めよ．

●考え方● (1) PQ 間で及ぼし合う力は作用・反作用の関係にあることに注意して運動方程式を立てる．(2) 前問の結果を応用する．

解答

(1) 質点 P が Q から受ける力を $\boldsymbol{f}$ とすると，質点 P, Q の運動方程式はそれぞれ

$$m_1\ddot{\boldsymbol{r}}_1 = \boldsymbol{f} \quad ㋐ \quad \cdots ①, \quad m_2\ddot{\boldsymbol{r}}_2 = -\boldsymbol{f} \quad ㋐ \quad \cdots ②$$

①+②より，$m_1\ddot{\boldsymbol{r}}_1 + m_2\ddot{\boldsymbol{r}}_2 = \boldsymbol{0}$ ㋑

$\therefore\ m_1\dot{\boldsymbol{r}}_1 + m_2\dot{\boldsymbol{r}}_2 = \boldsymbol{C}$ (定ベクトル) ㋒

初期条件 $\dot{\boldsymbol{r}}_1(0) = \dot{\boldsymbol{r}}_2(0) = \boldsymbol{0}$ より $\boldsymbol{C} = \boldsymbol{0}$ だから，

$m_1\dot{\boldsymbol{r}}_1 + m_2\dot{\boldsymbol{r}}_2 = \boldsymbol{0}$.

よって，$m_1\boldsymbol{r}_1 + m_2\boldsymbol{r}_2 = \boldsymbol{C}'$ (定ベクトル) ㋒ この式の左辺は時刻 0 のときの値に保たれるから，

$$m_1\boldsymbol{r}_1(t) + m_2\boldsymbol{r}_2(t) = m_1\boldsymbol{r}_1(0) + m_2\boldsymbol{r}_2(0)$$

$$\therefore\ \boldsymbol{r}_2(t) = \boldsymbol{r}_2(0) - \frac{m_1}{m_2}\{\boldsymbol{r}_1(t) - \boldsymbol{r}_1(0)\} \quad 答 \quad \cdots ③$$

(2) ③式より，質点 2 の変位 $\varDelta\boldsymbol{r}_2$ は質点 1 の変位 $\varDelta\boldsymbol{r}_1$ を用いて，$\varDelta\boldsymbol{r}_2 = -\dfrac{m_1}{m_2}\varDelta\boldsymbol{r}_1$ と表せるから，質点 1 を人，質点 2 を板に対応させて，それぞれの変位の大きさを x, X とすると，$X = \dfrac{m}{M}x \quad \cdots ④$

人が板の両端間を移動したので，$x + X = L \quad \cdots ⑤$

④, ⑤式より，$X = \dfrac{mL}{M + m}$ 答

ポイント

㋐ 作用・反作用の法則より，P, Q が及ぼし合う力のベクトルは互いに同じ大きさで逆向きなので，Q が受ける力は P が受ける力のベクトルの符号を変えたものになる．

㋑ 2 つの運動方程式を加えることで内力の項が消去できる．

㋒ 上の式を積分した．

練習問題 2-12 解答 p. 194

なめらかな床上に置いた質量 M の板の粗い上面で，質量 m の小物体を初速 v_0 で打ち出したところ，板が初速 0 で床上を動き始め，時間 T だけ経過後，小物体が板に対して静止した．小物体と板の間に一定の大きさ f の動摩擦力が働くとして，T を求めよ．また，小物体が板に対して滑った距離を L として，時間 T だけ経過する間に板が床に対して移動した距離を M, m, L で表せ．

問題 2-13 ▼換算質量と相対運動

x 軸上を運動する質量 m の質点Pと質量 $2m$ の質点Qがある．P, Qには2点間の距離が R 以下になったとき，一定の大きさ F の反発力のみが働く．時刻0においてQを原点，Pを $x = D\ (> R)$ の位置に置きQを静かに手放すと同時にPを初速度 $-v\ (< 0)$ で打ち出したところ，P, Qは次第に接近したのち互いに遠ざかった．

(1) この2物体系の換算質量 μ を求めよ．

(2) P, Qが最も近づく時刻とそのときの2点間の距離を求めよ．

●考え方●

Qから見たPの運動は，換算質量をもつ質点の運動で置き換えられる．

解答

(1) $\dfrac{1}{\mu} = \dfrac{1}{m} + \dfrac{1}{2m}$ より，$\mu = \dfrac{2m}{3}$ 答

(2) Qに対するPの相対運動を考える．P, Q間の距離が R になるまでの時刻 t_1 は $t_1 = \dfrac{D-R}{v}$ ㋐ である．P, Q間の距離が R 以下になったときの，PのQに対する相対加速度 a は，相対運動の運動方程式 $\dfrac{2}{3}ma = F$ より，$a = \dfrac{3F}{2m}$ だから，P, Qが最も近づく時刻 t は，

$$-v + \frac{3F}{2m}(t - t_1) = 0 \ \text{㋑}\ \text{より，}\ t = t_1 + \frac{2mv}{3F} = \frac{D-R}{v} + \frac{2mv}{3F} \quad \text{答}$$

2点間の最短距離 d は，相対運動について等加速度運動の式を用いて，

$$0^2 - v^2 = 2\left(\frac{3F}{2m}\right)(-d) \ \text{㋒}\ \text{より，}\ d = \frac{mv^2}{3F} \quad \text{答}$$

ポイント

㋐ ここまで等速度運動
㋑ 等加速度直線運動の第1公式
㋒ 等加速度直線運動の第3公式

練習問題　2-13

解答 p. 195

質量がそれぞれ m_1, m_2 の質点1, 2があり，x 軸上を運動する．質点1, 2の速度をそれぞれ v_1, v_2 とすると，正の定数 k を用いて，質点1, 2に働く力がそれぞれ $f_1 = k(v_2 - v_1)$，$f_2 = k(v_1 - v_2)$ と表されるものとする．初期条件を $x_1 = 0$，$x_2 = D(> 0)$，$v_1 = 0$，$v_2 = v_0(> 0)$ として，十分時間が経過したときの2質点間の距離を D, k, v_0, m_1, m_2 で表せ．

問題 2-⑭ ▼速度 − 位置の関係と力

2 質点 P, Q があり互いに及ぼし合う力は 2 点間の距離 r の関数で表せるものとする．いま，質点 Q を座標原点に固定し，x 軸上の十分遠方に質量 m の質点 P を静かに置いたところ，P は Q に向かって直線運動を始め，P の位置が x のとき，速度 v が正の定数 K を用いて，$v = -\dfrac{K}{\sqrt{x}}$ となった．

(1) 質点 P の加速度 a は，$a = \dfrac{d}{dx}\left(\dfrac{v^2}{2}\right)$ と表せることを示せ．

(2) P が Q から受ける力 F を K, m, r で表せ．

(3) 時刻 0 における P の位置を x_0 として，時刻 t における位置 x を，K, t, x_0 で表せ．

●考え方●

合成関数の微分法を駆使する．

解答

(1) $\dfrac{d}{dx}(v^2) = \dfrac{d}{dv}(v^2)\cdot\dfrac{dv}{dx}$ ㋐ $= 2v\dfrac{dv}{dx} = 2\dfrac{dx}{dt}\dfrac{dv}{dx}$

$= 2\dfrac{dv}{dt}$ ㋑ $= 2a$ より，$a = \dfrac{d}{dx}\left(\dfrac{v^2}{2}\right)$ 答

(2) 運動方程式より，$F = ma = m\dfrac{d}{dx}\left(\dfrac{v^2}{2}\right)$

$= \dfrac{m}{2}\dfrac{d}{dx}\left(\dfrac{K^2}{x}\right) = -\dfrac{mK^2}{2x^2}$．$x$ を r で置き換えて

$F = -\dfrac{mK^2}{2r^2}$ 答

(3) $v = -\dfrac{K}{\sqrt{x}}$ より，$\dfrac{dx}{dt} = -\dfrac{K}{\sqrt{x}}$．$\therefore\ \sqrt{x}\,dx = -K\,dt$ ㋒ これを積分して，

$\displaystyle\int\sqrt{x}\,dx = -K\int dt \quad \therefore\ \frac{2}{3}x^{\frac{3}{2}} = -Kt + C$．積分定数 C は，条件 $t = 0$ のとき，$x = x_0$ より，$C = \dfrac{2}{3}{x_0}^{\frac{3}{2}}$ と定まるので，$\dfrac{2}{3}x^{\frac{3}{2}} = -Kt + \dfrac{2}{3}{x_0}^{\frac{3}{2}}$．

$\therefore\ x = \left({x_0}^{\frac{3}{2}} - \dfrac{3}{2}Kt\right)^{\frac{2}{3}}$ 答

ポイント

㋐ 合成関数の微分を使う．v の関数 v^2 を v で微分して，$\dfrac{dv}{dx}$ をかける．

㋑ これも合成関数の微分．dx を約分した形．

㋒ 左辺に x からなる項，右辺に t からなる項を集めて積分する（変数分離の方法）．

練習問題 2-14 解答 p. 195

x 軸上を運動する質量 m の質点があり，速度のみに依存する力を受ける．原点で初速度 v_0 を与えたところ，次第に減速して静止した．この間，位置 x における速度 v は正の定数 b を用いて $v = v_0 - bx$ と表された．質点が受けている力 F を m, b, v で表せ．

問題 2-⑮ ▼**次元解析**

天井に軽い糸を固定し他端におもりを付けて，鉛直面内で微小振動させる．この振り子（**単振り子**）の周期 T がおもりの質量 m，重力加速度の大きさ g，糸の長さ l の関数として，無次元の係数 a を用いて，$T = am^x g^y l^z$ で与えられると仮定して，両辺の次元が等しくなる条件から x, y, z を求めよ．

●考え方●

等式の両辺の次元が等しいことから，指数を決定する．

解答

長さの次元 L，質量の次元 M，時間の次元 T を用いて，式 $T = am^x g^y l^z$ の両辺の次元を表すと，

$[\mathrm{T}] = [\mathrm{M}]^x[\mathrm{LT}^{-2}]^y[\mathrm{L}]^z$ ㋐ より，

$[\mathrm{L}^0\mathrm{M}^0\mathrm{T}^1]$ ㋑ $= [\mathrm{L}^{y+z}\mathrm{M}^x\mathrm{T}^{-2y}]$

両辺で L，M，T の指数が等しいので

$$0 = y + z,\ 0 = x,\ 1 = -2y.$$

$$\therefore\ x = 0,\ y = -\frac{1}{2},\ z = \frac{1}{2}$$ 答

これより，

$$T = am^0 g^{-\frac{1}{2}} l^{\frac{1}{2}} = a\sqrt{\frac{l}{g}}$$

となる．なお次元解析だけでは，係数 a が 2π に等しいことは導けない．

運動方程式を用いた単振り子の周期 $T = 2\pi\sqrt{\dfrac{l}{g}}$ の導出は，**問題** 4-⑬で扱う．

ポイント

㋐ 重力加速度の単位は，$\mathrm{m/s^2}$ だから，次元は m → L，s → T の対応をとって $\mathrm{LT^{-2}}$ となる．

㋑ 左辺には長さの次元 L，質量の次元 M が含まれない．この場合 L^0, M^0 と表す．

練習問題　2-15　解答 p. 195

天井にばね定数 k の軽いばねを固定し，他端に質量 m の小球を付けて振動させる（**鉛直ばね振り子**）ときの周期 T を $T = am^x g^y k^z$ とおいて次元解析により，x, y, z を求めよ．ここで，g は重力加速度の大きさ，a は無次元の係数である．

column2 ◆ニュートン（近代科学の父）

ニュートンは1642年イングランドのウールスソープの自作農の家に生まれた．生まれたときは体も小さく弱かったが，やがて頑健な体となり，85歳の長寿を得，頭髪も残り，歯も1本しか抜けていなかったという．幼少時は工作が好きで日時計づくりなどにも熱中した．ニュートンは大変な努力の天才であり，几帳面なのが有名で膨大な量のメモ，ノートを克明に書いていた．読んだ科学書の要点や自身の考察・計算・観察などが記されている．家計簿も実に詳細に記録していた．

ニュートンがケンブリッジ大学を卒業した1665年にロンドンにペストが流行したため，大学も閉鎖され故郷ウールスソープに帰って沈黙の中で思考を深めるときを得た．このときに3大発見と言われる「光のスペクトル分解」「万有引力の法則の発見」「微分積分法」の芽生えを得た．微分積分法の発見により，運動の法則から力学の諸定理を鮮やかに導くことができるようになったのである．

ニュートンは，月も地上の物体同様に地球からの引力を受けており，万有引力は逆2乗法則に従うことを見抜いた．天体も地上の物体と同じ普遍的な法則に従うという洞察は極めて斬新なことであった．当時は地上と天上は別々の法則が支配すると思われていたからである．しかしニュートンは当時得られていた地球半径の測定値を用いて計算したため，月面上の重力加速度の値の誤差が大きく，自説は誤りとして重力の研究はいったん中断し，光学の研究に専念した．15年後，新しい地球半径の測定値を用いて再計算したところ理論と見事に一致した．ニュートンはうれしさのあまり，続きの計算が手につかず友人に代わってもらうほどだったという．ニュートンは力学，光学，数学のほかにも，化学，神学，錬金術の研究等にも熱中していた．

ニュートンの集中力は非凡であり，思索に没頭して，卵の代わりに腕時計をゆでてしまい気付かなかったというエピソードもある．

Chapter 3

仕事とエネルギー

仕事の定義から入り，エネルギーの原理，
保存力，ポテンシャル・エネルギー，力学的エネルギーの保存則
といった力学の大切な要を学ぶ.

基本事項

1　仕事（問題 3-1, 2, 3, 4, 6）

❶ 仕事の定義

力 $\boldsymbol{F}$ が物体に作用し，物体の変位が $\boldsymbol{s}$ であるとき，力 $\boldsymbol{F}$ の**仕事** W は $\boldsymbol{F}$ と $\boldsymbol{s}$ の内積で定義される．

$$W = \boldsymbol{F}\cdot\boldsymbol{s} = |\boldsymbol{F}||\boldsymbol{s}|\cos\theta$$

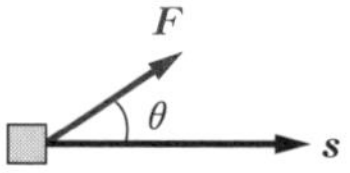

θ は $\boldsymbol{F}$ と $\boldsymbol{s}$ のなす角（$0 \leqq \theta \leqq \pi$）である．

仕事は，力に力の方向の変位をかけたもの，あるいは変位方向の力の成分に変位をかけたものといってもよい．仕事はスカラー量であり，向きはない．仕事の単位はジュール〔J〕=〔N·m〕を用いる．

力が一定でない場合は，経路を微小区間に分割して各区間の仕事を足し合わせればよい．

$$W = \int \boldsymbol{F}\cdot d\boldsymbol{r} = \int (F_x dx + F_y dy + F_z dz)$$

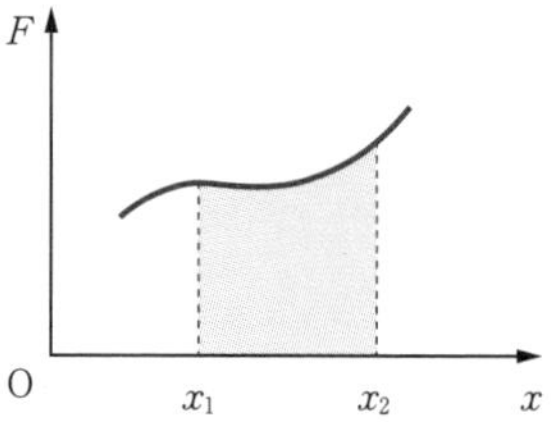

積分は物体の移動の経路に沿って行う．

x 軸上を運動する物体に働く力 F を縦軸にとり，横軸に x をとったグラフの面積が仕事の大きさに等しい．

❷ 仕事率

単位時間当たりの仕事を**仕事率**という．単位はワット〔W〕=〔J/s〕を用いる．仕事率 P は，仕事 W と所要時間 t を用いて

$$P = \frac{W}{t}$$

微小時間 Δt における物体の変位は速度 $\boldsymbol{v}$ を用いて $\boldsymbol{v}\Delta t$ と表せるので，仕事 $W = \boldsymbol{F}\cdot\boldsymbol{v}\Delta t$ を Δt で割ることにより仕事率 P を次のように表すこともできる．

$$P = \boldsymbol{F}\cdot\boldsymbol{v}$$

例　物体に 30 N の力を水平方向から 60° の方向に加え，3 秒間に物体が 5 m 床上を移動したとすると，この力の仕事 $W = 30\cos 60°\cdot 5 = 75$〔J〕，仕事率 $P = \dfrac{75}{3} = 25$〔W〕となる．

Memo　**線積分**

質点が曲線経路に沿って移動するときの仕事 W は曲線に沿っての積分 $W = \int \boldsymbol{F}\cdot d\boldsymbol{r}$ で表される．経路を微小区間に分割して，各区間の微小変位 $d\boldsymbol{r}$ と力 $\boldsymbol{F}$ との内積を足しあげたもので**線積分**という．

例 重力の仕事

質点が始点 A から終点 B まで移動するときに重力が質点にする仕事 W を考察する．

経路を微小区間に分割すると，区間における重力の仕事は重力 $m\boldsymbol{g}$ と変位 $d\boldsymbol{r}$ の内積により $m\boldsymbol{g}\cdot d\boldsymbol{r} = mg\,|d\boldsymbol{r}|\cos\theta = mgdy$ と書ける．ここで，鉛直下向きに y 軸を取った．これより，重力の仕事は，

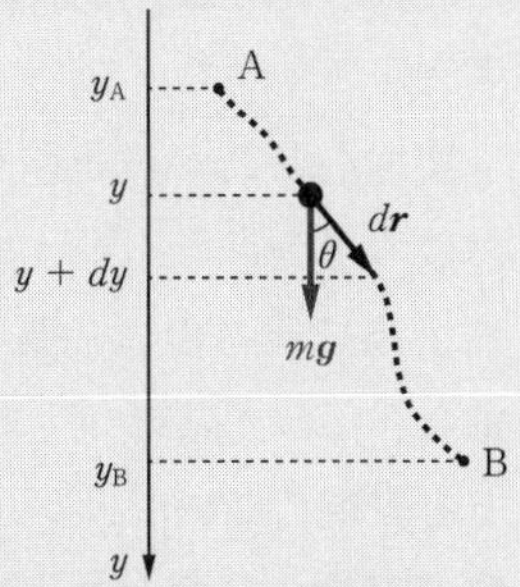

$$W = \int_{\mathrm{A}}^{\mathrm{B}} m\boldsymbol{g}\cdot d\boldsymbol{r} = \int_{y_{\mathrm{A}}}^{y_{\mathrm{B}}} mgdy = mg(y_{\mathrm{B}} - y_{\mathrm{A}})$$

となり，重力と鉛直下向きの変位の積に等しいことが確認できた．

2　運動エネルギー（問題 3-[2], [3], [12]）

❶ エネルギー

仕事をする能力を**エネルギー**という．エネルギーには様々な形態がある．力学分野で扱うものは**運動エネルギー**と**ポテンシャル・エネルギー**に大別できる．

❷ 運動エネルギー

運動している物体は，止まるまでの間に仕事をすることができる．すなわち，エネルギーをもっている．運動エネルギー K は次の式で与えられる（問題 3-[2]）．

$$K = \frac{1}{2}mv^2$$

❸ 運動エネルギーと仕事の関係（エネルギーの原理）

一般に，物体の運動エネルギーの変化は物体がされた仕事の和に等しい（問題 3-[2]）．

3　保存力とポテンシャル・エネルギー（問題 3-4, 5, 8, 11）

❶ 保存力

仕事が物体の移動経路によらない力を，**保存力**という．万有引力や弾性力は保存力であるが，摩擦力や抗力は保存力でない．

❷ ポテンシャル・エネルギー

保存力に対しては，ポテンシャル・エネルギー（または**位置エネルギー**）を考えることができる．

物体が点Ｐから基準点Ｏまで移動するときに，保存力のする仕事を点Ｐにおけるポテンシャル・エネルギーという．物体を点Ｏから保存力に逆らって点Ｐまで運ぶのに必要な仕事と言い換えてもよい．ポテンシャルとは「潜在的な」という意味で，まだ運動エネルギーのように顕在化していないということを表現している．

❸ 保存力の仕事とポテンシャル・エネルギーの関係（問題 3-4）

一般に，保存力の仕事はポテンシャル・エネルギーの減少に等しい．

$$W_{\text{保存力}} = U_{\text{前}} - U_{\text{後}}$$

❹ 保存力とポテンシャル・エネルギーの関係

保存力はそのポテンシャル・エネルギーの位置に関する微分で表せる．

$$F_x = -\frac{\partial U}{\partial x}, \qquad F_y = -\frac{\partial U}{\partial y}, \qquad F_z = -\frac{\partial U}{\partial z}$$

〔導出〕

点(x, y, z)から微小距離離れた点$(x + \Delta x, y, z)$まで物体が移動するとき，保存力の仕事はポテンシャル・エネルギーの減少に等しいから，$\Delta x \to 0$の極限で

$$F_x \Delta x = U(x, y, z) - U(x + \Delta x, y, z)$$

$$\therefore\ F_x = -\lim_{\Delta x \to 0} \frac{U(x + \Delta x, y, z) - U(x, y, z)}{\Delta x} = -\frac{\partial U}{\partial x}$$

同様に，$F_y = -\dfrac{\partial U}{\partial y}$，$F_z = -\dfrac{\partial U}{\partial z}$ も導かれる．

❺ 重力によるポテンシャル・エネルギー

基準点（例えば地面）からの高さhにある質量mの物体が基準点に至るまでに重力のする仕事が$mg \cdot h$なので，高さhの位置におけるポテンシャル・エネルギーUは，

$$U = mgh$$

❻ 弾性力によるポテンシャル・エネルギー（問題 3-5）

ばね定数 k のばねの自然長からの伸びが x のとき，弾性力によるポテンシャル・エネルギー（**弾性エネルギー**）U は，自然長のときを基準として，

$$U = \frac{1}{2}kx^2$$

❼ 万有引力によるポテンシャル・エネルギー（問題 3-5）

質量が M, m の 2 質点の間の万有引力によるポテンシャル・エネルギー U は 2 質点間の距離 r と万有引力定数 G を用い，$r \to \infty$ のときを基準として，

$$U = -\frac{GMm}{r}$$

これは 2 質点間の万有引力による相互作用のエネルギーの表式であり，一方の質点が固定されているときだけでなく両方の質点が動く場合も成り立つ．2 質点のペアで持っているエネルギーと考えればよい．

❽ 静電気力によるポテンシャル・エネルギー

電気量が Q, q の 2 個の点電荷間の静電気力によるポテンシャル・エネルギー U は 2 質点間の距離 r とクーロンの法則の比例定数 k を用い，$r \to \infty$ のときを基準として，

$$U = \frac{kQq}{r}$$

この式は，万有引力によるポテンシャル・エネルギーと同様に導くことができる．

❾ 保存力の条件（問題 3-4）

空間内で質点に働く力 $\boldsymbol{F} = (F_x, F_y, F_z)$ が質点の位置の関数として与えられているとき，保存力であるための必要十分条件は次のように表せる．

$$\frac{\partial F_x}{\partial y} = \frac{\partial F_y}{\partial x},\ \frac{\partial F_y}{\partial z} = \frac{\partial F_z}{\partial y},\ \frac{\partial F_z}{\partial x} = \frac{\partial F_x}{\partial z}$$

Memo　偏微分

多変数関数について，ある 1 変数のみについての微分を**偏微分**という．

例えば 2 変数関数 $f(x, y)$ に対して x 偏微分は

$$\frac{\partial f}{\partial x} = \lim_{\Delta x \to 0} \frac{f(x + \Delta x, y) - f(x, y)}{\Delta x}$$

例 $f(x, y) = x^2y + 3xy^2$ に対して，

$$\frac{\partial f}{\partial x} = 2xy + 3y^2, \qquad \frac{\partial f}{\partial y} = x^2 + 6xy.$$

$$\frac{\partial^2 f}{\partial y \partial x} = 2x + 6y, \qquad \frac{\partial^2 f}{\partial x \partial y} = 2x + 6y.$$

一般に，微分可能で連続な関数に対して，偏微分の順序を交換しても同じ値になる．

4 力学的エネルギーの保存（問題 3-6, 7, 10, 13, 14）

❶ 質点の力学的エネルギーの保存

質点が点 A から点 B まで保存力のみを受けて運動する場合を考える．

保存力の仕事はポテンシャル・エネルギーの減少 $U_A - U_B$ に等しい．一方，運動エネルギーの増加 $K_B - K_A$ は物体がされたすべての仕事に等しいので，

$K_B - K_A = U_A - U_B \qquad \therefore\ K_A + U_A = K_B + U_B$

すなわち，運動エネルギーとポテンシャル・エネルギーの和（力学的エネルギーという）が一定に保たれる．これが**力学的エネルギーの保存則**である．

保存力が複数ある場合は，それぞれのポテンシャル・エネルギーの和をとる．

❷ 質点系の力学的エネルギーの保存

3 個の質点 1，2，3 の場合を例にとる．質点 1 - 2 間，2 - 3 間，3 - 1 間に働く力が保存力であるとし，それぞれのポテンシャル・エネルギーを U_{12}, U_{23}, U_{31} とする．また，各質点が系の外部からうける力（例えば重力）も，それぞれポテンシャル・エネルギー U_1, U_2, U_3 から導かれる保存力であるとする．このとき，各質点の運動エネルギー K_1, K_2, K_3 とポテンシャル・エネルギーの総和は一定に保たれる．

$$K_1 + K_2 + K_3 + U_{12} + U_{23} + U_{31} + U_1 + U_2 + U_3 = \text{一定}$$

5 非保存力の仕事（問題 3-9）

❶ 非保存力

保存力でない力を**非保存力**という．これに対してはポテンシャル・エネルギーを定義することができない．摩擦力，抗力，張力，空気抵抗力などは非保存力

である．

❷ 非保存力の仕事と力学的エネルギーの関係

保存力の仕事を W，非保存力の仕事を W' とすると，保存力の仕事 W はポテンシャル・エネルギーの減少 $U_A - U_B$ に等しい．一方，運動エネルギーの増加 $K_B - K_A$ は物体がされたすべての仕事に等しいので，$K_B - K_A = W + W' = U_A - U_B + W'$　　$\therefore\ K_A + U_A + W' = K_B + U_B$

移項すれば，

$$W' = K_B + U_B - (K_A + U_A)$$

すなわち，力学的エネルギーは非保存力の仕事だけ変化する．

非保存力の仕事 = 力学的エネルギーの変化

❸ 摩擦力の仕事

摩擦力の仕事は物体の移動経路によって異なる．例えば動摩擦係数が μ の水平面上を物体が道のり l だけ滑る場合，動摩擦力の仕事は $-\mu mgl$ であり，道のりの長さに比例する．2点を結ぶ道のりの長さはさまざまであり，動摩擦力の仕事は始点と終点だけでは決まらないので，摩擦力は保存力でない．

❹ エネルギーの保存

動摩擦力の仕事があると，力学的エネルギーは減少するが，エネルギーが消滅したのでなく，別の形態に変化したのである．この場合は物体や摩擦面を構成する**原子**や**分子**の**熱運動のエネルギー**に転化している．このように，エネルギーの総量は増減がない．これを**エネルギー保存の法則**といい，普遍の自然法則と認識されている．

Memo　**1次近似式**

関数 $f(x)$ は，$x = 0$ の近くでは次のように近似できる．

$$f(x) \fallingdotseq f(0) + f'(0)\cdot x$$

これは関数を1次関数で近似したものであり，グラフでは曲線を直線で近似したものである．

例　$|x| \ll 1$ のとき，

$$(1 + x)^p \fallingdotseq 1 + px \quad (p \text{ は任意の実数})$$

$$\sin x \fallingdotseq x, \qquad \tan x \fallingdotseq x$$

問題 3-1 ▼仕事

傾角 θ のなめらかな斜面をもつ台の上で質量 m の小球をすべらせる．

(1) 台が地面に固定されているとき，小球が距離 d だけすべりおりる間に，垂直抗力が小球にした仕事 W_1 と重力が小球にした仕事 W_2 を求めよ．

(2) 台に力を加え水平方向右向きに等速度運動させた場合を考える．台が距離 D だけ移動する間に垂直抗力が小球にした仕事 W_3 を求めよ．

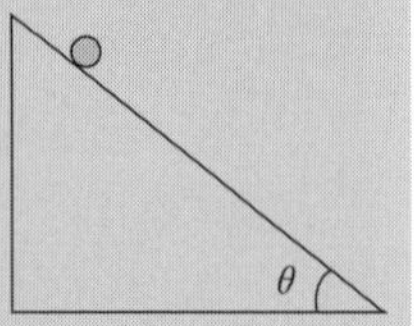

●考え方●

仕事は力と力の方向の変位の積，あるいは変位の方向の力の成分と移動距離の積で求められる．

解答

(1) 垂直抗力と変位が垂直なので仕事 $W_1 = 0$ 答

(2) 重力の方向の移動距離が $d\sin\theta$ なので，$W_2 = mgd\sin\theta$ 答

【別解】移動方向の重力の成分が $mg\sin\theta$ なので

$$W_2 = mg\sin\theta\cdot d = mgd\sin\theta$$

(3) 台に固定した観測者から見て，㋐ 小球に働く力の斜面に垂直な方向のつり合いから $N = mg\cos\theta$ である．垂直抗力の方向の小球の移動距離が $D\sin\theta$ ㋑ なので，

$$W_3 = N\cdot D\sin\theta = mgD\sin\theta\cos\theta$$ 答

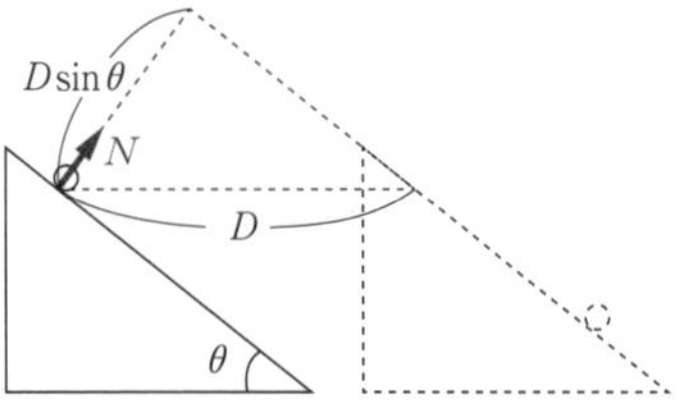

ポイント

㋐ 台の加速度が 0 なので慣性力は無い．

㋑ 面が固定されている場合は，速度が垂直抗力と常に直角なので垂直抗力の仕事は 0 であるが，面が動く場合は別である．

練習問題 3-1 解答 p. 195

質量 m の物体が粗い直線斜面上をすべり，水平方向に距離 D だけ移動した．動摩擦力が物体にした仕事 W を求めよ．物体と面との間の動摩擦係数を μ とする．

問題 3-2 ▼運動エネルギーと仕事の関係

(1) 等加速度直線運動する物体について，運動エネルギーの変化は物体がされた全ての仕事の和に等しいことを示せ．

(2) x 軸上を運動する物体について，運動エネルギー K の変化率 $\dfrac{dK}{dt}$ は，物体がされた仕事率に等しいことを示せ．また，物体がされた仕事の和は運動エネルギーの変化に等しいことを示せ．

●考え方●

(1) 運動方程式と等加速度直線運動の式を組み合わせる．

(2) 運動エネルギーの式を時間微分する．

解答

(1) 運動方程式　$ma = F_1 + F_2 + \cdots$ より，

$$a = \frac{F_1 + F_2 + \cdots}{m}$$

等加速度直線運動の第 3 公式より，$v^2 - {v_0}^2 = 2\dfrac{F_1 + F_2 + \cdots}{m}x$．両辺に $\dfrac{m}{2}$ をかけて，$\dfrac{1}{2}mv^2 - \dfrac{1}{2}m{v_0}^2 = F_1x + F_2x + \cdots$ 答

ポイント

㋐ 合成関数の微分．

$$\frac{d}{dt}\left(\frac{1}{2}mv^2\right) = \frac{d}{dv}\left(\frac{1}{2}mv^2\right)\frac{dv}{dt} = mv\frac{dv}{dt}$$

(2) 物体の質量を m，速度を v，物体に働く力の和を F とすると，運動エネルギーの時間変化率は，$\dfrac{dK}{dt} = \dfrac{d}{dt}\left(\dfrac{1}{2}mv^2\right) = m\dfrac{dv}{dt}v$ ㋐

運動方程式より，$m\dfrac{dv}{dt} = F$ だから，$\dfrac{dK}{dt} = Fv$　…①

よって，運動エネルギーの変化率は物体がされた仕事率に等しい． 答

① 式を時刻 t_1 から t_2 まで積分して　$\displaystyle\int_{t_1}^{t_2}\frac{dK}{dt}dt = \int_{t_1}^{t_2}F\frac{dx}{dt}dt$

$\therefore\ K_2 - K_1 = \displaystyle\int_{x_1}^{x_2}Fdx$．左辺は運動エネルギーの変化であり，右辺は仕事を表す． 答

練習問題　3-2　解答 p. 196

空間内を運動する物体について，運動エネルギーの変化は物体がされた全ての仕事の和に等しいことを示せ．

問題 3-3 ▼仕事，運動エネルギーの変化

傾角 $\dfrac{\pi}{6}$ の粗い斜面上に長さ l の軽い糸を付けた質量 m の小球を置き，糸の他端は斜面上の定点Oに固定する．小球の斜面上での最下点をPとする．糸がOPと角 θ をなす位置で小球を静かに手放したところ，小球は円運動し，初めてPを速さ v で通過した．小球と面との間の動摩擦係数を μ とする．

(1) この過程で小球が受けた次の仕事はいくらか．垂直抗力の仕事 W_N，張力の仕事 W_T，重力の仕事 W_G，摩擦力の仕事 W_F.

(2) v を求めよ．

●考え方●

(1)重力の仕事は，重力を斜面方向と法線方向に分解すると求め易い．

解答

(1) 斜面が小球に及ぼす垂直抗力と張力は小球の運動方向に垂直なので仕事をしないから，$W_N = 0$，$W_T = 0$ 答

重力の斜面に垂直な成分は小球の運動方向に垂直なので仕事をしない．重力の斜面に平行な成分は $mg\sin\dfrac{\pi}{6}$ であり，この力の方向の変位が $l - l\cos\theta$ だから，$W_G = mg\sin\dfrac{\pi}{6}(l - l\cos\theta) = \dfrac{1}{2}mgl(1 - \cos\theta)$ 答

斜面法線方向の力のつり合いより，$N = mg\cos\dfrac{\pi}{6}$ だから，摩擦力の仕事は，

$W_F = -\mu Nl\theta = -\mu mg\cos\dfrac{\pi}{6}\cdot l\theta = -\dfrac{\sqrt{3}}{2}\mu mgl\theta$ ㋐ 答

(2) 小球の運動エネルギー変化はされた仕事の和に等しいから，$\dfrac{1}{2}mv^2 = W_N + W_T + W_G + W_F = \dfrac{1}{2}mgl(1 - \cos\theta) - \dfrac{\sqrt{3}}{2}\mu mgl\theta$

より，$v = \sqrt{gl(1 - \cos\theta - \sqrt{3}\mu\theta)}$ 答

ポイント

㋐ 摩擦力の大きさが一定なので，仕事は摩擦力に質点が移動した円弧の長さ $l\theta$ をかければ求められる．

練習問題　3-3

解答 p. 196

水平な床上で x 軸に沿って運動する質点Pがあり，Pと床との間の動摩擦係数 $\mu(x)$ は位置 x の関数で与えられるものとする．

(1) $\mu(x) = 0\,(x < 0)$，$ax\,(x \geqq 0)$ とする．a は正の定数である．座標原点からPを速度 $v_0(>0)$ で打ち出したとき，Pが静止する位置の座標 x_0 を求めよ．

(2) $\mu(x) = \mu_0 e^{-bx}$ とする．μ_0, b は正の定数である．座標原点からPを x 軸正方向に打ち出すとき，Pが無限遠方に達するような初速の最小値 v_{esc} を求めよ．

問題 3-4 ▼保存力の性質

(1)　保存力の仕事はポテンシャル・エネルギーの減少量に等しいことを示せ.

(2)　空間内の任意の閉曲線に沿って保存力がする仕事は0になることを示せ.

(3)　空間内で力 $\boldsymbol{F} = (F_x, F_y, F_z)$ が物体の位置の関数として与えられているとき，保存力であれば次の関係が成立することを示せ.

$$\frac{\partial F_x}{\partial y} = \frac{\partial F_y}{\partial x}, \quad \frac{\partial F_y}{\partial z} = \frac{\partial F_z}{\partial y}, \quad \frac{\partial F_z}{\partial x} = \frac{\partial F_x}{\partial z}$$

●考え方●

(1)(2)　ポテンシャル・エネルギーの定義から導かれる.

(3)　保存力をポテンシャル・エネルギーの微分で表して，もう1回微分する.

解答

ポイント

㋐ 偏微分の順序を変えても同じ値になる.

(1)　ポテンシャルの基準点をOとし，点Aから点Bまで物体が移動したときに保存力がする仕事を W とする．A→O，B→Oの経路で保存力がする仕事は，ポテンシャル・エネルギーの定義よりそれぞれ $U(\mathrm{A})$，$U(\mathrm{B})$ に等しい．A→B→Oの経路およびA→Oの経路での保存力の仕事は等しいから，$W + U(\mathrm{B}) = U(\mathrm{A})$　　$\therefore\ W = U(\mathrm{A}) - U(\mathrm{B})$ 答

(2)　点Aを始点とし点Aに戻る閉曲線に沿った保存力の仕事 W は位置エネルギーの減少に等しいので $W = U(\mathrm{A}) - U(\mathrm{A}) = 0$ 答

(3)　力が保存力なのでポテンシャル・エネルギー U を用いて，$F_x = -\dfrac{\partial U}{\partial x}$，$F_y = -\dfrac{\partial U}{\partial y}$，$F_z = -\dfrac{\partial U}{\partial z}$ と表せるから，

$$\frac{\partial F_x}{\partial y} = -\frac{\partial^2 U}{\partial y \partial x} = -\frac{\partial^2 U}{\partial x \partial y} = \frac{\partial}{\partial x}\left(-\frac{\partial U}{\partial y}\right) = \frac{\partial F_y}{\partial x}$$

㋐

他の関係式も同様である．答

練習問題　3-4　解答 p. 196

力の作用線が常に定点を通り，大きさが定点からの距離で決まる力を**中心力**という．中心力は保存力であることを示せ.

問題 3-5 ▼ポテンシャル・エネルギー

(1) 弾性力によるポテンシャル・エネルギーの式 $U=\dfrac{1}{2}kx^2$ を導け.

(2) 万有引力によるポテンシャル・エネルギーの式 $U=-\dfrac{GMm}{r}$ を導け.

(3) 万有引力によるポテンシャル・エネルギー $U=-\dfrac{GMm}{r}$ の式を用いて, 地球表面近くの重力によるポテンシャル・エネルギーが近似的に mgh で表せることを示せ.

●考え方●

ポテンシャル・エネルギーは保存力を経路に沿って基準点まで積分すればよい. あるいは, 微分して保存力になる関数（原始関数）を求めてもよい.

解答

(1) 弾性力は $-kx$ と書けるので, $-\dfrac{dU}{dx}=-kx$ より, $U=\dfrac{1}{2}kx^2+C$. 自然長を基準に取れば $x=0$ のとき, $U=0$ より $C=0$. よって, $U=\dfrac{1}{2}kx^2$ 答

(2) M を固定して, m が基準点（無限遠点）まで移動するときに万有引力がする仕事を求める. $U=\displaystyle\int_r^{\infty}\left(-\frac{GMm}{r^2}\right)dr=GMm\left[\frac{1}{r}\right]_r^{\infty}=-\frac{GMm}{r}$ 答

(3) 地面を基準にとると, 地面から高さ h の位置の万有引力によるポテンシャル・エネルギー U は,

$$U=-\frac{GMm}{R+h}\underbrace{-\left(-\frac{GMm}{R}\right)}_{㋐}=\frac{GMm}{R}\left(1-\frac{R}{R+h}\right)$$

$$=\underbrace{\frac{GMm}{R}\left\{1-\left(1+\frac{h}{R}\right)^{-1}\right\}\fallingdotseq\frac{GMmh}{R^2}}_{㋑}.$$

ここで, 地面近くの物体についての重力は $\dfrac{GMm}{R^2}=mg$ となるから, $U\fallingdotseq mgh$ 答

ポイント

㋐ 地面が基準なので, 高さ0におけるポテンシャル・エネルギーを引く.

㋑ 1次近似式
$(1+x)^n\fallingdotseq 1+nx$
で $n=-1$ として,
$(1+x)^{-1}\fallingdotseq 1-x$

練習問題 3-5 解答 p. 197

華厳の滝の落差はおよそ 100 m である. 水が 100 m 落下して失ったポテンシャル・エネルギーが熱に変換されたとき, 水の温度は何℃上昇するか. ただし, 重力加速度を $g=9.8$〔m/s²〕, 水の**比熱**を $c=4.2$〔J/g·K〕とし, 発生した熱はすべて水の温度上昇に使われたものとする.

問題 3-6 ▼仕事，力学的エネルギーの保存

軽いばねを天井に固定し，多端に質量 m の小球を付けて，板で支える．ばねが自然長になる位置からゆっくり板を下げていくと，ばねが d 伸びたところで，小球が静止したままとなった．この過程で小球が弾性力，重力，および垂直抗力からされた仕事をそれぞれ求めよ．

●考え方●

板で小球を支えながらゆっくり下げる場合，力のつり合いが保たれているが，保存力でない抗力の仕事があるので力学的エネルギーは変化する．これに対して急に板を取り除く場合は，保存力のみ働くため力学的エネルギーが保存する．

解答

(1) ばねの伸びが d のとき，重力と弾性力がつり合うので，ばね定数を k として，$kd = mg$　…①

弾性力の仕事 W_1 は，弾性エネルギーの減少に等しいので㋐，$W_1 = 0 - \frac{1}{2}kd^2$ となり，①式を用いて $W_1 = -\frac{1}{2}mgd$ 答

重力の仕事 W_2 は，重力に鉛直方向の変位をかけて $W_2 = mgd$ 答

小球が板から受ける垂直抗力の仕事を W_3 とすると，小球がされた仕事の和は，運動エネルギーの変化に等しいので $W_1 + W_2 + W_3 = 0$ より，

$W_3 = -\frac{1}{2}mgd$ 答

ポイント

㋐ 保存力の仕事はポテンシャル・エネルギーの減少に等しい．

別解 1　非保存力である垂直抗力の仕事は力学的エネルギーの変化に等しいので，$mgd + W_3 = \frac{1}{2}kd^2$．① 式を用いて $W_3 = -\frac{1}{2}mgd$．

別解 2　ばねの伸びが x のとき，垂直抗力 N は力のつり合い $N + kx = mg$ より，$N = mg - kx$ と求まる．N の仕事の大きさは，$N - x$ グラフの面積に等しい．また，垂直抗力と小球の変位が逆向きだから，仕事が負になることに注意して，

$W_3 = -\frac{1}{2}mgd$ 答

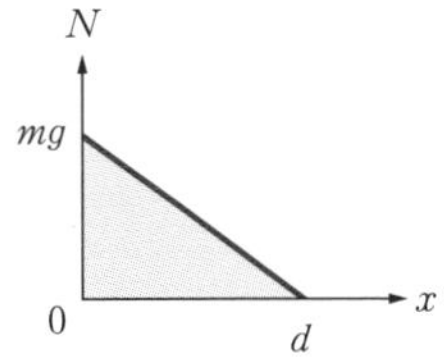

練習問題　3-6　解答 p. 197

問題 3-6 の装置で，ばねが自然長になる位置から，急に板を取り除いたところ，小球は初速 0 で振動を始めた．ばねの最大の伸び D を，d を用いて表せ．

問題 3-7 ▼力学的エネルギーの保存

図のように滑らかな曲面をもつ台上を運動する小球がある．点 A, C はそれぞれ高さ h_A, h_C の水平面上にあり，山の頂点 B の高さは h_B である．初め台は固定されている．

(1) 点 A を速さ v_0 で運動している小球が点 C に達するために v_0 が満たさなければならない条件を求めよ．

(2) 点 A で様々な初速を小球に与えて，点 C を通過するときの速さを測定すると，ある値 v_1 より大きくなる．v_1 を求めよ．

(3) 台を鉛直上向きに一定の加速度 α で動かす．点 A から小球を台に対して速さ v_0 で水平右向きに打ち出したところ，点 C を通過した．点 C における小球の速さ v_2 を求めよ．

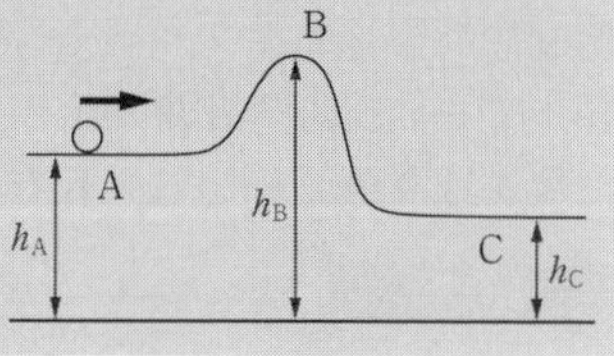

●考え方●　摩擦力を受けていないので，力学的エネルギーが保存する．

すなわち，$\frac{1}{2}mv^2 + mgh = $ 一定

解答

(1) 頂点 B を乗り越えればよい．B で速さが 0 になるとき，力学的エネルギーの保存より，

$\frac{1}{2}m{v_0}^2 + mgh_A = mgh_B \quad \therefore\ v_0 = \sqrt{2g(h_B - h_A)}$

これより，C に達する条件は，$v_0 > \sqrt{2g(h_B - h_A)}$ 答

(2) B で速さが 0 になるとき㋐が点 C での速さの下限に当たる．力学的エネルギーの保存 $mgh_B = \frac{1}{2}m{v_1}^2 + mgh_C$ より，$v_1 = \sqrt{2g(h_B - h_C)}$

(3) 見かけの重力加速度が鉛直下向きに $g + \alpha$㋑となる．力学的エネルギーの保存

$\frac{1}{2}m{v_0}^2 + m(g + \alpha)h_A = \frac{1}{2}m{v_2}^2 + m(g + \alpha)h_C$㋒

より，$v_2 = \sqrt{{v_0}^2 + 2(g + \alpha)(h_A - h_C)}$ 答

ポイント

㋐ 点 C に達する小球は必ず B を乗り越えていることに注意する．

㋑ 慣性力が鉛直下向きに $m\alpha$ なので，見かけの重力は $mg + m\alpha$ であり，見かけの重力加速度が $g + \alpha$ である．

㋒ ポテンシャル・エネルギーの式 mgh で，g を見かけの重力加速度 $g + \alpha$ で置き換える．

練習問題　3-7　解答 p. 197

問題 3-7 で，台を水平左向きに一定の加速度 β で動かす．点 A から小球を台に対して速さ v_0 で水平左向きに打ち出したところ，折り返した後，点 C を台に対する速さ v_3 で通過した．AC 間の水平方向の距離を l として v_3 を求めよ．

問題 3-8 ▼保存力の条件とポテンシャル・エネルギー

$x-y$ 平面内で物体に働く力 $\boldsymbol{F}=(F_x, F_y)$ が定数 A, B, C, D を用いて

$$F_x = Ax + By, \quad F_y = Cx + Dy$$

で与えられている．

(1) この力が保存力となる条件を求めよ．

(2) (1)の条件を満たす場合，座標原点を基準とするポテンシャル・エネルギー $U(X, Y)$ を与える式を求めよ．

●考え方●

(2) 計算しやすい経路を選んで保存力の仕事を求める．

解答

(1) $\dfrac{\partial F_x}{\partial y}=B$, $\dfrac{\partial F_y}{\partial x}=C$ であり，保存力の条件 $\dfrac{\partial F_x}{\partial y}=\dfrac{\partial F_y}{\partial x}$ より，$B=C$ 答

(2) 点 (X, Y) → 点 $(0, Y)$ → 点 $(0, 0)$ の経路㋐での力 F の仕事を求めれば，これが点 (X, Y) におけるポテンシャル・エネルギー $U(X, Y)$ になる．

$$\begin{aligned} U(X, Y) &= \int_X^0 F_x(x, Y)dx + \int_Y^0 F_y(0, y)dy \\ &= \int_X^0 (Ax+BY)dx + \int_Y^0 Dydy \\ &= \left[\frac{1}{2}Ax^2 + BYx\right]_{x=X}^{x=0} + \left[\frac{1}{2}Dy^2\right]_{y=Y}^{y=0} \\ &= -\frac{1}{2}AX^2 - BXY - \frac{1}{2}DY^2 \end{aligned}$$ 答

ポイント

㋐ x 軸に平行に移動した後，y 軸上を移動して原点に達する経路である．

練習問題　3-8　解答 p. 197

空間内において質点に働く力が位置の関数として次の式で与えられている．

$$F_x = -kx, \quad F_y = -ky, \quad F_z = -kz \quad (k > 0)$$

原点からの距離が R の点Pにおいて質量 m の質点に中心から遠ざかる向きに初速 v_0 を与えた．質点と原点の距離の最大値を求めよ．

問題 3-9 ▼摩擦の仕事と経路

図のように，水平摩擦面上の点 A(a, b) から点 P$(x, 0)$ $(0 \leqq x \leqq a)$ を経由して点 B$(0, -c)$ まで物体を折れ線経路で移動させる．物体と面との間の動摩擦係数は，$y > 0$ の領域で μ_1，$y < 0$ の領域で μ_2 である．AP, PB が y 軸となす角をそれぞれ θ_1, θ_2 とする．物体が移動する過程で発生する摩擦熱 q が最小となる経路について，$\theta_1, \theta_2, \mu_1, \mu_2$ の間に成り立つ関係式を求めよ．

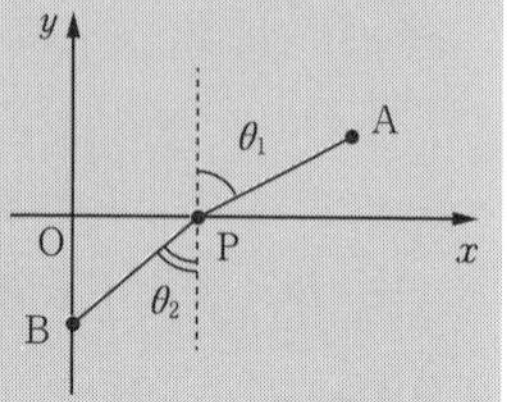

●考え方●

q を x の関数で表し微分して増減を調べる．

解答

摩擦熱は摩擦力の仕事の大きさに等しいので，

$q = \mu_1 mg\sqrt{(a-x)^2 + b^2} + \mu_2 mg\sqrt{x^2 + c^2} = mgf(x)$，

ここで，$f(x) = \mu_1\sqrt{(a-x)^2 + b^2} + \mu_2\sqrt{x^2 + c^2}$．

$f'(x) = -\mu_1 \dfrac{(a-x)}{\sqrt{(a-x)^2 + b^2}} + \mu_2 \dfrac{x}{\sqrt{x^2 + c^2}} = -\mu_1 \sin\theta_1 + \sin\theta_2$.　$f'(x) = 0$ となる x を x_0 とし，対応する点を P_0 とすれば，$-\mu_1 \sin\theta_1 + \mu_2 \sin\theta_2 = 0$．$0 \leqq x \leqq x_0$ のとき，θ_1 は P_0 における値より大きく，θ_2 は P_0 における値より小さくなるので，$f'(x) < 0$ である．また，$x_0 \leqq x \leqq a$ のとき，θ_1 は P_0 における値より小さく，θ_2 は P_0 における値より大きくなるので $f'(x) > 0$ である．よって，P_0 を経由するとき q は最小値をとる．㋐ 関係式は，$\mu_1 \sin\theta_1 = \mu_2 \sin\theta_2$ 答

ポイント

㋐ x_0 を境にして $f(x)$ は単調減少から単調増加に変わる．

練習問題 3-9　解答 p. 197

図のように，点 A で静かに離された小球が点 B まで直線経路で摩擦面上を滑るときに摩擦力がする仕事の大きさ $|W_1|$ と，破線で示した点 O を中心とする円形経路で摩擦面上を滑るときに摩擦力がする仕事の大きさ $|W_2|$ ではどちらが小さいか．AO は水平方向，OB は鉛直方向で，小球と面との間の動摩擦係数はいたるところで等しいものとする．

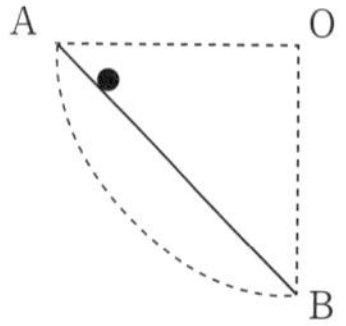

問題 3-⑩ ▼万有引力と脱出速度

一様な密度で，質量 M，半径 R の球形の星の表面から物体を表面に垂直な方向に初速 v_0 で打ち出す．

(1) 物体が無限遠方に飛び去るための最小の初速 v_{esc}（脱出速度）を M，R，および万有引力定数 G を用いて表せ．

(2) $v_0 < v_{\mathrm{esc}}$ の場合，物体が星から最も遠ざかる位置の星の中心からの距離 D を R, v_0, v_{esc} を用いて表せ．

(3) $v_0 > v_{\mathrm{esc}}$ の場合，物体の終端速度 u を，v_0, v_{esc} を用いて表せ．

●考え方●

万有引力を受けて運動する物体について力学的エネルギーの保存則 $\left(\dfrac{1}{2}mv^2 - \dfrac{GMm}{r} = \text{一定}\right)$ を用いる．

解答

(1) 無限遠方で物体の速さが 0 となる場合が脱出速度に当たる．物体の質量を m として，力学的エネルギーの保存より，

$$\frac{1}{2}m{v_{\mathrm{esc}}}^2 - \frac{GMm}{R} = 0 \quad \cdots ①$$ ㋐

$$\therefore\ v_{\mathrm{esc}} = \sqrt{\frac{2GM}{R}}$$ 答

ポイント

㋐ ポテンシャル・エネルギーの式の分母に入る距離は，天体の中心からの距離である．

(2) 力学的エネルギーの保存より，$\dfrac{1}{2}m{v_0}^2 - \dfrac{GMm}{R} = -\dfrac{GMm}{D}$　$\cdots ②$

①式と②式の差を取って，D について解くと，$D = \dfrac{R}{1 - \left(\dfrac{v_0}{v_{\mathrm{esc}}}\right)^2}$ 答

(3) 力学的エネルギーの保存より，$\dfrac{1}{2}m{v_0}^2 - \dfrac{GMm}{R} = \dfrac{1}{2}mu^2$　$\cdots ③$

①式と③式の差を取って，u について解くと，$u = \sqrt{{v_0}^2 - {v_{\mathrm{esc}}}^2}$ 答

練習問題　3-10　解答 p. 197

地球の半径 6400 km，地上における重力加速度の大きさ 9.8 m/s^2 を用いて地球表面からの**脱出速度**（**第 2 宇宙速度**）を求めよ．

問題 3-11 ▼万有引力によるポテンシャル・エネルギー

地球の質量を，互いに引き合う万有引力に逆らって，無限遠まで分散させる仕事 W を以下の手順で求めよ．地球を質量 M，半径 R の一様な密度の球体とし，万有引力定数を G とする．

(1) 地球の表面から微小な厚みの球殻をはぎ取って，無限遠まで運ぶ操作を繰り返す．地球の半径が r になったとき，表面から微小な厚さ Δr の球殻を万有引力に逆らって無限遠まで運ぶ仕事 ΔW を求めよ．

(2) ΔW の総和 W を積分により求めよ．

(3) $M = 6.0 \times 10^{24}$〔kg〕，$R = 6.4 \times 10^{6}$〔m〕，$G = 6.7 \times 10^{-11}$〔N·m²/kg²〕の値を用いて，W を計算せよ．

●考え方●

地球から球殻を引き離す仕事はポテンシャル・エネルギーの増加分になる．

解答

(1) 半径が r になったときの地球の質量は $\left(\dfrac{r}{R}\right)^3 M$，㋐

球殻の質量は $\dfrac{4\pi r^2 \Delta r}{\dfrac{4}{3}\pi R^3}M = \dfrac{3r^2\Delta r}{R^3}M$ ㋑

ポイント

㋐ 一様な密度なので質量は体積に比例する．

㋑ 球殻の体積は，球面の面積 $4\pi r^2$ に厚み Δr をかけて求められる．

なので，ポテンシャル・エネルギーは，$U = -\dfrac{G}{r}\cdot\left(\dfrac{r}{R}\right)^3 M\cdot\dfrac{3r^2\Delta r}{R^3}M.$

球殻を無限遠まで運ぶ仕事は，ポテンシャル・エネルギーの増加に等しいので，

$$\Delta W = 0 - U = \frac{3GM^2r^4}{R^6}\Delta r$$ 答

(2) $W = \displaystyle\int_0^R \frac{3GM^2r^4}{R^6}dr = \frac{3GM^2}{5R^6}\left[r^5\right]_0^R = \frac{3GM^2}{5R}$ 答

(3) 数値を代入して，$W = 2.3 \times 10^{32}$〔J〕 答

練習問題 3-11

解答 p. 197

半径 1 m，質量 10 kg の一様な密度の球が 2 個接触して置いてある．2 球を互いに及ぼし合う万有引力に逆らって，無限遠方に引き離す仕事を求めよ．万有引力定数を $G = 6.7 \times 10^{-11}$〔N·m²/kg²〕とする．

問題 3-⑫ ▼質点系の運動エネルギー

(1) N 個の質点からなる系について運動エネルギーの和 $K = \sum_i \frac{1}{2} m_i \boldsymbol{v}_i{}^2$ は重心の運動エネルギーと重心に対する相対運動のエネルギーの和に等しいことを示せ．

(2) 2 個の質点からなる系について重心に対する相対運動のエネルギーの和を，換算質量 μ と 2 質点間の相対速度で表せ．

●考え方●

重心の運動エネルギーは，質量がすべて重心に集まったと考えたときの運動エネルギーである．また，重心に対する相対運動のエネルギーは，重心系から見た質点の運動エネルギーの和である．

解答

(1) 質点 i の重心に対する相対速度を $\boldsymbol{u}_i = \boldsymbol{v}_i - \boldsymbol{v}_{\mathrm{G}}$ とおくと $\boldsymbol{v}_i = \boldsymbol{v}_{\mathrm{G}} + \boldsymbol{u}_i$ より，

$$K = \sum_i \frac{1}{2} m_i |\boldsymbol{v}_i|^2 = \sum_i \frac{1}{2} m_i |\boldsymbol{v}_{\mathrm{G}} + \boldsymbol{u}_i|^2$$

> **ポイント**
>
> ㋐ 重心の式 $\boldsymbol{r}_{\mathrm{G}} = \dfrac{\sum m_i \boldsymbol{r}_i}{\sum m_i}$ を時間で微分すれば重心速度の式になる．

$$= \frac{1}{2} M |\boldsymbol{v}_{\mathrm{G}}|^2 + \frac{1}{2} \boldsymbol{v}_{\mathrm{G}} \cdot \sum_i m_i \boldsymbol{u}_i + \sum_i \frac{1}{2} m_i |\boldsymbol{u}_i|^2$$

ここで，重心速度の式 $\boldsymbol{v}_{\mathrm{G}} = \dfrac{\sum m_i \boldsymbol{v}_i}{\sum m_i}$ ㋐ より，$\sum_i m_i \boldsymbol{v}_{\mathrm{G}} = \sum_i m_i \boldsymbol{v}_i$ だから，$\sum_i m_i (\boldsymbol{v}_i - \boldsymbol{v}_{\mathrm{G}}) = 0$，すなわち $\sum_i m_i \boldsymbol{u}_i = 0$ であることが分かる．よって，

$$K = \frac{1}{2} M |\boldsymbol{v}_{\mathrm{G}}|^2 + \sum_i \frac{1}{2} m_i |\boldsymbol{u}_i|^2$$ 答

(2) 2 質点系について相対運動のエネルギーは，

$$\frac{1}{2} m_1 |\boldsymbol{u}_1|^2 + \frac{1}{2} m_2 |\boldsymbol{u}_2|^2 = \frac{1}{2} m_1 |\boldsymbol{v}_1 - \boldsymbol{v}_{\mathrm{G}}|^2 + \frac{1}{2} m_2 |\boldsymbol{v}_2 - \boldsymbol{v}_{\mathrm{G}}|^2$$

$$= \frac{1}{2} m_1 \left| \boldsymbol{v}_1 - \frac{m_1 \boldsymbol{v}_1 + m_2 \boldsymbol{v}_2}{m_1 + m_2} \right|^2 + \frac{1}{2} m_2 \left| \boldsymbol{v}_2 - \frac{m_1 \boldsymbol{v}_1 + m_2 \boldsymbol{v}_2}{m_1 + m_2} \right|^2$$

$$= \frac{1}{2} m_1 \left| \frac{m_2 (\boldsymbol{v}_1 - \boldsymbol{v}_2)}{m_1 + m_2} \right|^2 + \frac{1}{2} m_2 \left| \frac{m_1 (\boldsymbol{v}_2 - \boldsymbol{v}_1)}{m_1 + m_2} \right|^2$$

$$= \frac{m_1 m_2}{2(m_1 + m_2)} |\boldsymbol{v}_1 - \boldsymbol{v}_2|^2 = \frac{1}{2} \mu |\boldsymbol{v}_1 - \boldsymbol{v}_2|^2$$ 答

練習問題　3-12

解答 p. 198

(1) 正 N 角形の中心を始点とし，各頂点を終点とするベクトルを $\boldsymbol{A}_1, \boldsymbol{A}_2, \cdots, \boldsymbol{A}_N$ とするとき，これらの N 個のベクトルの和は $\mathbf{0}$ になることを示せ．

(2) 空中で N 個の質量 m の小球を正 N 角形の中心から N 個の頂点に向けて同じ速さ v で打ち出した．時間が t 経過したときの，N 個の小球の運動エネルギーの和 K を m, v, t および重力加速度の大きさ g で表せ．

問題 3-⑬ ▼物体系の力学的エネルギー保存

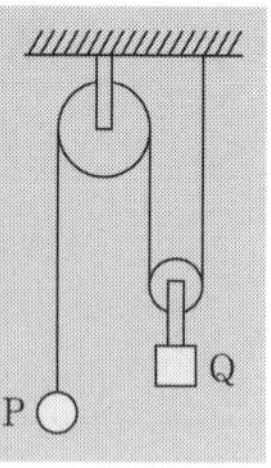

図のように，質量がそれぞれ m, M のおもり P, Q を軽いひもでつなぎ，滑らかに回る軽い滑車にかけて，静かに手放したところ，P は上昇していった．m と M の間に成り立つ不等式と P が距離 h だけ上昇したときの P の速さ v を，エネルギーについての考察から求めよ．

●考え方●

P, Q, ひも, 滑車からなる系について力学的エネルギーの保存則より，運動エネルギーの増加量に等しいポテンシャル・エネルギーの減少がなければならない．

解答

ポイント

㋐ Q のポテンシャル・エネルギーは減少するが P は増加している．

㋑ P, Q, ひも, 滑車からなる系についての力学的エネルギーの保存．

初め静止していて動き出したことから，系の運動エネルギーが増加して，ポテンシャル・エネルギーは減少することが分かる．P の上昇距離を $\delta\,(>0)$ とすると，Q の下降距離が $\dfrac{\delta}{2}$ となるので，重力によるポテンシャル・エネルギーの減少は，$Mg\dfrac{\delta}{2} - mg\delta > 0$㋐ より，$M > 2m$ 答

P が h 上昇したとき，力学的エネルギーの保存よりポテンシャル・エネルギーの減少が運動エネルギーの増加に等しい．Q の変位の大きさが常に P の半分なので，Q の速さは $\dfrac{v}{2}$ であることに注意して，$Mg\dfrac{h}{2} - mgh = \dfrac{1}{2}mv^2 + \dfrac{1}{2}M\left(\dfrac{v}{2}\right)^2$㋑

より，$v = \sqrt{\dfrac{4gh(M-2m)}{M+4m}}$ 答

参考　P, Q 個別にエネルギーの関係式を立ててみる．P に対して，張力 T の仕事だけ力学的エネルギーが変化するので，$Th = \dfrac{1}{2}mv^2 + mgh$．Q（滑車と一体とする）に対しては，$Mg\dfrac{h}{2} - 2T\dfrac{h}{2} = \dfrac{1}{2}M\left(\dfrac{v}{2}\right)^2$．2 式の和をとれば，$Mg\dfrac{h}{2} = \dfrac{1}{2}mv^2 + \dfrac{1}{2}M\left(\dfrac{v}{2}\right)^2 + mgh$ となり，系の力学的エネルギー保存を表す式を得る．張力の仕事により力学的エネルギーが Q から P に移るが，系の力学的エネルギーの和は変わらない．

練習問題　3-13

解答 p. 198

なめらかな床上に静止した板の上面で，時刻 0 に小物体に初速度を与えたところ，板が動き始めた．小物体と板の間には大きさ f の一定の動摩擦力が働く．ある時刻 T のとき，小物体は板の上面を滑っており，床に対する小物体の変位が x，板の変位が X であった．時刻 0 から時刻 T までについて，小物体の運動エネルギーの減少量，板の運動エネルギーの増加量を求めよ．また，系の力学的エネルギーの減少がすべて摩擦熱に変換されたとして，発生した熱量 Q を求めよ．

問題 3-14 ▼質点系の力学的エネルギー保存

一直線上を運動する質量 m の同種の 2 個の質点があり，2 個の質点間のポテンシャル・エネルギー U が正の定数 a を用いて質点間の距離 r の関数として，$U=-\dfrac{a}{r}$ と表せるものとする．はじめ質点間の距離が R で，それぞれの質点に互いに逆向きで大きさ v_0 の初速度を与える．

(1) 2 質点間の距離が無限遠に達するために必要な初速の最小値 v_{esc} を求めよ．

(2) $v_0 > v_{\mathrm{esc}}$ のとき，十分時間が経過したときの質点の速さ v を求めよ．

●考え方●

質点系に対して，力学的エネルギー保存の法則を用いる．ポテンシャル・エネルギーはペアで一つもっている．

解答

(1) 質点系に対して，力学的エネルギーの保存

$$\frac{1}{2}mv_{\mathrm{esc}}{}^2+\frac{1}{2}mv_{\mathrm{esc}}{}^2-\frac{a}{R}=0 \quad \text{より，}$$ ㋐

$$v_{\mathrm{esc}}=\sqrt{\frac{a}{mR}}$$ 答

(2) 質点系に対して，力学的エネルギーの保存

$$\frac{1}{2}mv_0{}^2+\frac{1}{2}mv_0{}^2-\frac{a}{R}=\frac{1}{2}mv^2+\frac{1}{2}mv^2 \quad \text{より，}$$

$$v=\sqrt{v_0{}^2-\frac{a}{mR}}$$ 答

ポイント

㋐ ポテンシャル・エネルギーはペアで一つをもっているので，2 倍して $-\dfrac{2a}{R}$ にするのは誤り．

練習問題　3-14　解答 p. 198

質量 m の同種の 4 個の質点が，はじめ辺の長さ R の正方形の頂点にあり静かに手放された．距離が r 離れた 2 個の質点間のポテンシャル・エネルギー U が正の定数 a を用いて，$U=\dfrac{a}{r}$ と表せるものとする．十分時間が経過したときの質点の速さ v を求めよ．

問題 3-⑮ ▼つり合いの安定性（Ⅰ）

x 軸上を運動する質点 P があり，ポテンシャル・エネルギーが位置 x の関数 $U(x)$ で与えられている．

(1) 質点 P が受ける力は $U(x)$ から導かれる力のみで，位置 $x = x_0$ が力のつり合いの位置であるとき，微分係数 $\dfrac{dU}{dx}(x_0)$ はいくらか．

(2) $U(x)$ から導かれる保存力 $F(x)$ の向きは，ポテンシャル・エネルギーが減少する方向であることを示せ．

(3) 質点 P が位置 x_0 から少し変位したとき，P が受ける力の向きは位置 x_0 に近づく向き（つり合いは安定）か，それとも遠ざかる向き（つり合いは不安定）か．2 階の微分係数 $\dfrac{d^2U}{dx^2}(x_0)$ が正の場合と負の場合について考察せよ．

●考え方●　(3) ポテンシャル・エネルギーのグラフが下に凸ならつり合いは安定，上に凸なら不安定になる．

解答

(1) $U(x)$ から導かれる保存力は $F(x) = -\dfrac{dU}{dx}(x)$ と表せるから，つり合いの位置では $F(x_0) = 0$ より，$\dfrac{dU}{dx}(x_0) = 0$ 答

(2) 位置 x_1 において $F(x_1)$ が正の場合，$F(x_1) = -\dfrac{dU}{dx}(x_1) > 0$ より $\dfrac{dU}{dx}(x_1) < 0$ だから，位置 x_1 の近くで $U(x)$ は単調減少関数である．よって，力は，ポテンシャル・エネルギーが減少する方向であることが分かる．また $F(x_1)$ が負の場合，$F(x_1) = -\dfrac{dU}{dx}(x_1) < 0$ より $\dfrac{dU}{dx}(x_1) > 0$ だから，位置 x_1 の近くで $U(x)$ は単調増加関数である．よって，力の向きは，やはりポテンシャル・エネルギーが減少する方向であることが分かる．

(3) $\dfrac{d^2U}{dx^2}(x_0) > 0$ のとき $\dfrac{dU}{dx}$ が x_0 の近くで単調に増加するから $U(x)$ のグラフは下に凸㋐である．よって，質点に働く力は x_0 に向かう．これに対して $\dfrac{d^2U}{dx^2}(x_0) < 0$ のとき $U(x)$ のグラフは上に凸となり，質点に働く力は x_0 から遠ざかる向きになる．答

ポイント

㋐ $U(x)$ のグラフの傾きが単調に増加するので下に凸となる．

練習問題　3-15　解答 p. 198

x 軸上を運動する質点 P があり，ポテンシャル・エネルギー U が位置の関数 $U(x) = ax^2 + bx + c$ で与えられている．$a(\neq 0), b, c$ は定数である．

(1) 力のつり合いの位置 x_0 を求めよ．

(2) このつり合いが安定であるための条件を求めよ．

問題 3-16 ▼つり合いの安定性（Ⅱ）

x 軸上を運動する質点Pがあり，ポテンシャル・エネルギーが位置の関数 $U(x)$ で与えられていて，Pはこれから導かれる保存力のみを受けるものとする．次の各場合について，つり合いの安定性を調べよ．a, b を正の定数とする．

(1) $U(x) = a(e^{bx} + e^{-bx})$

(2) $U(x) = ax^3$

(3) $U(x) = ax^4$

●考え方●

(2)(3)ポテンシャル・エネルギーのグラフで，つり合いの位置近くにおけるふるまいを考察する．

解答

(1) 1回微分は $U'(x) = ab(e^{bx} - e^{-bx})$ であり，2階微分は $U''(x) = ab^2(e^{bx} + e^{-bx})$ となる．つり合いの位置 x_0 は $U'(x_0) = ab(e^{bx_0} - e^{-bx_0}) = 0$ より，$e^{2bx_0} = 1$　$\therefore\ x_0 = 0$.
$U''(x_0) = ab^2(e^0 + e^0) = 2ab^2 > 0$. よって，つり合いは安定である．

ポイント

㋐ 質点に働く力が原点以外では常に x 軸の負方向なので，質点の位置が原点からずれると必ず x 軸の負方向に逃げてしまう．

(2) $U(x) = ax^3$ より $U'(x) = 3ax^2$, $U''(x) = 6ax$. つり合いの位置は $x = 0$ で，$U''(0) = 0$ だから，これだけではつり合いの安定性が判定できない．そこで原点近くで2階微分の符号を調べてみると，$x < 0$ のとき $U''(x) < 0$, $x > 0$ のとき $U''(x) > 0$ となることから，グラフの傾きは原点で減少から増加に変化し，図のようになる．これより原点におけるつり合いは不安定である．㋐

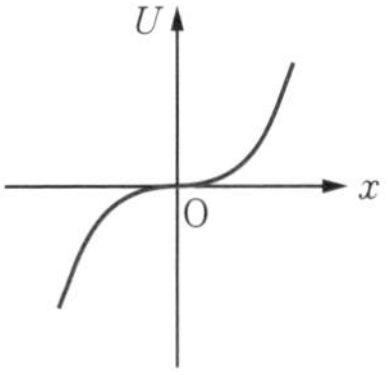

(3) $U(x) = ax^4$ より $U'(x) = 4ax^3$, $U''(x) = 12ax^2$. つり合いの位置は $x = 0$ で，$U''(0) = 0$ であるが $x \neq 0$ のとき $U''(x) > 0$ なので，グラフの傾きは増加し，図のようになる．これより，原点におけるつり合いは安定である．

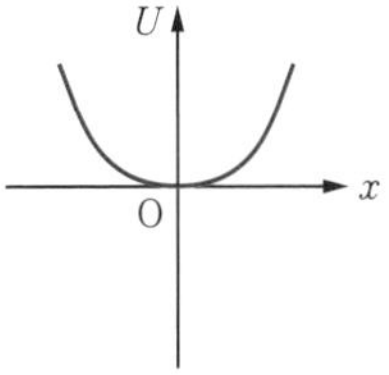

練習問題　3-16

解答 p. 198

x 軸上を運動する質点Pがあり，ポテンシャル・エネルギーが位置の関数 $U(x) = ax^2e^{-bx}$ で与えられていて，Pはこれから導かれる保存力のみを受けるものとする．つり合いの安定性を調べよ．a, b を正の定数とする．

column3 ◆永久機関

外部からエネルギーを供給せずに働き続ける機械を**第 1 種永久機関**という．古来，人類により様々な永久機関が多く考案されてきたが，成功例はゼロであり，全て失敗例であった．これはエネルギーの保存法則（**熱力学第 1 法則**）に反するからである．永久機関の試みはエネルギー保存の法則の認識と確立に大いに役立ったのである．それでも今も第 1 種永久機関の特許申請があるという．

水飲み鳥（平和鳥）いう玩具がある．鳥が頭を上下させコップの水を飲む動作を繰り返す．一見，エネルギーの供給なしに動き続けているようにみえるが，実は温度差を利用して仕事をしており，周囲から熱の形でエネルギーを与えられている．水飲み鳥は永久機関ではない．

永久機関にはもう一つの種類がある．これは熱をすべて仕事に変換する機械で，**第 2 種永久機関**という．例えば船が海水から熱を吸収して動力源にできれば，それで燃料なく航海が続けられる．

こちらも成功例がない．エネルギーは保存するだけでなく，その変換の方向性についても法則があり，**熱力学第 2 法則**という．これは何通りか異なる表現がある．一つは熱をすべて仕事に変える熱機関は存在しない，つまり第 2 種永久機関は実現不可能というものである．

第 2 種永久機関の試みを通じて，熱力学第 2 法則の認識も明確になってきたのである．

Chapter 4

典型的な運動

力学で扱われる重要な運動様式を学ぶ.
特に単振動は波動などでも大切な役割を担うので,
基礎を確実に理解したい.

基本事項

1　放物運動（問題 4-1, 2, 3, 5）

❶ 運動の分解

地球の中心を通る線を鉛直線という．地球の自転を無視する場合，物体に働く重力は地球から受ける万有引力で地球の中心に向かうので，常に鉛直下向きである．物体を空中に投射したときの運動は，重力が働く方向の鉛直方向とそれに垂直な水平方向とに分解して調べると容易になる．以下❷, ❸, ❹の考察では空気抵抗を無視する．

❷ 水平方向の運動

水平方向には力が働かないので，等速度運動である．

❸ 鉛直方向の運動

地表面近くにある質量 m の物体を考えると，地球中心と物体の距離は地球半径 R に等しいとしてよいので，万有引力の大きさは地球の質量を M として，$\dfrac{GMm}{R^2}$ である．

この力によって生じる加速度が重力加速度 g であり，運動方程式 $mg = \dfrac{GMm}{R^2}$ より，$g = \dfrac{GM}{R^2}$ となる．これより，重力加速度は物体の質量によらず一定値となる．これは重力質量と慣性質量が等しいことの帰結である．

水平方向の等速度運動と鉛直方向の等加速度運動を合成すれば，**放物線**軌道を描くことになる．

❹ 剛体や物体系の重心の運動

物体系の重心の運動は，重心に全質量が集中したとして，これに外力が働くと考えたときの運動と同一であった．剛体を空中に放り投げると，剛体の回転のため複雑に見えるが，剛体の重心に着目すれば，質点の運動と同一である．

2　抵抗力を受ける運動（問題 4-3）

❶ 速さに比例する抵抗力を受ける運動

物体（例えば雨滴）が速さ v に比例する**抵抗力** kv を受ける場合の運動を考える．空中で物体が初速 0 で鉛直方向に落下を始めたとする．

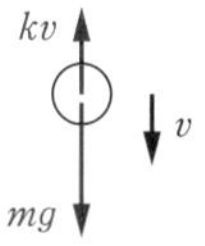

運動方程式 $ma = mg - kv$ より，

$$a = g - \frac{k}{m}v \quad \cdots①$$

始め $v = 0$ なので $a = g$ であるが，速度が増すにつれて加速度 a は次第に減少する．

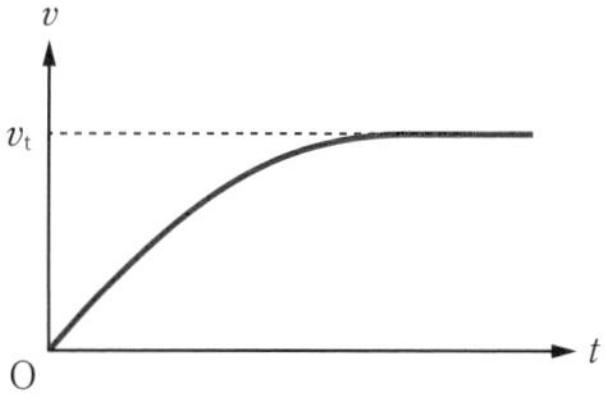

十分時間が経過すると，$a = 0$ となり等速度運動になる．このとき，重力と抵抗力がつり合っていて，速度 v_t は①式で $a = 0$ として

$v_t = \dfrac{mg}{k}$ となる．これを**終端速度**という．

❷ 微分方程式の解

①式を時間微分すれば

$$\frac{da}{dt} = -\mu a \quad \cdots②$$

ここで，$\mu = \dfrac{k}{m}$ と置いた．

②式を変形して $\dfrac{da}{a} = -\mu\, dt$（左辺の変数は a のみ，右辺の変数は t のみに分けており，**変数分離形**という）．これを積分して $\displaystyle\int \frac{da}{a} = -\mu \int dt$．これより，

$$\log|a| = -\mu t + C \quad （C \text{ は積分定数}） \qquad \therefore\ a = Ae^{-\mu t} \quad \cdots③$$

ここで A は任意の定数である．③が，微分方程式②の**一般解**である．初期条件として $t = 0$ のとき，$v = 0$ を①式に代入すれば $a = g$．これを③式に代入して，定数が $A = g$ と定まる．よって $a = ge^{-\mu t}$．これが与えられた初期条件を満たすような微分方程式①の解である．速度については，①式から，$v = \dfrac{mg}{k}(1 - e^{-\mu t})$ となり，$t \to \infty$ のとき $v \to \dfrac{mg}{k}$ となることが確認できる．

Memo　微分方程式の解で，任意定数を含む解を一般解という．一般解はすべての解を含んでいる．また，任意定数に特別な値を代入した解を**特殊解**という．

3 円運動（問題 4-4, 5, 6, 7, 8, 9, 10）

❶ 角速度

質点が半径 r の円軌道を描いて運動するとき，**角速度** ω は動径の単位時間当たりの回転角で定義される．

$$\omega = \frac{d\theta}{dt}$$

❷ 角速度ベクトル

回転面に垂直で大きさが角速度 ω に等しいベクトルで，回転の向きに右ねじを回すときにねじが進む向きのものを**角速度ベクトル**という．これは剛体の回転を記述するとき等に便利である．

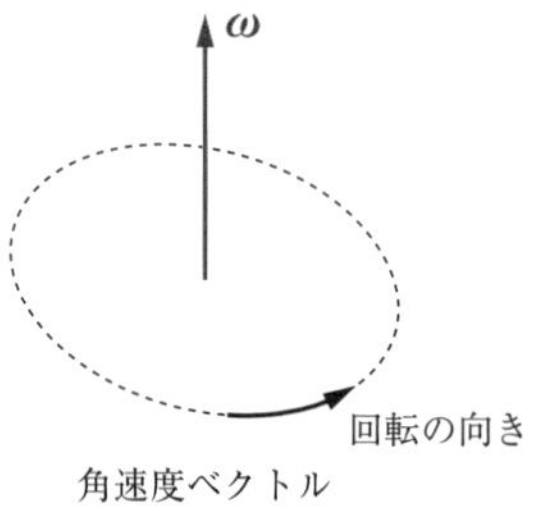

❸ 速度と周期

円運動の速度は常に接線方向を向き，大きさ v は

$$v = r\omega$$

角速度ベクトル $\boldsymbol{\omega}$ を用いて，円運動の速度ベクトル $\boldsymbol{v}$ は次のように $\boldsymbol{\omega}$ と $\boldsymbol{r}$ の外積で表すことができる．

$$\boldsymbol{v} = \boldsymbol{\omega} \times \boldsymbol{r}$$

等速円運動の**周期** T は

$$T = \frac{2\pi}{\omega} = \frac{2\pi r}{v}$$

回転数 n は

$$n = \frac{1}{T} = \frac{\omega}{2\pi}$$

で与えられる．

❹ 加速度

円軌道の接線方向加速度は $a_\theta = \dfrac{dv}{dt} = r\ddot{\theta}$

半径方向の加速度（向心加速度）は中心方向を向き，その大きさは

$$|a_r| = r\omega^2 = \frac{v^2}{r}$$

加速度ベクトル $\boldsymbol{a}$ を速度ベクトル $\boldsymbol{v}$ の時間微分として求めると，

$$\boldsymbol{a} = \frac{d\boldsymbol{v}}{dt} = \frac{d}{dt}(\boldsymbol{\omega} \times \boldsymbol{r}) = \dot{\boldsymbol{\omega}} \times \boldsymbol{r} + \boldsymbol{\omega} \times \dot{\boldsymbol{r}} = \dot{\boldsymbol{\omega}} \times \boldsymbol{r} + \boldsymbol{\omega} \times \boldsymbol{v}$$

と表せる．特に等速円運動であれば$\boldsymbol{\omega}$が一定であり，$\dot{\boldsymbol{\omega}} = 0$だから，$\boldsymbol{a} = \boldsymbol{\omega} \times \boldsymbol{v}$が成り立つ．

❺ 回転座標系で現れる慣性力

慣性系（xyz）に対して固定軸（例えばz軸）の周りに一定の角速度ωで回転する座標系（XYZ）を考える．この座標系から見ると物体には2種類の慣性力が働く．一つは物体の位置のみで決まる**遠心力**であり，もう一つは物体の速度のみに依存する**コリオリ力**である．

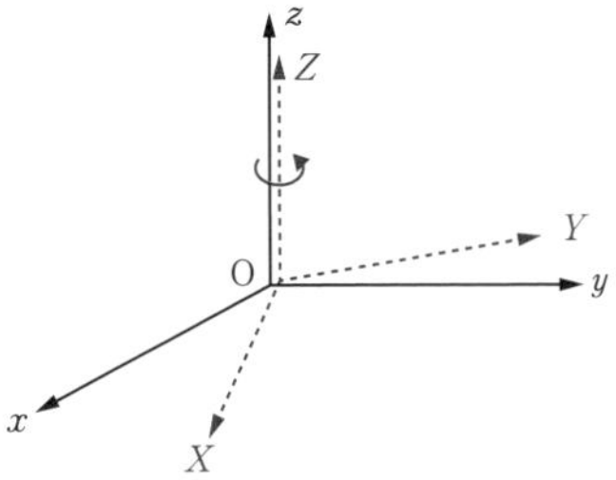

(a) **遠心力**

遠心力は回転軸から遠ざかる向きであり，その大きさは回転軸から物体までの距離と角速度の2乗および質量の積に等しい．角速度ベクトルと物体の位置ベクトル$\boldsymbol{r}$のなす角をθとすれば，

$$F_{\text{遠心}} = mr\omega^2 \sin\theta$$

角速度ベクトル$\boldsymbol{\omega}$を用いれば，次式のようにベクトルで表現することもできる．

$$\boldsymbol{F}_{\text{遠心}} = -m(\boldsymbol{r} \times \boldsymbol{\omega}) \times \boldsymbol{\omega}$$

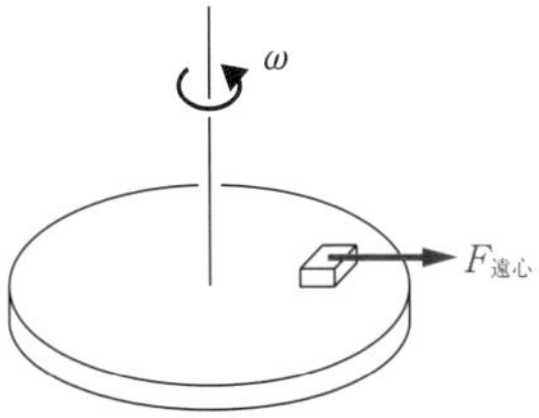

回転盤上の物体に働く遠心力

(b) **コリオリ力**

物体が回転座標系内で運動している場合に働く慣性力である．角速度ベクトル$\boldsymbol{\omega}$と回転系における速度ベクトル$\boldsymbol{v}$とのなす角をθとして，コリオリ力の大きさは次の式で与えられる．

$$F_{\text{コリオリ}} = 2mv\omega \sin\theta$$

ベクトルによる表現は，次のようになる．

$$\boldsymbol{F}_{\text{コリオリ}} = 2m\boldsymbol{v} \times \boldsymbol{\omega}$$

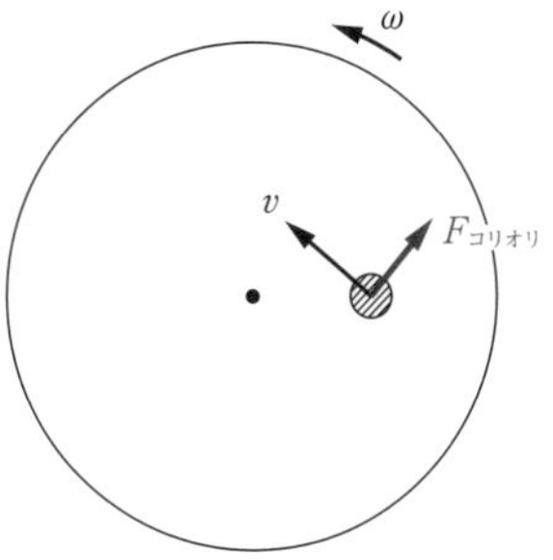

回転盤上で動く物体に働くコリオリ力

4 単振動（調和振動）（問題 4-[11], [12], [13], [14], [15], [16]）

❶ 単振動の変位

一直線上を運動する質点の位置 x が次のような正弦（余弦）の式で表せる振動を**単振動**（**調和振動**）という．

$$x = x_{\mathrm{c}} + a\cos(\omega t + \delta)$$

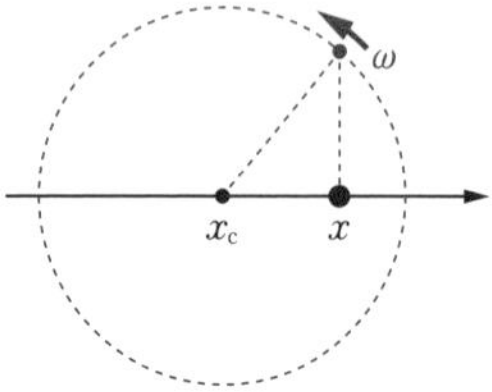

a を**振幅**，ω を**角振動数**，δ は**初期位相**という．x_{c} は振動の中心で，$x - x_{\mathrm{c}}$ が中心からの変位である．単振動は半径 a，角速度 ω で等速円運動する質点の**正射影**に相当する．

❷ 速度・加速度

位置座標を時間微分して速度を得る．

$$v = \frac{dx}{dt} = -a\omega\sin(\omega t + \delta)$$

速さは振動の中心で最大値 $v_{\mathrm{max}} = a\omega$ をとる．速度を時間微分して加速度を得る．

$$\ddot{x} = \frac{dv}{dt} = -a\omega^2\cos(\omega t + \delta) = -\omega^2(x - x_{\mathrm{c}})$$

単振動の加速度は常に振動の中心に向かう向きで，変位に比例する．

$$\ddot{x} = -\omega^2(x - x_{\mathrm{c}})$$

❸ 復元力

単振動する物体に働く合力は，運動方程式より，

$$F = ma = -m\omega^2(x - x_{\mathrm{c}})$$

$K = m\omega^2$ とおけば，$F = -K(x - x_{\mathrm{c}})$ となる．この力は常に振動中心 x_{c} に向かい，その大きさは中心からの変位に比例する．これを**復元力**という．

$$F = -K(x - x_{\mathrm{c}})$$

❹ 単振動の周期

物体が 1 回振動する時間を**周期**，単位時間当たりの振動回数を**振動数**という．単振動は等速円運動の正射影なので，周期 T は等速円運動の周期に対応し，振動数 f は等速円運動の回転数に対応する．

$$T = \frac{2\pi}{\omega} = 2\pi\sqrt{\frac{m}{K}}$$

$$f = \frac{1}{T} = \frac{\omega}{2\pi}$$

❺ 単振動のエネルギー保存

単振動する物体に働く力が $F = -K(x - x_c)$ と表せるので，振動中心を基準に取れば，ポテンシャル・エネルギーは $U = \frac{1}{2}K(x - x_c)^2$ であり，運動エネルギーとポテンシャル・エネルギー U の和は一定に保たれる．

$$\frac{1}{2}mv^2 + \frac{1}{2}K(x - x_c)^2 = \text{一定}$$

Memo　**時間平均**

時間の関数 $f(t)$ の $0 \leqq t \leqq T$ の区間における時間平均 $\bar{f}$ は

$$\bar{f} = \frac{1}{T}\int_0^T f(t)\,dt$$

で求められる．これは f-t グラフの面積に等しくなるような長方形の高さに相当する．つまり面積が変わらないようにグラフを平らにしたときの値である．

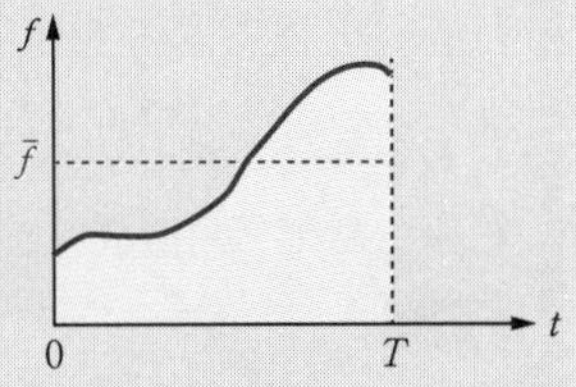

平均について次の性質が成り立つ．$f(t)$，$g(t)$ を時間 t の関数，c を定数とする．

(a) $\overline{f + g} = \bar{f} + \bar{g}$

(b) $\overline{cf} = c\bar{f}$

積の平均は一般には平均の積に等しくないので注意したい．

例えば $f(t) = g(t) = a\sin\frac{2\pi t}{T}$ $(a > 0)$ の場合を調べてみると，$\bar{f} = \bar{g} = 0$ であるが，$f(t)\cdot g(t) = a^2\sin^2\frac{2\pi t}{T} = \frac{a^2}{2}\left(1 - \cos\frac{4\pi t}{T}\right)$ より積の平均は $\overline{f\cdot g} = \frac{a^2}{2}$ となるから $\overline{f\cdot g} \neq \bar{f}\cdot\bar{g}$ である．

Memo **線形微分方程式の解**

$f_1(t), f_2(t), \cdots, f_n(t)$ を与えられた関数として，未知関数 $x(t)$ についての方程式

$$\frac{d^n x}{dt^n} + f_1(t)\frac{d^{n-1}x}{dt^{n-1}} + \cdots + f_n(t)x = 0 \quad \cdots ①$$

を n 階**斉次線形常微分方程式**という．この方程式の一般解は線形独立な n 個の解の線形結合で表せる．ここで，n 個の解が**線形独立**とは，どの 1 個の解も他の解の線形結合で表すことはできないことをいう．

例 1

微分方程式 $\dfrac{dx}{dt} + \lambda x = 0$（$\lambda$ は定数） $\cdots$②

これは①式で $n = 1$，$f_1(t) = \lambda$ の場合である．

② 式を満たす 0 以外の解を 1 個見つければ，一般解が直ちに得られる．

②式を移項すると $\dfrac{dx}{dt} = -\lambda x$ となるから，$x(t) = e^{-\lambda t}$ の解を見いだすことができる．一般解は任意定数 C を用いて，$x(t) = Ce^{-\lambda t}$ である．

なお，この微分方程式は変数分離の方法で解くこともできる．

例 2

微分方程式 $\dfrac{d^2x}{dt^2} + \omega^2 x = 0$ （ω は定数） $\cdots$③

これは①式で $n = 2$，$f_1(t) = 0$，$f_2(t) = \omega^2$ の場合である．

③を満たす独立な解を 2 個見つければ，一般解が求められる．$x_1(t) = \cos\omega t$ とおいて，微分してみると $\dfrac{dx_1}{dt} = -\omega\sin\omega t$，$\dfrac{d^2x_1}{dt^2} = -\omega^2\cos\omega t = -\omega^2 x_1$ となるから③式を満たす．

同様に $x_2(t) = \sin\omega t$ も③式を満たすことが分かる．$x_1(t)$ と $x_2(t)$ は独立な解なので一般解は 2 個の任意定数 A, B を用いて $x(t) = A\cos\omega t + B\sin\omega t$ となる．

問題 4-1 ▼運動する台車からの投射

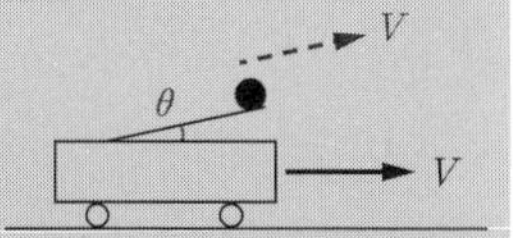

速さ V で水平方向に等速運動している台車から小球を打ち出す．打ち出したとき小球の台車に対する相対速度は，大きさが V で台車の速度となす角 $\theta\left(0 < \theta < \dfrac{\pi}{2}\right)$ の向きとする．打ち出しの位置の地面からの高さは無視する．

(1) 小球が地面に落下するまでに，小球が水平方向に移動した距離 D を求めよ．

(2) V を一定として，D を最大にする角 θ とそのときの D の値を求めよ．

●考え方●

地面に対する小球の速度は，台車の速度と台車に対する小球の相対速度の合成で求められる．

解答

ポイント
㋐ 鉛直方向は等加速度
㋑ 水平方向は等速度

(1) 地面に対する小球の速度の水平成分は $v_x = V + V\cos\theta$，鉛直成分は $v_y = V\sin\theta$．打ち出してから地面に落下するまでの時間を t とすると鉛直方向について，$v_y t - \dfrac{1}{2}gt^2 = 0$．㋐ 水平方向について，$D = v_x t$．㋑ 以上より，$D = \dfrac{2V^2}{g}\sin\theta(1+\cos\theta)$ 答

(2) $f(\theta) = \sin\theta(1+\cos\theta)$ と置いて，導関数を求めると，

$$f' = \cos\theta(1+\cos\theta) + \sin\theta(-\sin\theta)$$

$$= \cos\theta + \cos 2\theta = 2\cos\frac{3}{2}\theta\cos\frac{1}{2}\theta.$$

θ	0		$\frac{\pi}{3}$		$\frac{\pi}{2}$
f'		$+$	0	$-$	
f	0	↗	$\frac{3\sqrt{3}}{4}$	↘	1

増減表より，f は $\theta = \dfrac{\pi}{3}$ で最大値 $\dfrac{3\sqrt{3}}{4}$ をとる．このとき，$D = \dfrac{3\sqrt{3}V^2}{2g}$ 答

練習問題　4-1　解答 p. 199

傾角 ϕ の斜面があり，斜面に沿って X 軸，垂直上向きに Y 軸を取る．小球を原点から XY 平面内で X 軸に対して角 θ の方向に初速 v で打ち出した．

(1) 小球が斜面に達するまでの加速度の X 成分 a，Y 成分 b を求めよ．

(2) 小球が打ち出されてから斜面に達するまでの時間 t を求めよ．

問題 4-2 ▼ベルトコンベアー上の物体の運動

水平面内で x 方向に一定の速さ V で動いているベルトコンベアーがある．物体が y 方向に速さ v_0 で進入した．物体とベルト面の間の動摩擦係数を μ とする．物体の加速度の x, y 成分 a_x，a_y を求めよ．

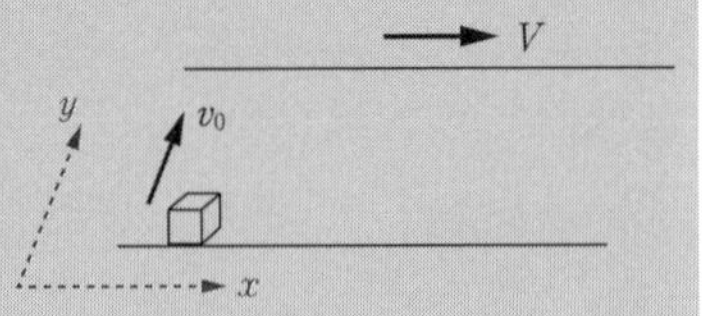

●考え方●

ベルト面に対する物体の相対運動は直線運動であり，速度と逆向きに一定の動摩擦力を受けている．

解答

ベルト面から見た物体の運動を考えると，相対速度

$$\underbrace{(0, v_0) - (V, 0)}_{㋐} = (-V, v_0)$$

でベルト面に進入し，その後静止するまでに進行方向と逆向きに大きさが μmg の動摩擦力を受けながら直線運動する．相対速度と動摩擦力のベクトルを図に示す．ベルト面に対する運動軌跡が x 軸の負の向きとなす角を θ とすると，$\tan\theta = \dfrac{v_0}{V}$ …①

ポイント

㋐ ベルトに対する物体の相対速度は，物体（相手）の速度からベルト（自分）の速度を引いたものになる．

物体の x, y 方向の運動方程式は

$$ma_x = \mu mg\cos\theta$$

$$ma_y = -\mu mg\sin\theta.$$ これより，

$$a_x = \mu g\cos\theta = \mu g\frac{1}{\sqrt{1+\tan^2\theta}},$$

$$a_y = -\mu g\sin\theta = -\mu g\frac{\tan\theta}{\sqrt{1+\tan^2\theta}}.$$

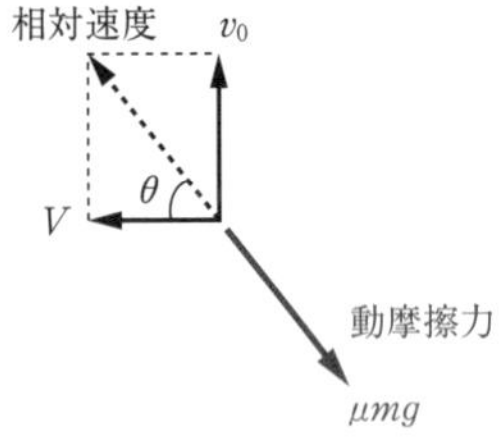

①式を代入して，

$$a_x = \frac{V}{\sqrt{V^2+{v_0}^2}}\mu g, \qquad a_y = -\frac{v_0}{\sqrt{V^2+{v_0}^2}}\mu g$$ 答

練習問題 4-2 解答 p. 199

問題 4-2 で，物体がベルトに対して静止するまでに y 方向に移動した距離 D を求めよ．

問題 4-3 ▼抵抗力を受ける放物運動

質量 m の小球を時刻 0 において速度 v_0 で鉛直上向きに投げ上げた．小球は速度 v に比例する抵抗力 $-\mu v$ を受けるものとする．鉛直上向きに x 軸を取り，x 軸の正の向きを速度の正の向きとする．

(1) 時刻 t における小球の加速度 a，速度 v を求めよ．

(2) 十分時間が経過したときの小球の速度 v_t（終端速度）を求めよ．

●考え方●

運動方程式に基づいて加速度が満たす微分方程式を導く．

解答

ポイント

㋐ 微分方程式 $\dot{y} = ky$ の一般解は任意定数 C を用いて，$y = Ce^{kt}$

(1) 運動方程式 $ma = -mg - \mu v$ より，

$$a = -g - \frac{\mu}{m}v \quad \cdots①$$

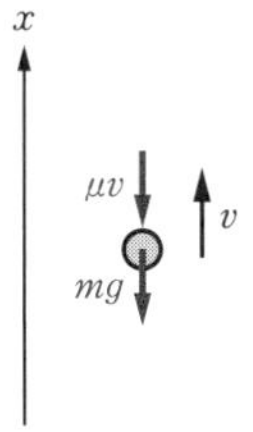

時間微分すると，$\dfrac{da}{dt} = -\dfrac{\mu}{m}a$ ㋐

これより，定数 C を用いて，

$$a = Ce^{-\frac{\mu}{m}t}$$

①式で初期条件 $t = 0$ のとき，$v = v_0$ より，$a = -g - \dfrac{\mu v_0}{m}$ だから，

$$C = -\left(g + \frac{\mu v_0}{m}\right) \text{と決まり，} a = -\left(g + \frac{\mu v_0}{m}\right)e^{-\frac{\mu}{m}t} \quad \cdots② \text{ 答}$$

次に，②式を①式に代入すれば速度を得る．

$$v = \left(v_0 + \frac{mg}{\mu}\right)e^{-\frac{\mu}{m}t} - \frac{mg}{\mu} \quad \cdots③ \text{ 答}$$

v-t グラフは図のようになる．

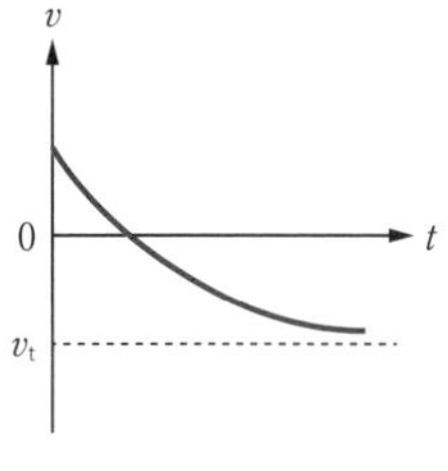

(2) ③式で $t \to \infty$ として，$v_\mathrm{t} = -\dfrac{mg}{\mu}$ 答

練習問題　4-3

解答 p. 199

問題 4-3 で，小球の最高到達点の高さ H を求めよ．また，$\varepsilon \equiv \dfrac{\mu v_0}{mg} \ll 1$ のとき，H を空気抵抗がない場合の最高到達点の高さ h と ε で表せ．ここで，2 次近似式 $\dfrac{\log(1+\varepsilon)}{\varepsilon} \fallingdotseq 1 - \dfrac{\varepsilon}{2} + \dfrac{\varepsilon^2}{3}$ を用いよ．

問題 4-[4] ▼円錐振り子

天井に固定した糸に質量 m の小球を付けて水平面内で等速円運動させるとき，周期 T を小球と天井の距離 h と重力加速度の大きさ g で表せ．

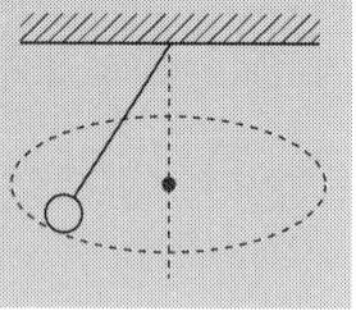

●考え方●

鉛直方向のつり合いの式と水平方向の運動方程式を組み合わせる．

解答

円運動の角速度を ω，糸の張力の大きさを S，
糸と鉛直線のなす角を θ として
鉛直方向の力のつり合い　$S\cos\theta = mg$　…①
水平方向の運動方程式　$ml\sin\theta\cdot\omega^2 = S\sin\theta$ ㋐　…②

①，②式より S を消去して，$\omega = \sqrt{\dfrac{g}{l\cos\theta}} = \sqrt{\dfrac{g}{h}}$ だから，

$$\text{周期 } T = \frac{2\pi}{\omega} = 2\pi\sqrt{\frac{h}{g}}$$ 答

ポイント

㋐ 円軌道の半径は $r = l\sin\theta$，半径方向の加速度は $r\omega^2$

㋑ 小球の回転軸からの距離が $l\sin\theta$ なので，遠心力の大きさは $ml\sin\theta\cdot\omega^2$

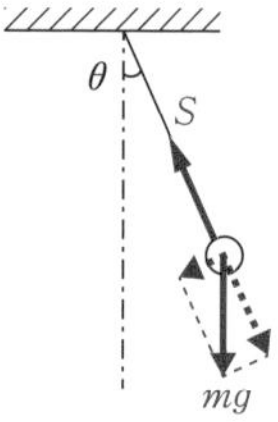

別解　糸の固定点を通る鉛直線を回転軸として，小球の角速度 ω で回転する座標系から見ると小球には遠心力が働く．この回転系では小球が静止しているので，任意の方向で力がつり合う．鉛直面内で糸に垂直な方向の力のつり合い

$ml\sin\theta\cdot\omega^2\cdot\cos\theta$ ㋑ $= mg\sin\theta$ より，

$\omega = \sqrt{\dfrac{g}{l\cos\theta}}$ と求められる．

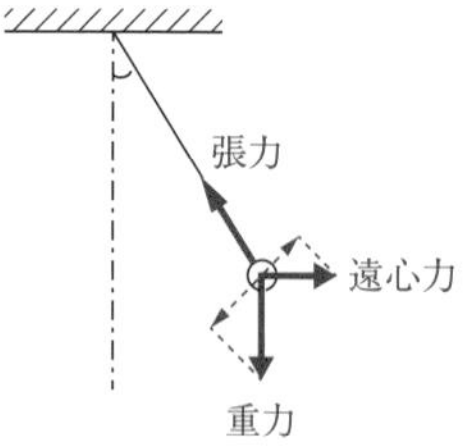

このように回転系から見ると任意の方向の力のつり合いが書けるので式の運用が容易になる．

練習問題　4-4　　解答 p. 199

問題 4-[4] の円錐振り子で，円運動の半径を r，小球の床面からの高さを H，糸を固定した点の真下の床上の点を O とする．小球が運動中に糸を切ったとき，小球の床上への落下点と点 O の距離 R を r, H, h で表せ．

問題 4-5 ▼2球による円錐振り子

図のように，質量 m の小球1と質量 m の小球2に，長さ l の糸1と長さ L の糸2を連結して，糸1の他端は天井に固定した．この装置で，糸1，2はともに鉛直線となす角が一定値 θ に保たれたまま，小球1，2がそれぞれ水平面内で同じ角速度 ω で等速円運動している．

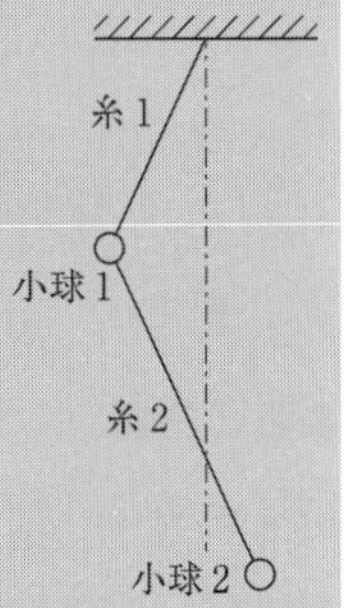

(1) 円運動の周期 T を l，g，θ で表せ．

(2) このような運動が可能になるために L と l が満たす条件式を求めよ．

●考え方●

水平方向は円運動の運動方程式，鉛直方向は力のつり合いの式を立てる．

解答

(1) 糸1，2の張力を S_1，S_2 とする．小球1に対して，

円運動の運動方程式

$$\underbrace{ml\sin\theta\cdot\omega^2}_{㋐} = S_1\sin\theta + S_2\sin\theta \quad \cdots①$$

鉛直方向の力のつり合い

$$S_1\cos\theta = mg + S_2\cos\theta \quad \cdots②$$

小球2に対して，

円運動の運動方程式　$\underbrace{m(L-l)\sin\theta\cdot\omega^2}_{㋑} = S_2\sin\theta$ …③

鉛直方向の力のつり合い　$S_2\cos\theta = mg$ …④

②, ④式より $S_1 = \dfrac{2mg}{\cos\theta}$ …⑤，$S_2 = \dfrac{mg}{\cos\theta}$ …⑥

⑤, ⑥式を①式に代入して $\omega = \sqrt{\dfrac{3g}{l\cos\theta}}$ …⑦　を得，

周期 T は，$T = \dfrac{2\pi}{\omega} = 2\pi\sqrt{\dfrac{l\cos\theta}{3g}}$．答

(2) ⑥, ⑦式を③式に代入すれば次の L と l の関係を得る．$L = \dfrac{4}{3}l$ 答

ポイント

㋐ 小球1の円運動の半径は $l\sin\theta$

㋑ 天井の固定点を通る鉛直線が回転軸であり，小球2の円運動の半径は $(L-l)\sin\theta$

練習問題　4-5　解答 p. 199

問題 4-5 において，糸1を切った．その後2球は重心の周りに角速度 Ω で等速回転しながら落下した．(1) 重心の加速度はいくらか．(2) Ω を ω, θ で表せ．

問題 4-6 ▼球面を滑り降りる小球

半径 R のなめらかな半球面が床上に固定されており，床からの高さ H の点から，小球が初速 0 で滑り降り始めた．小球が球面から離れる点の床からの高さ h を求めよ．

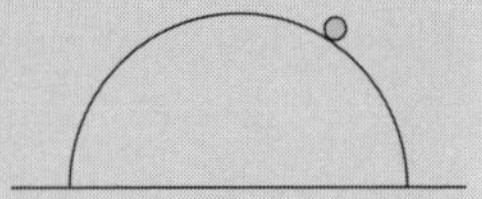

●考え方●

小球が半球面から受ける垂直抗力が 0 になると，面から離れる．

解答

小球の高さを y，速さを v として，力学的エネルギーの保存より，

$$mgH = mgy + \frac{1}{2}mv^2 \quad \cdots ①$$

半球面の中心と小球を結ぶ線分が鉛直線となす角を θ として，半径方向の運動方程式は，

$$\underbrace{m\frac{v^2}{R} = mg\cos\theta - N}_{㋐}$$

$$= mg\frac{y}{R} - N \quad \cdots ②$$

①，②式より，v を消去して，$N = \dfrac{3y - 2H}{R}mg.$ ㋑

$N = 0$ のとき，小球が球面から離れるので $h = \dfrac{2}{3}H$ 答

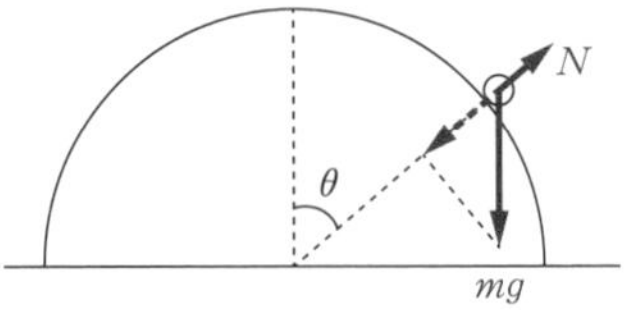

ポイント

㋐ 半径方向の加速度は $\dfrac{v^2}{R}$

㋑ y が減少すると N は小さくなるから，小球が下るにつれて球面との接触が弱まり，やがて $N = 0$ で面から浮くことになる．

練習問題 4-6

解答 p. 200

問題 4-6 において，半球面が床上で摩擦なく自由に動ける場合に，小球が球面から離れる点の床からの高さ h' と (1) の h の大小関係を調べよ．

問題 4-7 ▼鉛直面内の円運動

なめらかな斜面に続いて半径 R のなめらかな円筒面がある．

(1) 斜面上で床面からの高さ $2R$ の位置から小球を静かに手放したところ円筒面内のある点Pで円筒面から離れた．Pの床面からの高さを求めよ．

(2) いくら以上の高さから小球を手放せば，円筒の最高点に達するか．

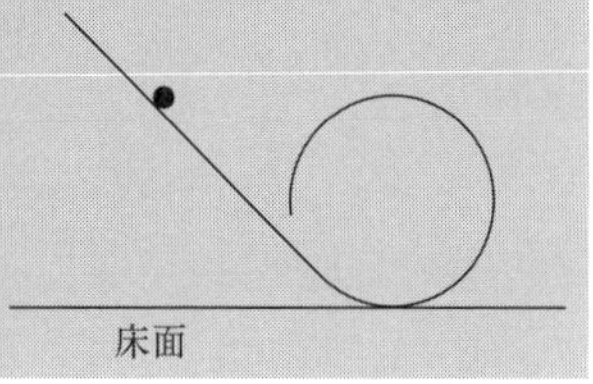

●考え方●

力学的エネルギー保存則と半径方向の運動方程式を組み合わせれば，小球が円筒面から受ける垂直抗力が求められる．

解答

(1) 小球の初めの高さを h，円筒の中心と小球を結ぶ線分の円筒の最下点からの回転角を θ とする．力学的エネルギーの保存より，

$$mgh = \frac{1}{2}mv^2 + mg(R - R\cos\theta) \quad \cdots①$$

小球が円筒面から受ける垂直抗力を N として，半径方向の運動方程式

$$m\frac{v^2}{R} = N - mg\cos\theta \quad \cdots②$$

①，②式より，v を消去して

$$N = mg\left(\frac{2h}{R} + 3\cos\theta - 2\right) \quad \cdots③$$ ㋐

③式で $h = 2R$ とすれば，$N = mg(2 + 3\cos\theta)$

面から離れる角 θ は $N = 0$ より $\cos\theta = -\dfrac{2}{3}$

この点の高さは，$R - R\cos\theta = \dfrac{5}{3}R$ 答

(2) $\theta = \pi$ のとき，$N = mg\left(\dfrac{2h}{R} - 5\right) \geqq 0$ より，$h \geqq \dfrac{5}{2}R$ ㋑ 答

ポイント

㋐ 小球が上るにつれて N は減少し，$N = 0$ になると面から離れてしまう．

㋑ 初めの高さ $2R$ はエネルギーだけを考えれば円筒の最高点に達する資格があるが，これだけでは十分でなく，面との接触を保つ条件も加味しなければならない．

練習問題　4-7

解答 p. 200

質量 m の小球1と質量 M の小球2を両端に連結した軽い剛体棒がある．棒は固定された軸の周りに鉛直面内で摩擦なく回転できる．軸から小球1, 2までの距離をそれぞれ r, R とし，$MR > mr$ とする．はじめ小球2を最下点に置き棒に角速度を与える．初めの角速度が ω_c より大きければ棒は回転を続ける．ω_c を求めよ．

問題 4-8 ▼遠心力・コリオリ力

平面内を運動する質点Pがある．慣性座標系 (x, y) と原点が共通で一定の角速度 ω で回転する座標系 (X, Y) をとり，Pの位置をそれぞれの座標系に対して極座標 (r, θ)，(r, ϕ) で表すと，$\phi = \theta - \omega t$ の関係がある．慣性系における速度成分を v_r，v_θ，加速度の成分を a_r，a_θ とし，回転系における速度成分を V_r，V_ϕ，加速度の成分を A_r，A_ϕ とする．

(1) **練習問題 1-16** で導いた a_r，a_θ の式を用いて，$A_r - a_r$，および $A_\phi - a_\theta$ を，ω，r，V_r，V_ϕ のうち必要なものを用いて表せ．

(2) 回転系において現れる慣性力である遠心力とコリオリ力の式を導け．

●考え方●

回転座標系における加速度を慣性系における加速度で表すことにより，回転座標系における見かけの力を見いだす．

解答

(1) 速度の動径方向成分は　$v_r = V_r = \dot{r}$ ㋐　…①

$\theta = \phi + \omega t$ より，$r\dot{\theta} = r\dot{\phi} + r\omega$ だから，

$v_\theta = V_\phi + r\omega$ ㋑　…②

$A_r = \dot{V}_r - \dfrac{{V_\phi}^2}{r}$，$a_r = \dot{v}_r - \dfrac{{v_\theta}^2}{r}$ ㋒

より，①，②式を用いて

$$A_r - a_r = \frac{{v_\theta}^2 - {V_\phi}^2}{r} = \frac{(V_\phi + r\omega)^2 - {V_\phi}^2}{r}$$

$$= 2V_\phi\omega + r\omega^2 \quad \cdots ③$$

$$A_\phi - a_\theta = \frac{1}{r}\frac{d}{dt}(rV_\phi) - \frac{1}{r}\frac{d}{dt}(rv_\theta) \text{㋓} = \frac{1}{r}\frac{d}{dt}r(V_\phi - v_\theta) = \frac{1}{r}\frac{d}{dt}r(-r\omega)$$

$$= -\frac{\omega}{r}\frac{d}{dt}r^2 = -\frac{\omega}{r}\cdot 2r\dot{r} = -2V_r\omega \quad \cdots ④ \quad \text{答}$$

ポイント

㋐ 問題 1-15 (3) $v_r = \dot{r}$

㋑ 問題 1-15 (3) $v_\theta = r\dot{\theta}$

㋒ **練習問題 1-16**(1)

$a_r = \dot{v}_r - \dfrac{{v_\theta}^2}{r}$

㋓ **練習問題 1-16**(2)

$a_\theta = \dfrac{1}{r}\dfrac{d}{dt}(rv_\theta)$

(2) ③式より，$mA_r = ma_r + mr\omega^2 + 2mV_\phi\omega$．右辺第1項が慣性系において物体に働く力であり，本来の力を示す．第2, 3項が回転系での見かけの力であり，それぞれ遠心力およびコリオリ力の動径方向成分である．④式より，

$mA_\phi = ma_\theta - 2mV_r\omega$

右辺第1項が本来の力，第2項がコリオリ力の回転方向成分である．答

練習問題　4-8　　解答 p. 200

ジープが赤道上を東向きに時速 100 km で走っている．地球の自転によりジープが受ける遠心力，コリオリ力はジープに働く万有引力の何倍か．万有引力による加速度を 9.8 m/s^2，地球半径を 6400 km として求めよ．

問題 4-9 ▼回転する棒に沿った小球の運動

点Oを通る鉛直線の周りに一定の角速度 ω で回転する剛体棒があり，質量 m の小球が棒に沿って滑らかに運動する．棒に沿って x 軸を取る．時刻0において小球が $x = d$ の位置から初速0で運動を始めた．

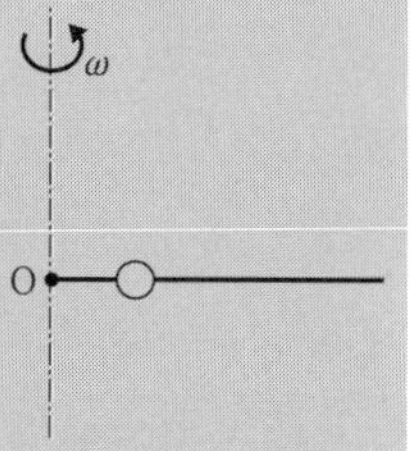

(1) 時刻 t における小球の位置 x を求めよ．

(2) 棒に対する小球の速さ v を ω, x, d で表せ．

●考え方●

(1) 棒に固定した回転座標系から見ると，小球は棒に沿って遠心力を受ける．

(2) 遠心力が小球にする仕事が小球の運動エネルギーの増加になる．

解答

(1) 棒に固定した座標系に対して小球の運動方程式

$m\ddot{x} = mx\omega^2$　より，$\ddot{x} = x\omega^2$　…①

$x = e^{\lambda t}$ とおいて①式に代入すれば，$\lambda^2 = \omega^2$ より，$\lambda = \pm\omega$.

したがって，微分方程式①の一般解が任意定数 A, B を用いて，$x = Ae^{\omega t} + Be^{-\omega t}$㋐　…②と表せる．速度は，$\dot{x} = A\omega e^{\omega t} - \omega Be^{-\omega t}$　…③

初期条件 $t = 0$, $x = d$, $\dot{x} = 0$ を②，③式に代入して，

$A = B = \dfrac{d}{2}$ を得，②式に代入して，$x = \dfrac{d}{2}(e^{\omega t} + e^{-\omega t})$　答

(2) 遠心力が小球にする仕事 W は，$W = \displaystyle\int_d^x m\omega^2 s\,ds = \frac{1}{2}m\omega^2(x^2 - d^2)$

であり，これが小球の運動エネルギーの変化に等しいことから

$\dfrac{1}{2}mv^2 = \dfrac{1}{2}m\omega^2(x^2 - d^2)$㋑　より，$v = \omega\sqrt{x^2 - d^2}$　答

ポイント

㋐ 2階線形微分方程式の一般解は独立な2つの特殊解の線形結合で表せる．

㋑ 小球の運動エネルギーはされた仕事の総和だけ変化する．コリオリ力は小球の速度に垂直なので仕事をしないことに注意．

練習問題　4-9　　解答 p. 200

解答 p. 200

問題 4-9 で，小球が位置 x を通過するときに剛体棒から受ける抗力の大きさ N を求めよ．

問題 4-10 ▼回転するリングに沿った運動

半径 R の細いリングが鉛直面内で，中心 O を通る鉛直方向の軸の周りに一定の角速度 ω で回転している．角速度 ω は重力加速度 g を用いて，$\omega = \sqrt{\dfrac{2g}{R}}$ で与えられているものとする．リングには摩擦なく移動できる質量 m の小球 P が通されている．小球をリングの最下点 A からわずかに離れた位置で静かに手放したところ，上昇し点 B で引き返した．リングに固定した座標系で小球の運動を考察する．

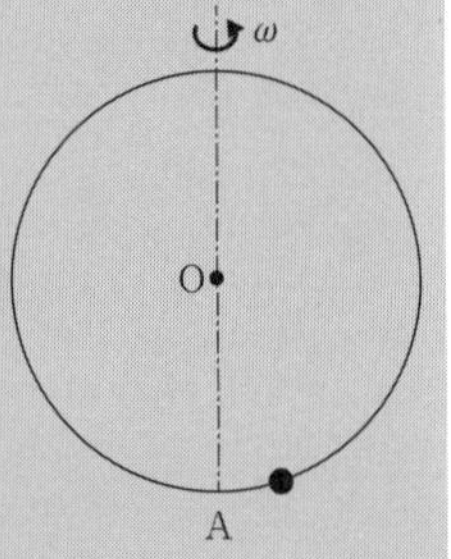

(1) 円弧 AB 間の任意の点を Q とし，OQ が OA となす角を ϕ とする．小球が A から Q まで運動する間に，遠心力が小球にした仕事 W を求めよ．

(2) OB が OA となす角 ϕ_B を求めよ．

●考え方●

遠心力は回転軸からの距離に比例する．

解答

(1) 動径が OA となす角を θ とすると，遠心力の大きさは $mR\sin\theta\cdot\omega^2 = 2mg\sin\theta$ なので

$$W = \int_0^{\phi} 2mg\sin\theta\cdot\cos\theta\cdot Rd\theta = mgR\int_0^{\phi}\sin 2\theta\, d\theta$$ ㋐

$$= \frac{1}{2}mgR(1-\cos 2\phi) = mgR\sin^2\phi$$ 答

(2) 小球が A から Q まで運動する間に，重力が小球にした仕事は $W_g = -mg(R - R\cos\phi)$ であり，小球が受けた仕事の総和 $W + W_g$ が小球の運動エネルギー変化に等しいので，点 Q における小球の速さを v とすると，$\dfrac{1}{2}mv^2 = mgR\cos\phi(1-\cos\phi)$．点 B で速さが 0 となるので，$\cos\phi_B = 0$ より，$\phi_B = \dfrac{\pi}{2}$ 答

ポイント

㋐ 動径が微小角 $d\theta$ だけ回転するとき小球が円弧に沿って移動する道のりは $Rd\theta$.

練習問題 4-10

解答 p. 200

問題 4-10 において，小球の最大の速さを求めよ．

問題 4-11 ▼単振動のエネルギーの時間平均

振幅 A，角振動数 ω で単振動している質量 m の質点がある．1 周期の間の運動エネルギーの時間平均 $\overline{\frac{1}{2}mv^2}$，および振動中心を基準とするポテンシャル・エネルギーの時間平均 $\overline{U}$ を求めよ．

●考え方●

運動エネルギーとポテンシャル・エネルギーをそれぞれ時間の関数で表して平均を求める．

解答

変位を $x = A\sin\omega t$ とすると，速度 $v = A\omega\cos\omega t$

運動エネルギーは $\frac{1}{2}mv^2 = \frac{1}{2}mA^2\omega^2\cos^2\omega t$

ここで，$\cos^2\omega t = \frac{1}{2} + \frac{1}{2}\cos 2\omega t$ と変形できるので，

時間平均は $\overline{\cos^2\omega t} = \frac{1}{2}$㋐ だから，

$\overline{\frac{1}{2}mv^2} = \frac{1}{4}mA^2\omega^2$　…①　答

運動方程式より質点に働く力 $F = m\dot{v} = -mA\omega^2\sin\omega t = -m\omega^2 x$ となるので，復元力の比例定数 K は $K = m\omega^2$ と表せる．したがって，ポテンシャル・エネルギー U は

$U = \frac{1}{2}Kx^2 = \frac{1}{2}m\omega^2x^2 = \frac{1}{2}m\omega^2A^2\sin^2\omega t.$

ここで，$\sin^2\omega t = \frac{1}{2} - \frac{1}{2}\cos 2\omega t$ と変形できるので時間平均は $\overline{\sin^2\omega t} = \frac{1}{2}$.

これより，$\overline{U} = \frac{1}{4}mA^2\omega^2$　…②　答

①，②式より単振動では運動エネルギーの時間平均とポテンシャル・エネルギーの時間平均は等しいことが分かる．

ポイント

㋐ 周期 T の関数 $f(t)$ の時間平均は，

$$\overline{f} = \frac{1}{T}\int_0^T f dt$$

定数 $\frac{1}{2}$ の時間平均は $\frac{1}{2}$ であり，$\cos 2\omega t$ の時間平均は 0 である．

練習問題　4-11　解答 p. 201

問題 4-11 において，二乗平均速度 $\sqrt{\overline{v^2}}$ は速度の最大値の何倍か．

問題 4-⑫ ▼ばね振り子

天井にばね定数 k の軽いばねを固定し，質量 m の小球を連結した．時刻 0 において，ばねが自然長の位置で小球を静かに手放した．時刻 t における初期位置からの下向きの変位 x を求めよ．

●考え方●

運動方程式を立てて，単振動の加速度の式を導く．

解答

小球の運動方程式 $m\ddot{x} = mg - kx$ ㋐ より，

$\ddot{x} = g - \dfrac{k}{m}x = -\omega^2(x - x_c)$ と変形できる．ここで，$\omega = \sqrt{\dfrac{k}{m}}$（角振動数），

$x_c = \dfrac{mg}{k}$（振動中心）である．任意定数 A，B を用いて，解を

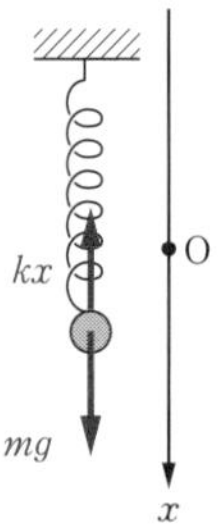

$x = x_c + A\sin\omega t + B\cos\omega t$ …① とおく．

速度は，$\dot{x} = A\omega\cos\omega t - B\omega\sin\omega t$ …②

初期条件として，$t = 0$ のとき $x = 0$，$\dot{x} = 0$ を①，②式に代入すれば，$0 = x_c + B$，$0 = A\omega$ となり，$A = 0$，$B = -x_c$ と決まるのでこれを①式に代入して，

$x = x_c - x_c\cos\omega t = \dfrac{mg}{k}\left(1 - \cos\sqrt{\dfrac{k}{m}}t\right)$ 答

ポイント

㋐ $x > 0$ のとき，ばねが自然長より長く弾性力は負の向きだから，$-kx$ となる．$x < 0$ のとき，ばねが自然長より短く弾性力は正の向きだから，$k|x| = -kx$ となる．
すなわち，x の符号によらず弾性力は $-kx$ と表せる．

練習問題 4-12

解答 p. 201

図のように，滑らかな水平面上に小球 P を置き，両側にゴムひもを連結する．S_1T_1，S_2T_2 は各ゴムひもの自然長に等しく，小球は各ゴムひもから kS_1P，kS_2P（k は正の定数）の大きさの力で引かれるものとする．図で原点 O は線分 S_1S_2 の中点である．

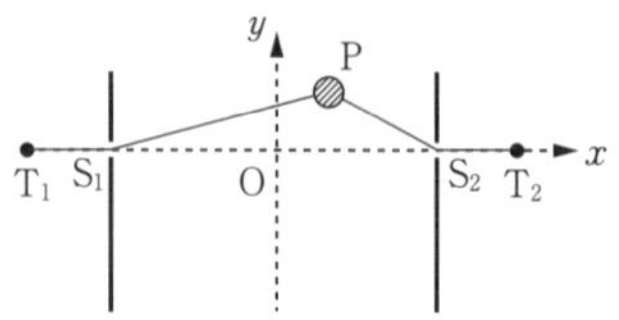

(1) 位置 (x, y) にある小球がゴムひもから受ける力の合力 (F_x, F_y) を求めよ．

(2) 時刻 0 において，$(x, y) = (a, b)$ の位置で小球を静かに手放した．時刻 t における小球の位置 (x, y) を求めよ．

問題 4-13 ▼単振り子

天井に長さ l の軽い糸を固定し他端に質量 m の小球を付けて鉛直面内で振動させる．小さな振幅で振動させたときの周期 T を求めよ．また，糸の長さを $\Delta l\ (\ll l)$ だけ増したときの周期の増加 ΔT を $T, l, \Delta l$ で表せ．

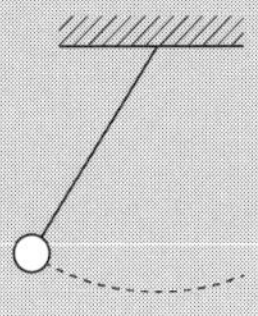

●考え方●

重力の接線方向成分が復元力になる．

解答

糸の方向が鉛直線となす角を θ として，小球の接線方向の運動方程式は，

$$ml\ddot{\theta} = -mg\sin\theta \quad ㋐$$

θ は微小角だから $\sin\theta \fallingdotseq \theta$ ㋑ として，

$$\ddot{\theta} = -\frac{g}{l}\theta$$

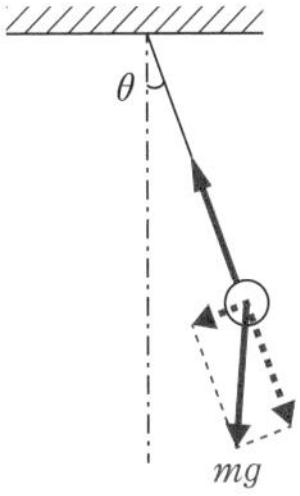

これより，θ は角振動数

$\omega = \sqrt{\dfrac{g}{l}}$ で単振動する．

周期は

$$T = \frac{2\pi}{\omega} = 2\pi\sqrt{\frac{l}{g}}$$ 答

糸の長さを $l + \Delta l$ としたときの周期 T' は

$$T' = 2\pi\sqrt{\frac{l+\Delta l}{g}} = 2\pi\sqrt{\frac{l}{g}}\sqrt{1+\frac{\Delta l}{l}}$$

$$\fallingdotseq T\left(1+\frac{\Delta l}{2l}\right)$$

となるので，

$$\Delta T = T' - T = \frac{\Delta l}{2l}T$$ 答

ポイント

㋐ 加速度は，極座標で表したときの接線方向加速度の式 $r\ddot{\theta}$ で r を l で置き換えたものである．

㋑ 1次近似式を使う．

練習問題　4-13　　解答 p. 201

問題 4-13 の振り子の実際の周期は，近似で求めた周期より大きいか，それとも小さいか．

問題 4-14 ▼地球内部トンネル内の単振動

地球を貫く直線トンネルを考える．小物体をトンネルの端から静かに手放すとき，戻ってくるまでの時間 T を，地球半径 R と地表における重力加速度 g を用いて表せ．また，$R = 6400\ \mathrm{km}$，$g = 9.8\ \mathrm{m/s^2}$ として，T を数値で求めよ．ただし，地球を一様な密度の球体とする．また，物体が地球中心から距離 r の位置にあるときに受ける万有引力は半径 r の球面内部の質量が地球中心に集中したと考えたときの万有引力と等しいことを利用せよ．

●考え方●

運動方程式から加速度を求め，単振動であることを見いだし，角振動数を求める．

解答

原点 O をトンネルの中央とする x 軸をトンネルに沿って取り，地球中心 C と小物体を結ぶ線分が CO となす角を θ とする．小物体が地球から受ける万有引力の大きさ F は，

$$F = G\frac{M\left(\frac{r}{R}\right)^3 m}{r^2} = \frac{GMmr}{R^3}$$ ㋐

ここで，$r = R$ のとき，$F = mg$ だから，$GM = gR^2$ を代入して

$$F = \frac{mgr}{R}$$

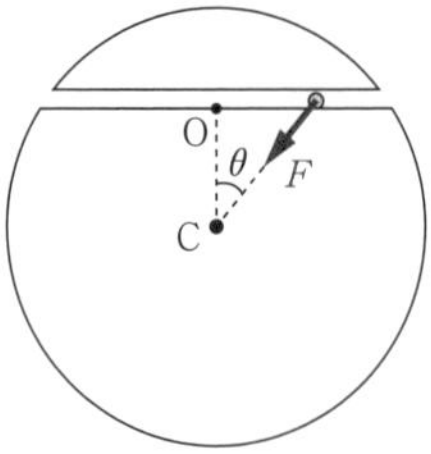

小物体に働く万有引力の x 成分は $-F\sin\theta = -\frac{mgr}{R}\frac{x}{r} = -\frac{mgx}{R}$

運動方程式 $m\ddot{x} = -\frac{mgx}{R}$ より，$\ddot{x} = -\frac{g}{R}x$．これより，角振動数 $\omega = \sqrt{\frac{g}{R}}$

周期 $T = \frac{2\pi}{\omega} = 2\pi\sqrt{\frac{R}{g}}$ ㋑ 答

数値を代入すれば，$T = 2 \times 3.14 \times \sqrt{\frac{6400 \times 10^3}{9.8}} = 5075\,〔\mathrm{s}〕 = 85\,〔\mathrm{min}〕$ 答

ポイント

㋐ 半径 r の球面内部の質量は $M\left(\frac{r}{R}\right)^3$

㋑ 周期はトンネルの位置によらないことが分かる．

練習問題 4-14 解答 p. 201

一様な液体中で棒状の浮きが長さ l だけ沈んだ状態で静止している．棒を少し下に押して静かに手放したところ，棒は単振動した．棒が流体から受ける力はアルキメデスの原理に従う浮力のみであるとして，この振動の周期を求めよ．

問題 4-⑮ ▼2球の単振動

なめらかな水平面内に取った x 軸上に質量 m_1，m_2 の小球 1，2 があり，ばね定数 k，自然長 l の軽いばねで連結し，時刻 0 で小球 2 のみに初速度 v_0 を与えた．初めの小球 1，2 の x 座標はそれぞれ 0，l である．

(1) 小球 1 から見ると小球 2 は単振動をする．その角振動数 ω を求めよ．

(2) 重心速度 V を求めよ．

(3) 時刻 t における各小球の位置 x_1，x_2 を l，V，m_1，m_2，ω を用いて表せ．

●考え方●

重心の位置と相対位置から各小球の位置を求める．

解答

(1) 換算質量 $\mu=\dfrac{m_1m_2}{m_1+m_2}$ を用いて，小球 2 の小球 1 に対する相対運動の運動方程式

$\mu(\ddot{x}_2-\ddot{x}_1)=-k(x_2-x_1-l)$ ㋐

より $\ddot{x}_2-\ddot{x}_1=-\dfrac{k}{\mu}(x_2-x_1-l)$． ㋑

これから，角振動数 $\omega=\sqrt{\dfrac{k}{\mu}}=\sqrt{\dfrac{k(m_1+m_2)}{m_1m_2}}$ 答

(2) $V=\dfrac{m_1\cdot 0+m_2v_0}{m_1+m_2}=\dfrac{m_2v_0}{m_1+m_2}$ 答

(3) 小球 1，2，ばねの系について外力が働かないので重心は等速度運動をする．

よって重心の位置は，$\dfrac{m_1x_1+m_2x_2}{m_1+m_2}=\dfrac{m_1\cdot 0+m_2l}{m_1+m_2}+Vt$ …① また，小球 1 に対する小球 2 の運動は振動中心が $x_2-x_1=l$，初速度 $\dot{x}_2-\dot{x}_1=v_0$ の単振動なので $x_2-x_1=l+\dfrac{v_0}{\omega}\sin\omega t$ …②

①，②式より，$x_1=V\left(t-\dfrac{1}{\omega}\sin\omega t\right)$，$x_2=l+V\left(t+\dfrac{m_1}{m_2\omega}\sin\omega t\right)$ 答

ポイント

㋐ $\ddot{x}_2-\ddot{x}_1$ は小球 1 に対する小球 2 の相対加速度．

㋑ $x_r=x_2-x_1$（小球 1 に対する小球 2 の相対位置）とおくと，$\ddot{x}_r=-\omega^2(x_r-$ 定数$)$ と表せるから，小球 2 は小球 1 から見ると単振動することが分かる．

練習問題　4-15 解答 p. 202

等質量の小球 1，2 を自然長が l の軽いばねで連結し球 1 を支えて球 2 が真下になるように静止させた．このときのばねの伸びを d とする．小球 1 を静かに放してから時間 t 経過したときの小球の位置 x_1，x_2 を求めよ．初めの小球 1 の位置を原点とする x 軸を鉛直下向きにとる．

問題 4-⑯ ▼**斜面上を小球が滑る台の単振動**

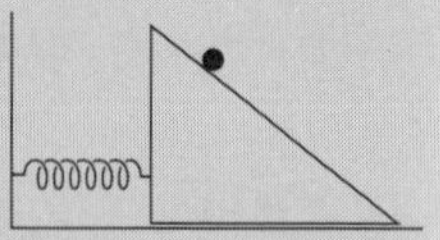

傾角 θ の斜面を持つ質量 M の台を水平面に置き，ばね定数 k のばねを連結した．時刻 0 で斜面に質量 m の小球を静かに置いたところ，小球は斜面にそって運動し，三角台は単振動した．水平方向左向きに X 軸を取り，台の左端の位置を X とする．初めばねは自然長で $X = 0$ であった．摩擦はないものとする．

(1) 小球と台の間で及ぼし合う垂直抗力の大きさを N として，台の運動方程式を書け．

(2) 台に固定した観測者から見て，小球に働く力の斜面法線方向のつり合いの式を書け．

(3) 台の振動の角振動数 ω と振動中心の位置 X_c を求めよ．

●考え方●

(2) 台から見ると，小球には水平方向の慣性力が働いている．

解答

(1) 台の水平方向の運動方程式は，

$M\ddot{X} = -kX + N\sin\theta$ …① 答

(2) 小球の法線方向の力のつり合いは，

$N + m\ddot{X}\sin\theta = mg\cos\theta$ ㋐ …② 答

(3) ①，②式より，N を消去すれば，

$(M + m\sin^2\theta)\ddot{X} = -kX + mg\cos\theta\sin\theta$ …③

これより，$\ddot{X} = -\dfrac{k}{M + m\sin^2\theta}(X - X_c)$ と変形できるので，

$$\omega = \sqrt{\frac{k}{M + m\sin^2\theta}}$$ 答

振動中心は③式で加速度 $\ddot{X} = 0$ とおいて，$X_c = \dfrac{mg\cos\theta\sin\theta}{k}$ 答

ポイント

㋐ 小球に働く慣性力は右向きに $m\ddot{X}$

練習問題　4-16　解答 p. 202

問題 4-⑯ において，小球の斜面に沿った変位 x を $X_c, \omega, g, \theta, t$ で表せ．

問題 4-17 ▼ばね振り子からの浮き上がり

下端が床に固定されたばね定数 k の軽いばねの上端に質量 m の板を付けて，板の上に質量 m の小物体を載せた．ばねを自然長 l から $\dfrac{5mg}{k}$ だけ縮ませて静かに手放したところ，小物体と板が一体となって上昇し，やがて小物体が板から離れた．このときのばねの長さと板の速さはいくらか．

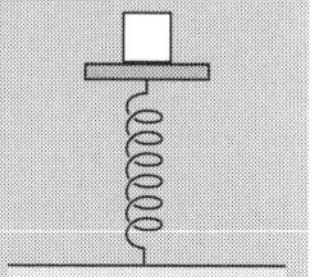

●考え方●

小物体と板の運動方程式を個別に立てることにより，小物体と板の間で及ぼし合う力を求める．

解答

鉛直上向きに x 軸をとり，ばねの上端の位置を x で表し，自然長のとき $x=0$ とする．小物体が板から受ける垂直抗力を N として，小物体の運動方程式は

$m\ddot{x} = N - mg$㋐ …①

板の運動方程式は　$m\ddot{x} = -N - kx - mg$ …②

①＋②式より，$2m\ddot{x} = -kx - 2mg$ …③ となり，加速度が　$\ddot{x} = -\dfrac{k}{2m}\left(x + \dfrac{2mg}{k}\right)$ と書けるので板と小物体は $x_c = -\dfrac{2mg}{k}$ …④を中心として単振動をする．①，②式より $\ddot{x}$ を消去して $N = -\dfrac{kx}{2}$ …⑤

ポイント

㋐ 小物体に働く力は重力と板から受ける垂直抗力のみである．ばねは小物体に接触していないので弾性力は受けないことに注意する．

㋑ ③式は小物体と板を一つの物体（以下 A と呼ぶ）と見たときの運動方程式だから右辺は A に働く力を表し，復元力の比例定数が k になっていることが読み取れる．

これより，板が上昇すると N は減少する．小物体が板から離れるのは⑤式で $N=0$ として $x=0$ の位置と分かり，ばねの長さは自然長 l である．答

小物体と板の単振動のエネルギー保存㋑より，

$$\frac{1}{2}k\left(-\frac{5mg}{k} - x_c\right)^2 = \frac{1}{2}2mV^2 + \frac{1}{2}k(0 - x_c)^2.$$

④式を代入して，$V = g\sqrt{\dfrac{5m}{2k}}$　答

練習問題 4-17

解答 p. 202

質量 m_1 の物体 1 と質量 m_2 の物体 2 をばね定数 k の軽いばねで連結し，物体 2 を床上に置く．全体が静止した状態から物体 1 を距離 d だけ押して静かに手放すとき，d がある値 d_0 より大きいと物体 2 が床から浮き上がる．d_0 を求めよ．

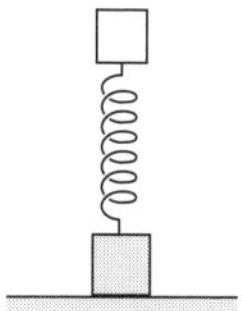

column4 ◆複素数の威力

2乗して-1になる数を**虚数単位**といい，iと記す．実数x，yを用いて$z = x + iy$と表した数を**複素数**という．複素数はx−y平面内の点に対応させることができる．極座標を用いると，$x = r\cos\theta$，$y = r\sin\theta$より，$z = x + iy = r(\cos\theta + i\sin\theta)$となるが，**オイラーの公式**$e^{i\theta} = \cos\theta + i\sin\theta$を利用すれば，$z = re^{i\theta}$と書ける．1個の数に長さ$r$と方位角（偏角）$\theta$の情報が入っているので，円運動等で利用すると計算が簡単になる．

(例1)　等速円運動の加速度

質点の位置を$z = re^{i\omega t}$と表して，速度は$\dot{z} = i\omega re^{i\omega t} = i\omega z$となる．ここで$i = e^{i\frac{\pi}{2}}$と書けるので$iz = e^{i\frac{\pi}{2}}re^{i\omega t} = re^{i\left(\omega t + \frac{\pi}{2}\right)}$．つまり$i$を掛けることは，$z$に対応する位置ベクトルを角$\dfrac{\pi}{2}$だけ半時計まわりに回転させることと同値であることが分かる．よって，速度は動径に垂直であることが確認できた．

加速度は，$\ddot{z} = -\omega^2 z$と求まり，大きさが$r\omega^2$で中心方向を向くことが分かる．

(例2)　遠心力・コリオリ力

回転系における慣性力を次のように求めることができる．

質点の位置を慣性系において$z = re^{i\theta}$とすると，回転系での位置は$Z = re^{i(\theta - \omega t)} = ze^{-i\omega t}$，速度は$\dot{Z} = \dot{z}e^{-i\omega t} - i\omega ze^{-i\omega t} = \dot{z}e^{-i\omega t} - i\omega Z$ …㊟

加速度は$\ddot{Z} = \ddot{z}e^{-i\omega t} - i\omega\dot{z}e^{-i\omega t} - i\omega\dot{Z}$．㊟より，$\dot{z}e^{-i\omega t} = i\omega Z + \dot{Z}$を代入すると，$\ddot{Z} = \ddot{z}e^{-i\omega t} + \omega^2 Z - 2i\omega\dot{Z}$．右辺第2項が遠心力による加速度，第3項がコリオリ力による加速度を表す．

複素数は**波動**や**交流回路**の計算等でも大いに活躍する．さらに単に便利というだけではなく，**量子力学**で登場する波動関数は複素数であり，本質的な数となっている．

Chapter 5

運動量の保存

運動エネルギーと並んで運動の勢いを表す
物理量である運動量とその保存則を学ぶ.
運動量保存則により衝突や物体の相互運動
などが簡単に解ける例題を演習する.

1 運動量と力積
2 運動量の保存
3 反発係数
4 衝突
5 重心系と実験室系

基本事項

1 運動量と力積（問題 5-1, 2, 3, 10, 11, 12）

❶ 質点の運動量

ボーリングのボールでピンを倒すとき，ボールの質量が大きいほど，また速さが大きいほどピンに与える衝撃が大きい．質点の質量 m と速度 $\boldsymbol{v}$ の積を**運動量**といい，運動の勢いを表す物理量である．運動エネルギーがスカラー量であるのに対して，運動量 $\boldsymbol{p}$ はベクトル量である．

$$\boldsymbol{p} = m\boldsymbol{v}$$

運動量 $\boldsymbol{p}$ の時間微分は $\dfrac{d\boldsymbol{p}}{dt} = \dfrac{d}{dt}(m\boldsymbol{v}) = m\dfrac{d\boldsymbol{v}}{dt} = m\boldsymbol{a}$ となるので，質点の運動方程式 $m\boldsymbol{a} = \boldsymbol{F}$ は，次のように運動量で記述することができる．

$$\frac{d\boldsymbol{p}}{dt} = \boldsymbol{F}$$

ここで，$\boldsymbol{F}$ は質点に働く力の和（合力）である．質点の運動エネルギー K を運動量で表す式は次のようになる．

$$K = \frac{\boldsymbol{p}^2}{2m}$$

例 質量 5 kg のボーリングのボールが速さ 10 m/s で動いているときの運動量の大きさ p は，

$$p = 5\,[\mathrm{kg}] \times 10\,[\mathrm{m/s}] = 50\,[\mathrm{kg \cdot m/s}]$$

質量 0.5 kg のサッカーボールで同じ運動量を得るには速さを 100 m/s，つまり時速 360 km にもする必要がある．

❷ 質点系の運動量

質点系の全運動量 $\boldsymbol{P}$ は，各質点の運動量の和として定義される．これは質量の和 M と質点系の重心速度 $\boldsymbol{v}_{\mathrm{G}}$ の積に等しい（問題 5-1）．

$$\boldsymbol{P} = M\boldsymbol{v}_{\mathrm{G}}$$

❸ 力積

力 $\boldsymbol{F}$ と力が作用する時間 $\varDelta t$ の積を**力積** (Impact) という．力積を $\boldsymbol{I}$ と記すと，

$$\boldsymbol{I} = \boldsymbol{F}\varDelta t$$

有限の時間であれば，積分の形で

$$\boldsymbol{I} = \int_{t_1}^{t_2} \boldsymbol{F} dt$$

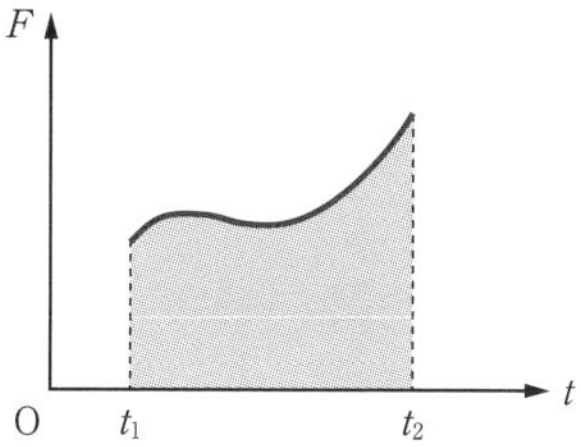

1次元運動の場合，力積の大きさは，F-t グラフの面積に等しい．

❹ 運動量と力積の関係

質点に対して運動方程式

$$\frac{d\boldsymbol{p}}{dt} = \boldsymbol{F} \text{（合力）} \quad \text{より，} \quad d\boldsymbol{p} = \boldsymbol{F} dt$$

これを積分して有限の時間に対する関係は $\boldsymbol{p}(t_2) - \boldsymbol{p}(t_1) = \int_{t_1}^{t_2} \boldsymbol{F} dt$

質点の運動量変化は質点が受けた全力積に等しい．

N 個の質点からなる質点系の場合は，次のようにまとめられる（**問題** 5-[1]）．

質点系の全運動量変化は，質点系に働く外力による力積の和に等しい．

❺ 運動量，運動エネルギーと運動の勢い

運動量，運動エネルギーはともに運動の勢いを表す物理量であるが，どのような違いがあるだろうか．

ある速さで運動している物体に一定の力を加えて静止させることを考える．「運動量の変化 = 力 × 時間」だから，運動量が大きい物体ほどそれを止めるには長い時間を要する．たとえば新幹線の列車はブレーキをかけてもすぐには止まらない．あるいは静止している物体に力を加えて運動量を与えるために必要な時間，つまり助走時間を長くとる必要があるといってもよい．

一方，仕事と運動エネルギーの関係より「運動エネルギーの変化 = 力 × 距離」だから，運動エネルギーが大きい物体ほどそれを止めるには長い距離を要する．あるいは運動エネルギーを与えるのに必要な助走距離を長くする必要があるといってもよい．

このように，運動量は運動の勢いを力と必要時間で特徴づけるものであり，運動エネルギーは運動の勢いを力と必要距離で特徴づけるものといえる．

2　運動量の保存（**問題** 5-[4], [5], [6], [7], [8], [9], [10], [15]）

❶ 運動量の保存

質点系に働く外力による力積の和が0であれば，質点系の全運動量変化は0である．したがって，次に示す**運動量の保存則**が導かれる．

質点系に対して外力が作用しなければ（あるいは外力が作用していても，その力積の和が0であれば），全運動量は一定に保たれる．

物体系の質点間で働く力（内力）は全運動量には影響しない．

❷ 運動量の保存の典型例

例1 衝突

ボール1とボール2が空中で衝突した．衝突は極めて短時間で完了したとすると，重力の力積は無視できるので，2個のボールからなる系に対する外力の力積は0としてよい．

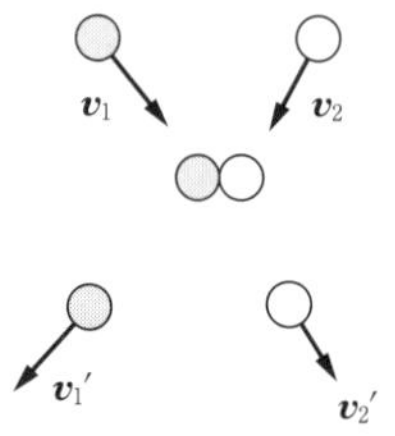

よって，衝突直前の運動量の和と衝突直後の運動量の和は等しい．

$$m_1\boldsymbol{v}_1 + m_2\boldsymbol{v}_2 = m_1\boldsymbol{v}_1' + m_2\boldsymbol{v}_2'$$

例2 分裂

速さ V で宇宙空間を移動している質量 M の宇宙船が進行方向後ろ向きに質量 m の物体を瞬間的に速さ v で放出し，宇宙船の速さが V' になった．この過程の時間が十分短く外力の力積は無視できるので，宇宙船と物体からなる系について，放出前と放出後で全運動量は保存する．

$$MV = (M - m)V' - mv$$

より，

$$V' = \frac{M}{M - m}V + \frac{m}{M - m}v$$

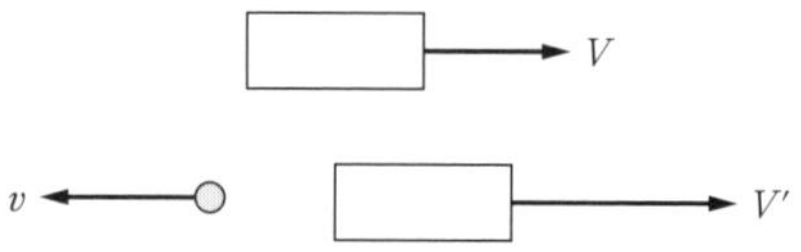

こうして燃料の噴射により宇宙船が加速される．

例3 2物体の相互運動

滑らかな床上にある質量 M の台の上を質量 m の小球が運動している．台と小球からなる系を考えると，水平方向の外力はないので，この方向の全運動量は保存する．小球の速度の水平成分を v_x，台の速度を V として，

$$mv_x + MV = 一定$$

この場合，小球と台の面との間に摩擦があってもよい．小球と台の間で及ぼし合う力は内力で，全運動量には影響しないからである．しかし，台と床の間に摩擦があると，系が水平方向

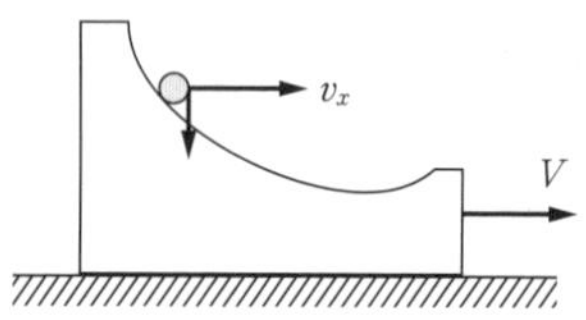

の外力を受けることになるので，全運動量は変化してしまうことに注意しよう．

なお，鉛直方向については重力がこの系に対する外力として働くので，運動量は保存しない．台の鉛直速度は常に0であるが，小球の鉛直速度が変化することから確かに鉛直方向の運動量は変化することが分かる．

3　反発係数（問題 5-7, 8, 11, 12, 13, 14, 15）

❶ 固定面との衝突

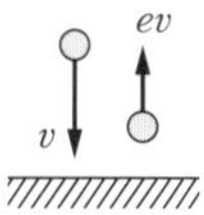

固定された面に物体が衝突してはね返る場合，**反発係数**（**はね返り係数**）e は衝突直前の速さと直後の速さの比で定義される．

$$e=\frac{\text{衝突直後の面に垂直な速さ}}{\text{衝突直前の面に垂直な速さ}}$$

反発係数は，物体の形状や材質で決まり，速さに依存しないと考えてよい．一般に反発係数 e の範囲は $0\leqq e\leqq 1$ である．

例 ボールと床面との間の反発係数の測定

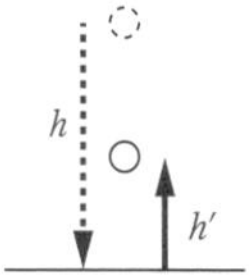

高さ h から静かにボールを落とし，一度はねかえった後の最高点の高さ h' を測定する．空気抵抗を無視すれば，力学的エネルギーの保存より，床面に衝突する直前のボールの速さを v として，$mgh=\dfrac{1}{2}mv^2$，$mgh'=\dfrac{1}{2}m(ev)^2$ となるので，$h'=e^2h$.

これより，$e=\sqrt{\dfrac{h'}{h}}$．こうして，高さの測定により反発係数の値が容易に求められる．プロ野球の統一試合球はボールの反発係数の目標値が 0.4134 と定められている．

❷ 2 物体が衝突し，衝突前後の運動が同一直線上にある場合

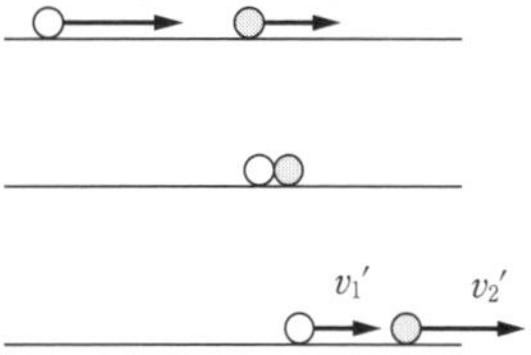

相対速度の比で反発係数が定義できる．衝突直前の物体 1，2 の速度をそれぞれ v_1，v_2，衝突直後の物体 1，2 の速度をそれぞれ v_1'，v_2' として，

$$e=-\frac{v_1'-v_2'}{v_1-v_2}$$

この式でマイナス符号が付いているのは，衝突によって相対速度が逆向きになるためである．

❸ 一直線上の衝突でない場合

2 物体の衝突面に垂直な方向の相対速度の比で，反発係数が定義できる．

$$e = \frac{\text{衝突直後の相対速度の衝突面に垂直な成分の大きさ}}{\text{衝突直前の相対速度の衝突面に垂直な成分の大きさ}}$$

4 衝突（問題 5-7, 8, 9, 10, 11, 12, 13, 14, 15）

物体同士が衝突するとき，極めて短時間で互いに大きな力を及ぼし合って，物体の運動方向が変化する．このような短時間に働く大きな力を**撃力**という．衝突においては及ぼし合う力は一定でなく，力そのものを調べることは難しいが，運動量の保存則を基に衝突の前後関係で成り立つ関係が分かる．

2 物体が衝突し，衝突前後の運動が同一直線上にある場合であれば，衝突前の 2 物体の運動状態が与えられているとき，運動量保存則と反発係数の式を連立して，衝突後の運動状態を確定できる．

❶ 弾性衝突

衝突する物体の間の反発係数が 1 のとき，**弾性衝突**という．これは最もはね返りが良い理想的なものである．弾性衝突では，力学的エネルギーは保存し，失われない．

❷ 非弾性衝突

衝突する物体の間の反発係数が 1 より小さいとき，**非弾性衝突**という．床に粘土を落とした場合のように，反発係数が 0 のときは**完全非弾性衝突**といい，衝突後 2 つの物体が一体となる．

非弾性衝突の場合は，力学的エネルギーが減少する．この減少分は物体の**内部エネルギー**（物体を構成する粒子の熱運動による運動エネルギーと粒子間で働く力によるポテンシャル・エネルギーの総和）などに変換されていて，物体の温度上昇や変形として現れている．

❸ 衝突と保存則のまとめ

	全運動量	力学的エネルギー
弾性衝突	保存する	保存する
非弾性衝突	保存する	減少する

5 重心系と実験室系（問題 5-8, 9）

❶ 実験室系（静止系）

衝突実験では静止した粒子に別の粒子を当てることが多い．実験室に固定した座標系，すなわち地面に固定した座標系（静止系）を**実験室系**という．

❷ 重心系

粒子系の重心に固定した座標系を**重心系**という．重心系では，粒子の運動量の和が常に0なので，解析が容易になる．

粒子1と粒子2が衝突する場合，それぞれの運動量が互いに打ち消し合うので，常に逆向きで同じ大きさになる．

特に弾性衝突の場合，運動エネルギーの和も保存するので，衝突前の粒子1個の運動量の大きさをp，衝突後の粒子1個の運動量の大きさをp'，粒子1, 2の質量をそれぞれm_1, m_2として，$\dfrac{p^2}{2m_1}+\dfrac{p^2}{2m_2}=\dfrac{p'^2}{2m_1}+\dfrac{p'^2}{2m_2}$より，$p=p'$となる．これより，重心系で見るとき，弾性衝突では運動量の大きさが変わらないので，粒子の速さも変化しないことが分かる．

問題 5-1 ▼質点系の運動量

N 個の質点 $1, 2, \cdots, N$ からなる系がある．質点 i の質量を m_i，速度を $\boldsymbol{v}_i$ とし，全質量を M，重心速度を $\boldsymbol{v}_{\mathrm{G}}$ とする．質点 i に系の外部から作用する力（外力）を $\boldsymbol{F}_i$ とする．運動量に関する次の性質を証明せよ．

(1) 質点系の全運動量 $\boldsymbol{P}$ は，全質量と重心速度の積に等しい．

(2) 質点系の全運動量の変化は，外力による力積の和に等しい．

(3) 質点系の重心に固定した座標系から見ると，全運動量は $\mathbf{0}$ になる．

●考え方●

(2) 重心の運動方程式を時間で積分する．

解答

ポイント

㋐ 重心の運動方程式の右辺に内力は現れない．

(1) 重心速度は $\boldsymbol{v}_{\mathrm{G}} = \dfrac{\sum m_i \boldsymbol{v}_i}{M}$ である．全運動量は各質点の運動量の和なので，$\boldsymbol{P} = \sum m_i \boldsymbol{v}_i = M \cdot \dfrac{\sum m_i \boldsymbol{v}_i}{M} = M\boldsymbol{v}_{\mathrm{G}}$ 答

(2) 全運動量 $\boldsymbol{P}$ の変化率は，$\dfrac{d\boldsymbol{P}}{dt} = \dfrac{d}{dt}(M\boldsymbol{v}_{\mathrm{G}}) = M\dfrac{d\boldsymbol{v}_{\mathrm{G}}}{dt} = M\dfrac{d^2\boldsymbol{r}_{\mathrm{G}}}{dt^2}$ と書け，重心の運動方程式 $M\dfrac{d^2\boldsymbol{r}_{\mathrm{G}}}{dt^2} = \boldsymbol{F}_1 + \boldsymbol{F}_2 + \cdots + \boldsymbol{F}_N$ ㋐ より，$\dfrac{d\boldsymbol{P}}{dt} = \boldsymbol{F}_1 + \boldsymbol{F}_2 + \cdots + \boldsymbol{F}_N$ となるから，$d\boldsymbol{P} = (\boldsymbol{F}_1 + \boldsymbol{F}_2 + \cdots + \boldsymbol{F}_N)dt$．これを時刻 t_1 から t_2 まで積分すれば $\displaystyle\int_{\boldsymbol{P}(t_1)}^{\boldsymbol{P}(t_2)} d\boldsymbol{P} = \int_{t_1}^{t_2} (\boldsymbol{F}_1 + \boldsymbol{F}_2 + \cdots + \boldsymbol{F}_N)dt$ より，$\boldsymbol{P}(t_2) - \boldsymbol{P}(t_1) = \displaystyle\int_{t_1}^{t_2} (\boldsymbol{F}_1 + \boldsymbol{F}_2 + \cdots + \boldsymbol{F}_N)dt = \int_{t_1}^{t_2} \boldsymbol{F}_1 dt + \int_{t_1}^{t_2} \boldsymbol{F}_2 dt + \cdots + \int_{t_1}^{t_2} \boldsymbol{F}_N dt$．したがって，全運動量の変化は系に作用する外力の力積の和に等しい．答

(3) 重心速度の式 $\boldsymbol{v}_{\mathrm{G}} = \dfrac{\sum m_i \boldsymbol{v}_i}{M} = \dfrac{\sum m_i \boldsymbol{v}_i}{\sum m_i}$ を変形して $\sum m_i \boldsymbol{v}_{\mathrm{G}} = \sum m_i \boldsymbol{v}_i$ より，

$\sum m_i(\boldsymbol{v}_i - \boldsymbol{v}_{\mathrm{G}}) = \mathbf{0}$

$\boldsymbol{v}_i - \boldsymbol{v}_{\mathrm{G}}$ は質点 i の重心に対する相対速度なので，重心系では運動量の和が $\mathbf{0}$ になることが分かる．答

練習問題 5-1

解答 p. 202

(1) 質量 m の人がしゃがんだ静止状態から立ち上がって再び静止した．この間に人が床から受ける垂直抗力の時間平均はいくらか．

(2) 氷上で質量 m_1 の選手が質量 m_2 のストーンを水平方向に押し，互いに逆向きに運動した．スケート靴，およびストーンと氷の間の動摩擦係数をそれぞれ μ_1，μ_2 として，選手とストーンが同時に静止するための条件を求めよ．

問題 5-2 ▼力積

x 軸上を運動する質点 P に働く力が時間の関数 $F(t) = F_0 e^{-\lambda t}$ で与えられている．λ は正の定数である．時刻 0 のとき P の速度 $v(0) = 0$ であった．

(1) 時刻 0 から時刻 t までの間に P が受けた力積 $I(t)$ を求めよ．

(2) 時刻 t における P の速度 $v(t)$ を求めよ．

(3) 十分時間が経過したときの速度 $v(\infty)$ を求めよ．

(4) 力 F を F_0，m，λ と速度 v で表せ．

●考え方●

(1) 力を時間で積分すれば力積になる．

解答

(1) $I(t) = \int_0^t F(t)dt = \int_0^t F_0 e^{-\lambda t}dt = -\dfrac{F_0}{\lambda}[e^{-\lambda t}]_0^t$

$= \dfrac{F_0}{\lambda}(1 - e^{-\lambda t})$ 答

(2) P の運動量変化が受けた力積に等しいので，

$mv(t) - mv(0) = I(t)$ ㋐ より，

$v(t) = v(0) + \dfrac{I(t)}{m} = \dfrac{F_0}{m\lambda}(1 - e^{-\lambda t})$ 答

(3) 速度の式で $t \to \infty$ の極限を取ると，㋑

$v(\infty) = \lim_{t \to \infty} v(t) = \dfrac{F_0}{m\lambda}$ 答

(4) (2)の結果より $m\lambda v = F_0 - F_0 e^{-\lambda t} = F_0 - F$ となるので，

$F = F_0 - m\lambda v$ 答

ポイント

㋐ 時刻 0 から時刻 t までの過程について立式した．

㋑ 指数関数の極限として $t \to \infty$ のとき $e^{-\lambda t} \to 0$

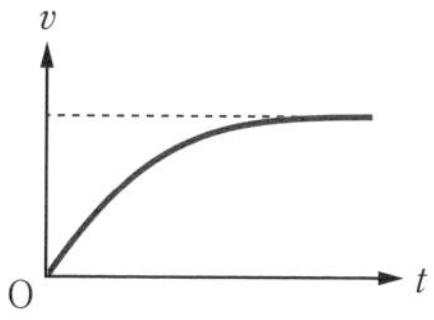

練習問題　5-2 解答 p. 203

大きさ p の運動量を持つボールが壁に垂直に衝突した．ボールと壁との間の反発係数を e とする．ボールが壁から受ける力の大きさ f がグラフ(a)，(b)に示す時間変化をするものとする．力の極大値 f_a，f_b を求めよ．

(a) 直線的変化

(b) 時間の 2 次関数

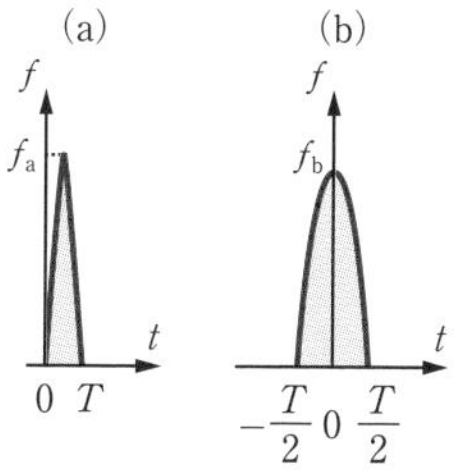

問題 5-3 ▼ p-x グラフ

x 軸上を運動する質点について，横軸に位置 x，縦軸に運動量 p を取る．これを**相空間**という．質点の運動に伴って点 (x, p) は相空間内で動いてゆく．

(1) 質点が振幅 a，角振動数 ω の単振動をする場合，相空間内で点 (x, p) が描く軌跡を図示せよ．

(2) この曲線で囲まれた面積 S と，単振動のエネルギー E，および周期 T の間に成り立つ関係を示せ．

●考え方●

単振動のエネルギー保存を表す式から，運動量と位置が満たす関係式が得られる．

解答

(1) 単振動のエネルギー E を運動量 p と位置 x で表すと，

$$E = \frac{p^2}{2m} + \frac{1}{2}m\omega^2x^2 \quad \cdots①$$

E は定数なので相空間内の軌跡は楕円になる．振動の端では速さが 0 だから，①式で $x = a$, $p = 0$ として，$E = \frac{1}{2}m\omega^2a^2 \cdots②$ と分かる．これより，①式は

$$\left(\frac{x}{a}\right)^2 + \left(\frac{p}{m\omega a}\right)^2 = 1$$

と変形でき，グラフは図のようになる．

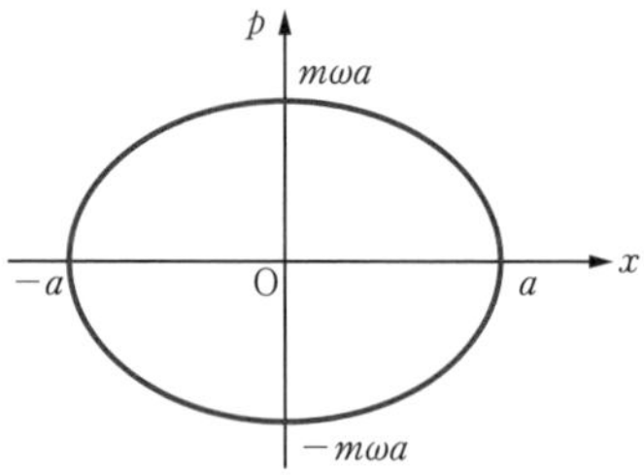

(2) 楕円で囲まれた面積は

$$S = \pi a \cdot m\omega a = \pi m\omega a^2 \quad \cdots③$$ ㋐

単振動の周期は，$T = \frac{2\pi}{\omega} \quad \cdots④$

②,③,④式より，$S = ET$ の関係が導かれる．答

> **ポイント**
>
> ㋐ 長軸の長さ a, 短軸の長さ b の楕円の面積 S は $S = \pi ab$.

練習問題 5-3

解答 p. 203

x 軸上を運動する質量 m の粒子があり，$x > 0$ の範囲では負の向きに大きさ F の一定の力を受け，$x < 0$ の範囲では正の向きに大きさ F の一定の力を受けるものとする．質点を $x = b\ (> 0)$ の位置に静かに置いたとき，横軸に位置 x，縦軸に運動量 p を取った相空間内で点 (x, p) が描く軌跡を図示せよ．

問題 5-4 ▼可動台上の小球の運動

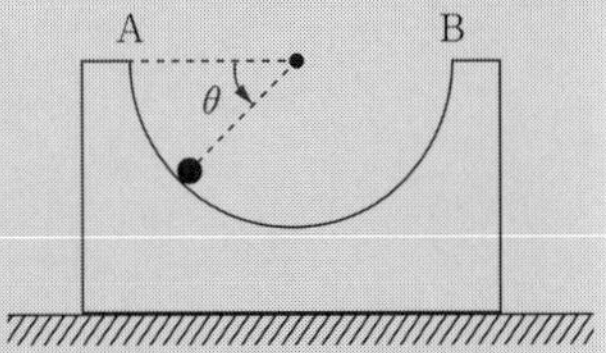

水平な床上に半径 R の半円筒面のついた質量 M の台があり，頂点 A から質量 m の小球を静かに手放したところ，AB 間で往復運動した．小球の A から B までの運動について考える．半円の中心と小球を結ぶ線分が水平方向となす角を θ，台に対する小球の速さを u，台の速度を右向き正として V とする．摩擦はないものとする．

(1) V を，M，m，θ，u を用いて表せ．

(2) u を，M，m，R，θ，g を用いて表せ．

●考え方●

物体系に対して運動量，力学的エネルギーの保存を適用する．

解答

(1) 台と小球からなる系に対して，水平方向の外力はないので水平方向の全運動量は保存する．

$0 = m(V + u\sin\theta) + MV$ ㋐

より，$V = -\dfrac{mu\sin\theta}{m + M}$ 答

(2) 台と小球からなる系に対して，力学的エネルギーの保存より，㋑

$$0 = \frac{1}{2}m\{(V + u\sin\theta)^2 + (u\cos\theta)^2\} + \frac{1}{2}MV^2 - mgR\sin\theta$$ ㋒

(1)の結果を代入して，u について解けば，

$$u = \sqrt{\frac{2(M + m)gR\sin\theta}{M + m\cos^2\theta}}$$ 答

ポイント

㋐ 床に対する小球の速度は，台の速度と台に対する小球の相対速度を合成すれば求められる．相対速度の水平成分は $u\sin\theta$．

㋑ 台と小球の間では仕事を及ぼし合っていてエネルギーのやり取りがあるが，エネルギーの総和は変わらない．

㋒ 位置エネルギーの基準を A を通る水平面に取った．また，台の速度の鉛直成分はないので，床に対する小球の速度の鉛直成分は台に対する小球の相対速度の鉛直成分と同じで大きさは $u\cos\theta$．

練習問題　5-4

解答 p. 203

問題 5-4 において，小球が A から B に向かって運動しているときに台が床から受ける力の大きさ F を，M，m，θ，g を用いて表せ．

問題 5-5 ▼可動台からの発射

滑らかな床上に傾角 θ の円筒が固定された台があり，円筒内部から質量 m の小球を発射する．円筒を含めた台の質量を M とし，発射時の小球の水平方向の速さを v_x，鉛直方向の速さを v_y，台の速さを V とする．

(1) 運動量保存則を表す式を書け．

(2) 台から見ると，小球は水平方向となす角 θ の方向に飛び出す．このことより v_x，v_y，V の間に成り立つ関係式を書け．

(3) 小球が発射されたときの地面に対する速度が水平方向となす角 ϕ の正接 $\tan\phi$ を M，m，θ で表せ．

●考え方●

(1) 小球と台からなる系に対して，水平方向には外力が働いていないので，全運動量が保存する．

(2) 台に対する小球の相対速度は円筒の方向である．

解答

ポイント

㋐ 台は左向きの速度なので，負の値に取る．

(1) 水平方向の運動量保存より，

$mv_x - MV = 0$ …① 答

(2) 台に対する小球の相対速度は水平成分が

$v_x - (-V) = v_x + V$ ㋐ 鉛直成分が v_y だから，

$v_y = (v_x + V)\tan\theta$ …② 答

(3) ①, ②式より，V を消去すれば $v_y = \left(1 + \dfrac{m}{M}\right) v_x \tan\theta$ …③

地面に対する小球の速度の水平成分と鉛直成分の比を求めて，

$$\tan\phi = \frac{v_y}{v_x} = \left(1 + \frac{m}{M}\right)\tan\theta$$ 答

練習問題 5-5

解答 p. 204

問題 5-5 において，

(1) 小球が発射されてから地面に達するまでの間に小球が水平方向に進んだ距離 L を v_x，v_y，g で表せ．ただし，発射点の地面からの高さは無視する．

(2) 小球の発射時に小球と台に与えられた運動エネルギーの和を E とする．L を M，m，E，θ，g で表せ．

(3) E を一定としたとき，L が最大値を取るような角 θ_c の正接 $\tan\theta_c$ を M，m で表せ．

問題 5-6 ▼ロケットの推進

ロケットが燃料を連続的に噴射して次第に軽くなっていく．時刻 t におけるロケットの速度を v，質量を M とする．燃料の速度はロケットから見て後方に一定の大きさ c とする．微小時間の間の v，M の変化 Δv，ΔM に対して次の関係が成り立つことを示せ．

$$M\Delta v + c\Delta M = 0$$

●考え方●

ロケットと燃料を合わせた系に対して全運動量が保存する．

解答

ロケットの進行方向を正の向きに取れば燃料の速度は $v - c$ ㋐ である．ロケットの質量は減少するから ΔM が負の値であり，微小時間の間に噴射された燃料の質量が $-\Delta M$ となる．ロケットと燃料を合わせた系の運動量保存より，

$$Mv = (M + \Delta M)(v + \Delta v) - \Delta M(v - c)$$

が成り立つ．

右辺を展開して微小量の積 $\Delta M\Delta v$ を無視すれば，

$$M\Delta v + c\Delta M = 0$$

を得る．

ポイント

㋐ 静止系に対する燃料の速度は，ロケットの速度 v とロケットに対する燃料の相対速度 $-c$ を合成して

$$v + (-c) = v - c$$

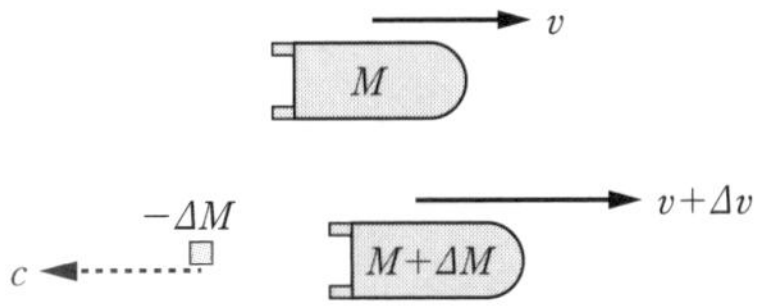

練習問題　5-6　解答 p. 205

問題 5-6 で，時刻 0 におけるロケットの質量を M_0，速度を v_0 とする．時刻 0 から噴射した燃料の質量の総和が m になったときのロケットの速度 v を求めよ．

問題 5-7 ▼1 次元衝突

質量 m_1 の質点 1 と質量 m_2 の質点 2 が一直線上で衝突した．衝突前のそれぞれの速度を v_1，v_2，質点の間の反発係数を e とする．

(1) 衝突後のそれぞれの速度 v_1'，v_2' を求めよ．

(2) 質点 1, 2 の質量が等しく，弾性衝突の場合は，衝突により速度はどう変わるか．

(3) $v_2 = 0$ のとき，質点 1 が衝突によりはね返されるための条件を書け．

●考え方●

運動量保存の式と反発係数の式を連立する．

解答

(1) 運動量保存則より，

$$m_1v_1 + m_2v_2 = m_1v_1' + m_2v_2' \quad \cdots①$$

反発係数の式 $e = -\dfrac{v_1' - v_2'}{v_1 - v_2}$ より，

$$-e(v_1 - v_2) = v_1' - v_2' \quad \cdots②$$

① + ② × m_2 により v_2' を消去して，

$$v_1' = \frac{(m_1 - em_2)v_1 + (1+e)m_2v_2}{m_1 + m_2}$$ 答

① − ② × m_1 により v_1' を消去して，

$$v_2' = \frac{(m_2 - em_1)v_2 + (1+e)m_1v_1}{m_1 + m_2}$$ 答 ㋐

ポイント

㋐ ①, ②式が 1 と 2 を入れ替えても同じものになることから，v_1' の式で添え字 1 と 2 を入れ替えて v_2' を求めてもよい．

(2) $m_1 = m_2$，$e = 1$ のとき，(1)の結果より，$v_1' = v_2$，$v_2' = v_1$ となる．
したがって，等質量の 2 質点が一直線上で弾性衝突すると，速度が交換される． 答

(3) (1)の結果で $v_2 = 0$ として，$v_1' = \dfrac{m_1 - em_2}{m_1 + m_2}v_1$．質点 1 がはね返されるためには v_1 と v_1' が逆符号になればよいので $m_1 - em_2 < 0$ より

$m_1 < em_2$ 答

練習問題 5-7 解答 p. 205

滑らかな床上に軽いばねの付いた質量 M の小球 1 が静止している．質量 m の小球 2 が運動エネルギー K_0 で，ばねに接触し，しばらくしてばねから離れた．

(1) この一連の過程においてばねが蓄える弾性エネルギーの最大値 E を求めよ．

(2) 最終的に小球 1 が得る運動エネルギー K を求めよ．

問題 5-8 ▼重心系から見た 1 次元衝突

質量 m_1 の質点 1 と質量 m_2 の質点 2 が一直線上で衝突し，衝突後も同じ直線上で運動した．質点の間の反発係数を e とする．重心系から見た質点の速度を考える．衝突前のそれぞれの速度を u_1，u_2 として，衝突後のそれぞれの速度 u_1'，u_2' を求めよ．

●考え方●

重心系では，運動量の和が 0 であることを利用する．

解答

重心系において全運動量が 0 になるから，

衝突前：$m_1u_1 + m_2u_2 = 0$ ㋐ …①

衝突後：$m_1u_1' + m_2u_2' = 0$ …②

反発係数の式　$e = -\dfrac{u_1' - u_2'}{u_1 - u_2}$ …③

ポイント

㋐ u_1, u_2 は速度なので符号を含んでいて，互いに逆符号である．$m_1u_1 - m_2u_2 = 0$ と書くと誤り．

①式より，$u_2 = -\dfrac{m_1}{m_2}u_1$ および②式より，$u_2' = -\dfrac{m_1}{m_2}u_1'$ を③式に代入すれば，

$$e = -\frac{u_1' + \dfrac{m_1}{m_2}u_1'}{u_1 + \dfrac{m_1}{m_2}u_1} = -\frac{u_1'}{u_1}.$$

$\therefore\ u_1' = -eu_1$．同様にして，$u_2' = -eu_2$． 答

したがって，重心系では，あたかも重心の位置にある固定壁で，それぞれの小球が反発係数 e の衝突をしたかのように見える．

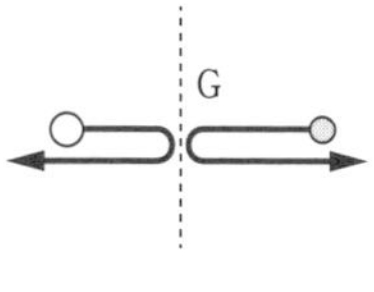

練習問題　5-8

解答 p. 205

問題 5-8 で求めた重心系における速度の式を利用して以下の問に答えよ．

(1) 質点 1，2 の衝突後の静止系に対する速度 v_1'，v_2' を衝突前のそれぞれの速度 v_1，v_2 と m_1，m_2，e で表す式を導け．

(2) この衝突における力学的エネルギーの損失を v_1，v_2，e，m_1，m_2 で表せ．

問題 5-9 ▼散乱

質量 m_1 の粒子 1 が速さ v_0 で x 方向に進み，静止していた質量 m_2 の質点 2 と弾性衝突した．衝突後の粒子 1，2 の速さをそれぞれ v_1，v_2 とする．

(1) 弾性衝突なので，重心系で見れば粒子 1，2 の速さは衝突しても変化しない．重心系での粒子 1 の速さ u_1 を m_1，m_2，v_0 で表せ．

(2) 重心系における粒子 1 の散乱角（衝突前の速度と衝突後の速度がなす角）を α，静止系における粒子 1 の散乱角を θ とする．$\tan\theta$ を m_1，m_2，α で表せ．

●考え方●

2 粒子の弾性衝突を重心系で見ると，粒子の速さは変化しない．

解答

(1) 重心速度 v_G は，

$$v_G = \frac{m_1 v_0}{m_1 + m_2} \quad \cdots ①$$ ㋐

重心系における粒子 1 の速さは，衝突前の重心に対する相対速度の大きさを求めて

$$u_1 = v_0 - v_G = \frac{m_2 v_0}{m_1 + m_2} \quad \cdots ②$$ 答

(2) 衝突後の粒子 1 の重心系における速度は，大きさが u_1 であり，静止系における重心速度となす角が α ㋑ である．速度ベクトルの図 ㋒ より，

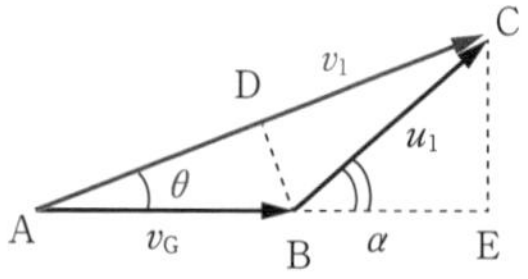

$$\tan\theta = \frac{\mathrm{CE}}{\mathrm{AE}} = \frac{u_1 \sin\alpha}{v_G + u_1 \cos\alpha} = \frac{\sin\alpha}{\dfrac{v_G}{u_1} + \cos\alpha}$$

ここで，①, ②式より，$\dfrac{v_G}{u_1} = \dfrac{m_1}{m_2}$ を代入すれば，

$$\tan\theta = \frac{\sin\alpha}{\dfrac{m_1}{m_2} + \cos\alpha}$$ 答

ポイント

㋐ 重心速度の公式

$$v_G = \frac{m_1 v_1 + m_2 v_2}{m_1 + m_2}$$

㋑ 静止系における重心速度の向きは粒子 1 の入射方向である．

㋒ 重心速度と重心に対する相対速度を合成すれば，静止系での速度になる．

練習問題 5-9

解答 p. 206

問題 5-9 において，衝突後の粒子 1 の静止系における速さ v_1 を m_1，m_2，v_0，θ で表せ．

問題 5-⑩ ▼完全非弾性衝突

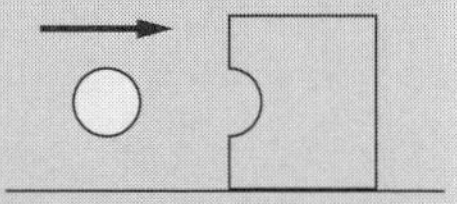

滑らかな水平面上で静止している質量 M の物体に，質量 m の球が水平方向から衝突し，直ちに合体し水平方向に進んだ．衝突前の球の運動量の大きさを p，運動エネルギーを K とする．

(1) 衝突による力学的エネルギーの損失 E を，M，m，K で表せ．

(2) 衝突の過程で物体と球の間で及ぼし合う力積の大きさ I を M, m, p で表せ．

●考え方●

(1) 非弾性衝突で力学的エネルギーは減少するが，運動量は保存する．

(2) 物体が受けた力積は運動量変化に等しい．

解答

(1) 衝突前の球の速さを v，衝突後に合体した物体の速さを V㋐ とする．運動量保存則より，

$mv = (m + M)V.$

これより $V = \dfrac{mv}{m + M}$ と求まり，衝突による力学的エネルギーの減少量 E は，

$$E = \frac{1}{2}mv^2 - \frac{1}{2}(m + M)V^2 = \frac{1}{2}mv^2 - \frac{1}{2}(m + M)\left(\frac{mv}{m + M}\right)^2 ㋑$$

$$= \frac{1}{2}mv^2 \cdot \frac{M}{m + M} = \frac{M}{m + M}K$$ 答

(2) 質量 M の物体に着目する．物体が球から受けた力積は，物体の運動量の変化に等しいので，$I = MV - M \cdot 0 = M\dfrac{mv}{m + M} = \dfrac{M}{m + M}p$ 答

ポイント

㋐ 合体したので質量 $M + m$ の一つの物体と見なせる．

㋑ 減少量は変化前から変化後を引く．

練習問題　5-10　解答 p. 206

質量 M の物体が滑らかな床上にあり，質量 m の粒子を次々に物体に水平方向から打ち込む．粒子の速度は同一で，その大きさは c であり，物体は打ち込まれた粒子を吸収し直ちに一体となるものとする．

(1) 粒子を N 個吸収した後の物体の速さ V_N を求めよ．

(2) $N \to \infty$ としたとき，物体の速さの極限 V_∞ を求めよ．

問題 5-⑪ ▼物体と面との衝突

滑らかな床面に質量 m の小球が速さ v，床面となす角 θ で衝突し，角 ϕ の方向に跳ね返った．小球と床面との間の反発係数を e とする．

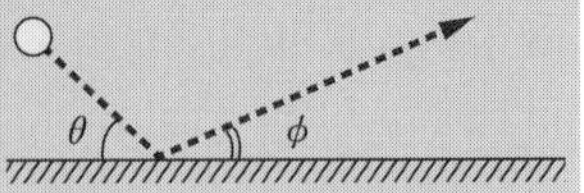

(1) $\tan\phi$ を e，θ で表せ．

(2) 衝突により小球が床面に及ぼした力積の大きさ I を求めよ．

(3) 衝突後の小球の速さは衝突前の何倍か．

(4) 衝突により失われた力学的エネルギーを求めよ．

●考え方●

衝突により面に垂直な速さが e 倍になる．

解答

(1) 衝突前の面に平行な速度成分は $v\cos\theta$，面に垂直な成分が $v\sin\theta$ であり，衝突後は平行な成分は変わらず，垂直な成分は e 倍の大きさになる．

$$\tan\phi = \frac{ev\sin\theta}{v\cos\theta} = e\tan\theta$$ …答

(2) 作用・反作用の法則より，小球が面に及ぼす力積は，小球が面から受ける力積と同じ大きさである．小球が面から受ける力積は，運動量変化に等しいので

$$I = mev\sin\theta - (-mv\sin\theta) = (1+e)mv\sin\theta$$ ㋐ …答

(3) 衝突後の速さを v' とすると，

$$\frac{v'}{v} = \frac{\sqrt{(v\cos\theta)^2 + (ev\sin\theta)^2}}{v} = \sqrt{\cos^2\theta + e^2\sin^2\theta}$$ ㋑ …答

(4) 衝突による運動エネルギーの減少量を求めて，

$$\frac{1}{2}mv^2 - \frac{1}{2}mv'^2 = \frac{1}{2}mv^2\sin^2\theta(1-e^2)$$ ㋒ …答

ポイント

㋐ 衝突後の小球の進行方向を正に取った．

㋑ 小球が面に斜めに当たったとき，速さは e 倍にならないことが分かる．

㋒ $e=1$ のときに限り衝突しても力学的エネルギーが失われないことが分かる．

練習問題 5-11

解答 p. 206

静止している質量 m のピンポン玉をラケットで打った．ラケットの速度は衝突面に垂直で大きさを V とし，衝突後も変化しないものとする．衝突面とピンポン玉の間の反発係数を e としてラケットがピンポン玉から受けた力積の大きさ I を求めよ．

問題 5-⑫ ▼移動する壁と小球の衝突

一定の速さ V で移動している鉛直壁があり，質量 m の小球が速さ v，地面から見て壁面となす角 α で衝突した．小球と壁との間の反発係数を e とし，衝突による壁の速度の変化はないものとする．

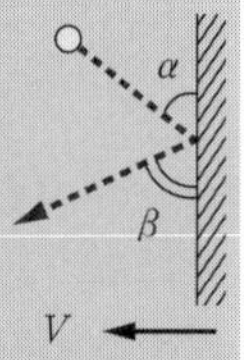

(1) 衝突後の小球の速度が地面から見て壁面となす角 β の正接 $\tan\beta$ を求めよ．

(2) 小球が壁から受けた力積の大きさ I を求めよ．

●考え方●

衝突により，壁面に平行な方向の小球の速度は変わらないが，壁面に垂直な方向は，壁に対する小球の相対速度が e 倍の大きさになる．

解答

(1) 衝突後の小球の速さを u とする．壁面に平行な方向について

$u\cos\beta = v\cos\alpha$ …①

壁面に垂直な方向について，

$u\sin\beta - V = e(v\sin\alpha + V)$ ㋐ より，

$u\sin\beta = ev\sin\alpha + (1+e)V$ …②

② ÷ ①より，$\tan\beta = e\tan\alpha + \dfrac{(1+e)V}{v\cos\alpha}$ 答

(2) 小球が壁から受けた力積は，運動量変化に等しいので，

$I = mu\sin\beta - (-mv\sin\alpha)$ ㋑

②式を代入して，$I = m(1+e)(v\sin\alpha + V)$ 答

ポイント

㋐ 壁面に垂直な方向は，相対速度の大きさが e 倍になる．

㋑ 衝突後の小球の進行方向を正に取った．

練習問題　5-12　解答 p. 207

問題 5-⑫において，小球が壁と弾性衝突する場合，小球の運動エネルギーの増加 ΔK を I，V で表せ．

問題 5-13 ▼円板の衝突

滑らかな水平面上に x-y 軸を取る．中心が直線 $y = b\ (>0)$ 上にある質量 m，半径 a の水平な円板 1 が x 方向に速度 v_0 で進み，中心が x 軸上にあり静止している質量 m，半径 a の水平な円板 2 と弾性衝突した．円板の間で及ぼし合う力は衝突面に垂直な方向にのみ働くものとする．

(1) 衝突後に円板 2 が進む方向が x 軸となす角 θ の正弦 $\sin\theta$ を求めよ．

(2) 衝突後の円板 1 の速さ v_1，円板 2 の速さ v_2 を a，b，v_0 で表せ．

●考え方●

衝突後に円板 2 が進む方向は衝突面に垂直な方向なので，衝突時の 2 個の円板の中心を結ぶ直線が x 軸となす角が θ になる．

解答

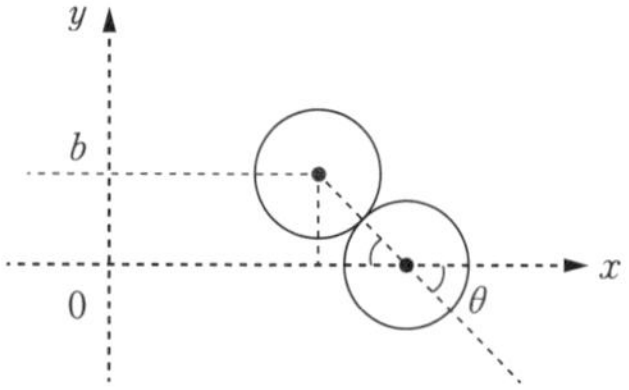

ポイント

㋐ 運動エネルギー K を質量 m と運動量の大きさ p で表すと，$K = \dfrac{p^2}{2m}$

(1) 図より

$$\sin\theta = \frac{b}{2a} \quad \text{答}$$

(2) 円板 1, 2 の全運動量が保存するので，衝突前の運動量ベクトル $\boldsymbol{p}_0$ と衝突後の運動量ベクトル $\boldsymbol{p}_1$，$\boldsymbol{p}_2$ の和が等しく $\boldsymbol{p}_0 = \boldsymbol{p}_1 + \boldsymbol{p}_2$ が成り立つ．これをベクトル図で表すと図のようになる．

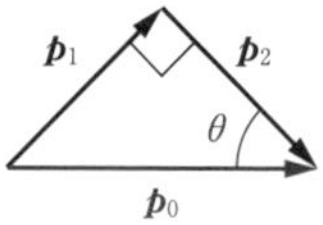

また，弾性衝突なので円板のもつ運動エネルギーの和が変わらないから，$\boldsymbol{p}_0$，$\boldsymbol{p}_1$，$\boldsymbol{p}_2$ の大きさをそれぞれ p_0，p_1，p_2 と書けば，$\dfrac{{p_0}^2}{2m} = \dfrac{{p_1}^2}{2m} + \dfrac{{p_2}^2}{2m}$ ㋐ より，${p_0}^2 = {p_1}^2 + {p_2}^2$．これより 3 本の運動量ベクトルで作る三角形が直角三角形となることが分かる．ベクトル $\boldsymbol{p}_0$，$\boldsymbol{p}_2$ のなす角が θ なので，ベクトル図から $p_1 = p_0\sin\theta$ すなわち $mv_1 = mv_0\sin\theta$ となり，$v_1 = v_0\sin\theta = \dfrac{b}{2a}v_0$ 答

ベクトル図から $p_2 = p_0\cos\theta$ すなわち $mv_2 = mv_0\cos\theta$ となり，

$$v_2 = v_0\cos\theta = v_0\sqrt{1-\sin^2\theta} = \sqrt{1-\left(\frac{b}{2a}\right)^2}\,v_0 \quad \text{答}$$

練習問題 5-13 解答 p. 207

滑らかな水平面上を速さ v_0 で進んでいる円板 1 が，静止している円板 2 と衝突した．衝突後の円板 2 の速度と衝突前の円板 1 の速度のなす角は θ であった．円板 1, 2 の質量は等しく反発係数を e とし，円板の間の力は衝突面に垂直な方向のみに働くものとする．衝突後の円板 1 の速さ v_1，円板 2 の速さ v_2 を求めよ．また，衝突後の円板 1 の速度が衝突前の速度となす角 ϕ の正接 $\tan\phi$ を求めよ．

問題 5-14 ▼小球の連続衝突

滑らかな床上の点Oから，速さ v_0，傾角 θ で小球を投げ出したところ，小球は床面と衝突を繰り返した．小球と床面との間の反発係数を $e\ (0<e<1)$ とする．小球が床に N 回目に衝突してから $N+1$ 回目に衝突するまでの過程で小球の最高点の床面からの高さ $h(N)$ を $h(0)$ と e で表せ．$h(0)$ は1回めに衝突する前の最高点の高さである．また，この過程における水平方向の変位 $l(N)$ を $l(0)$，e で表せ．ここで，$l(0)$ は投射してから1回目の衝突までの水平方向の変位である．

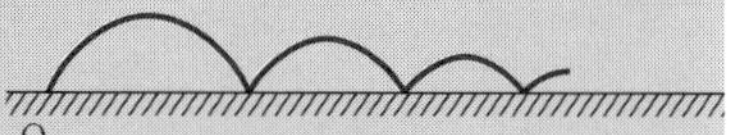

●考え方●

運動を水平方向と鉛直方向に分解して調べてゆく．

解答

(1) 初速度の鉛直成分の大きさを v，水平成分の大きさを u とする．床に衝突するたびに床面に垂直な速さが e 倍となることから，N 回目の衝突直後の鉛直方向の速さは $e^N v$ である．ここで，$N=0$ は投射したときと見なす．N 回目の衝突から最高点までの運動について等加速度運動の式より，

$0-(e^N v)^2=2(-g)h(N)$ …①　$N=0$ とすると，$0-v^2=2(-g)h(0)$ …②

①,②式から v^2 を消去して，$h(N)=e^{2N}h(0)$ ㋐ 答

(2) N 回目の衝突から $N+1$ 回目の衝突までの時間を t_N とする．衝突後から最高点までの時間は $t_N/2$ だから，鉛直方向について等加速度運動の式

$e^N v-g\dfrac{t_N}{2}=0$ より，$t_N=\dfrac{2e^N v}{g}$.

小球が床に衝突しても床に平行な速度成分は変わらないので，水平方向の小球の運動は等速度である．よって，水平方向の変位は，$l(N)=ut_N=u\dfrac{2e^N v}{g}$．$N=0$ のとき，$l(0)=u\dfrac{2v}{g}$ なので，$l(N)=e^N l(0)$ ㋑ 答

ポイント

㋐ 衝突するたびに最高点の高さが e^2 倍になることが分かる．

㋑ 衝突するたびに水平方向の移動距離が e 倍になることが分かる．

練習問題　5-14　解答 p. 207

(1) 問題 5-14 において，小球は床上のある点Aまでは衝突を繰り返したが，点Aを通過した後は等速直線運動となった．距離OAを求めよ．

(2) 滑らかな床から高さ h の位置で質量 m のボールを静かに手放した．ボールと床の間の反発係数を $e(0<e<1)$ として，ボールが静止するまでに床がボールから受けた力積の総和 I を求めよ．

問題 5-15 ▼物体系の衝突

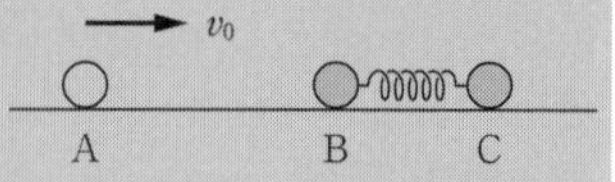

水平面上を速さ v_0 で進んでいる質量 m の小球Aが，質量 M の小球Bと衝突した．A，B間の反発係数は1である．小球Bには軽いばねが連結していて，片側には質量 M の小球Cが連結されている．摩擦はないものとする．

(1) A，Bが衝突した直後のAの速度 v，Bの速度 V を求めよ．

(2) B，C，ばねからなる系Dを考える．衝突後のDの重心速度 U を求めよ．

(3) Dを一つの物体と見て，AとDの衝突が起きたと考えたとき，A，D間の反発係数 e はいくらか．

●考え方●

Dを一つの物体と見るとき，Dの速度として重心速度 U を用いればよい．

ポイント

㋐ 衝突前と衝突後の相対速度の大きさが等しい．

解答

(1) A，Bの衝突に対して運動量保存則より，

$mv_0 = mv + MV$ …①

A，B間の反発係数が1なので，　$v_0 = V - v$㋐ …②

①,②式より v，V を求めれば，

$$v = \frac{m - M}{m + M}v_0 \quad \cdots ③, \quad V = \frac{2m}{m + M}v_0$$ 答

(2) Dの重心速度 U は，　$U = \dfrac{MV + M \cdot 0}{M + M} = \dfrac{V}{2} = \dfrac{m}{m + M}v_0$ …④ 答

(3) A，D間の反発係数 e は，　$e = -\dfrac{v - U}{v_0 - 0}$．

③,④式を代入して，　$e = \dfrac{M}{m + M}$ 答

練習問題 5-15 解答 p. 208

ボールAにボールBを乗せて，高さ H から静かに手放した．床で一度はね返ったのちにボールBが上昇する高さ h は H の何倍か．ただし，ボール間やボールと床の間の反発係数は1とする．また，ボールBはボールAに比べて十分軽く，A，B間の衝突においてはAの速度は変化しないものとする．ボールの大きさは無視してよい．

問題 5-16 ▼2 物体の反復衝突

滑らかな床上に質量 M の直方体の箱があり，底面に質量 m の小球が置いてある．箱に x 軸方向の初速度 V_0 を与えたところ，小球が箱の左右の内面と衝突を繰り返した．小球と内面との間の反発係数は e（$0 < e < 1$）である．

(1) 小球と箱が n 回衝突した直後の小球の速度 v_n と箱の速度 V_n を求めよ．

(2) 無限回衝突を繰り返した後の小球の速度 v_∞ と箱の速度 V_∞ を求めよ．

(3) 無限回衝突を繰り返すまでの間に小球と箱の系が失う力学的エネルギーの総和 E を求めよ．

●考え方●

(1) 反発係数の式と運動量保存則を表す式を連立する．

ポイント

㋐ $|-e| < 1$ だから $\lim_{n\to\infty}(-e)^n = 0$

解答

(1) 1 回目の衝突直前の箱に対する小球の相対速度は $-V_0$ であるが，衝突のたびに相対速度が $-e$ 倍になる．よって，n 回目の衝突直後の箱に対する小球の相対速度は

$v_n - V_n = (-e)^n(-V_0)$　…①

と書ける．小球と箱の系に対して運動量の保存より，

$MV_0 = mv_n + MV_n$　…②

①，②式より，$v_n = \dfrac{M-(-e)^nM}{M+m}V_0$，$V_n = \dfrac{M+(-e)^nm}{M+m}V_0$　答

(2) $n\to\infty$ の極限㋐は，

$v_\infty = \dfrac{M}{M+m}V_0$，$V_\infty = \dfrac{M}{M+m}V_0$　答

(3) $E = \dfrac{1}{2}MV_0{}^2 - \left(\dfrac{1}{2}mv_\infty{}^2 + \dfrac{1}{2}MV_\infty{}^2\right) = \dfrac{MmV_0{}^2}{2(M+m)}$　答

練習問題　5-16

解答 p. 208

問題 5-16 において，n 回目の衝突で箱が小球から受けた力積を I_n とする．これらの大きさの総和 $S = \sum_{n=1}^{\infty}|I_n|$ を求めよ．

column5 ◆運動量の統御

古来，人間は運動量を上手に統御して効果的な機械や道具類をたくさん使ってきた．

【運動量変化を大きくして大きな力を得る】

(例 1) くぎを打つ金槌を考えてみよう．軽ければ振り下ろす労力は少なくてすむが，くぎを打てそうにない．金槌の運動量変化が釘に及ぼす力積に等しいので，金槌の質量が大きければ釘に大きな力積を加えることができる．

(例 2) 杭打ちでは，重い棒を高いところから自由落下させて杭を地面に打ち込んでゆく．棒が非常に大きな運動量をもって杭に衝突することになり，杭は大きな力を受ける．

(例 3) 巨大なおもりによる建物の解体工事では，非常に大きな質量を持つおもりを振ることによって堅固な建造物を壊していく．

(例 4) ペルトンが発明した水車では，羽で受けた水を逆向きに返すことにより，水の運動量変化が大きくなり，大きな力積を得ることができる．金鉱の採掘の時に大活躍した．

(例 5) 大砲では筒の長さを長くすれば，砲弾が受ける力の作用時間が長くなり，大きな運動量をもって筒から飛び出すことになる．

【運動量をゆっくり変化させて力を弱める】

(例 1) ガラスのコップを落としたとする．コンクリートに落とすと簡単に割れてしまうが，畳の上に落したときは割れにくい．コンクリートに落下した場合も畳に落下した場合もコップの運動量の変化は同じであるので，コップが受けた力積に違いはない．しかし，畳に落下するときコップはゆっくりと減速するので，力が作用する時間が長く，力は減じられることになる．このように，物を止めるのに時間をかければ受ける力を小さくすることができる．逆に空手の煉瓦割りのように一瞬でたたくことで大きな撃力を加えることもできる．

(例 2) キャッチボールでグラブを引きながら球を受けると，グラブがボールから力を受ける時間を稼ぐことができて，力が弱められる．

(例 3) 高所からの避難のために安全ネットを設置する．これにより体が静止するまでの時間が長くなり，軽い負担で着地できる．

(例 4) バンジージャンプは，足に弾力性の紐を括り付けて高いところから飛び降りる儀式である．紐がだんだん伸びるので足に作用する力の時間が長くなり，力は緩和される．

例は数限りなくあるので見つけてみよう．

Chapter **6**

角運動量保存と惑星の運動

物体の回転運動の勢いを示す角運動量の定義や性質を学び，
太陽からの万有引力を受けて周回する惑星の運動（ケプラー運動）を調べる．
これは，ニュートン力学の模範的な応用例である．

基本事項

1 角運動量と力のモーメント（問題 6-1, 2, 3, 4, 5）

❶ ベクトルのモーメント

空間内の点 P(質点の位置や力の作用点)に付随したベクトル $\boldsymbol{A}$ に対して，基準点 O に対する点 P の位置ベクトル $\boldsymbol{r}$ とベクトル $\boldsymbol{A}$ の外積（ベクトル積）$\boldsymbol{r}\times\boldsymbol{A}$ を点 O に関する $\boldsymbol{A}$ のモーメントという．これは $\boldsymbol{r}$ から $\boldsymbol{A}$ に向かって右ねじを回したときにねじが進む向きで，大きさは $\boldsymbol{r}$ と $\boldsymbol{A}$ が張る平行四辺形の面積に等しい．

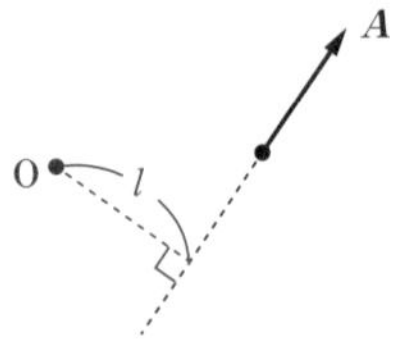

ベクトル $\boldsymbol{A}$ の始点を $\boldsymbol{A}$ と平行な方向に移動しても，同じモーメントになる．ベクトル $\boldsymbol{A}$ を延長した直線と点 O の距離を l とすれば，$\boldsymbol{A}$ のモーメントの大きさは $\boldsymbol{A}$ の大きさ A と l の積で与えられる．l を**うでの長さ**という．

$$|\boldsymbol{r}\times\boldsymbol{A}| = Al$$

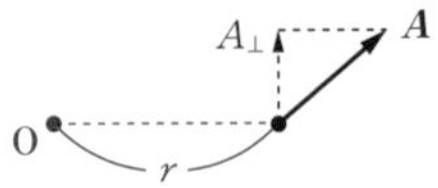

あるいは，ベクトル $\boldsymbol{A}$ を分解して位置ベクトル $\boldsymbol{r}$ に垂直な成分 $A_\perp$ と距離 r の積で求めることもできる．

$$|\boldsymbol{r}\times\boldsymbol{A}| = A_\perp r$$

❷ 軸のまわりのモーメント

ベクトル $\boldsymbol{A}$ の特定の軸のまわりのモーメントを，軸上の任意の点に関する $\boldsymbol{A}$ のモーメントの軸方向の成分として定義することができる．軸上の基準点はどこにとっても同じ値になる．軸に平行な $\boldsymbol{A}$ の成分は寄与しないので，軸に垂直な成分のみを考えればよい．

❸ 角運動量

運動量ベクトルのモーメントを**角運動量**という．すなわち質点の角運動量は質点の位置ベクトルと運動量ベクトルの外積で定義され，回転運動の勢いを表す．

$$\boldsymbol{L} = \boldsymbol{r}\times\boldsymbol{p}$$

運動を記述する座標系を決めれば運動量は確定するのに対して，角運動量は位置ベクトルの基準点の取り方に依存することに注意しよう．

平面内に限られた運動であれば，角運動量は常に平面に垂直な方向となる．

逆に角運動量の向きが一定のとき，質点の位置ベクトルが角運動量に垂直であることを考えれば，質点の運動はある平面内に限られることが分かる．

空間内に xyz 直交座標（右手系…x 軸から y 軸に向かって右ねじを回すときにねじが進む向きを z 軸にとる）をとり，質点が xy 面内で運動しているとすれば，角運動量は 0，$+z$ 方向，$-z$ 方向のいずれかである．つまり z 成分 L_z のみ存在する．$L_z > 0$ のとき，z 軸の正方向から見ると質点の原点まわりの回転方向は反時計回りであり，$L_z < 0$ のときは，時計回りである．

❹ 質点系の角運動量

N 個の質点 i $(i = 1, 2, \cdots, N)$ からなる系の全角運動量 $\boldsymbol{L} = \sum \boldsymbol{r}_i \times \boldsymbol{p}_i$（$\sum$ は $i = 1$ から $i = N$ までの和）は，重心の角運動量と重心に関する質点の相対角運動量の和に等しい（**問題** 6-5）．

$$\boldsymbol{L} = \boldsymbol{r}_{\mathrm{G}} \times \boldsymbol{P} + \sum(\boldsymbol{r}_i - \boldsymbol{r}_{\mathrm{G}}) \times m_i(\boldsymbol{v}_i - \boldsymbol{v}_{\mathrm{G}})$$

ここで，$\boldsymbol{r}_i, \boldsymbol{v}_i$ は質点 i の位置ベクトルおよび速度，$\boldsymbol{r}_{\mathrm{G}}, \boldsymbol{v}_{\mathrm{G}}$ は重心 G の位置ベクトルおよび速度，$\boldsymbol{P} = \sum m_i \boldsymbol{v}_i$ は全運動量である．

❺ 力のモーメント

物体に働く力 $\boldsymbol{F}$ の点 O に関するモーメント $\boldsymbol{N}$ を**力のモーメント**（または**トルク**）といい，物体を回転させる能力を表す．

$$\boldsymbol{N} = \boldsymbol{r} \times \boldsymbol{F}$$

$\boldsymbol{r}$ は力の作用点の位置ベクトルである．

❻ 角運動量と力のモーメントの関係（回転の運動方程式）

質点の角運動量の時間変化率は，

$$\begin{aligned}\frac{d\boldsymbol{L}}{dt} &= \frac{d}{dt}(\boldsymbol{r} \times \boldsymbol{p}) = \frac{d\boldsymbol{r}}{dt} \times \boldsymbol{p} + \boldsymbol{r} \times \left(\frac{d\boldsymbol{p}}{dt}\right) \\ &= \boldsymbol{v} \times (m\boldsymbol{v}) + \boldsymbol{r} \times \left(\frac{d\boldsymbol{p}}{dt}\right) = \boldsymbol{0} + \boldsymbol{r} \times \left(\frac{d\boldsymbol{p}}{dt}\right)\end{aligned}$$

となるが，運動方程式 $\dfrac{d\boldsymbol{p}}{dt} = \boldsymbol{F}$ より，次の関係が導かれる．

$$\frac{d\boldsymbol{L}}{dt} = \boldsymbol{r} \times \boldsymbol{F} \quad \cdots①$$

$\boldsymbol{F}$ は質点に働く力の和である．

このように，質点の角運動量の変化率は，質点に働く力のモーメントの和に等しい．回転運動の勢いと力のモーメントを結び付ける式であり，回転の運動方程式という．なお，質点系に対しては全角運動量 $\boldsymbol{L}$ と外力 $\boldsymbol{F}_i$ を用いて次のように表せる（問題 6-5）．

$$\frac{d\boldsymbol{L}}{dt} = \sum_i \boldsymbol{r}_i \times \boldsymbol{F}_i$$

2 角運動量の保存（問題 6-2, 3, 6）

❶ 角運動量保存の条件

前節の①式から分かるように基準点に関して質点に働く力のモーメントの和が 0 であれば，その基準点に関する角運動量は変化しない．運動量の場合は質点が力を受けると変化するのに対し，角運動量は力を受けているにもかかわらず保存することがある．

また，①式の z 成分を取ると，$\dfrac{dL_z}{dt} = (\boldsymbol{r} \times \boldsymbol{F})_z$ となり，z 軸のまわりの角運動量の変化率は z 軸のまわりの力のモーメントに等しいことが分かる．したがって，一般にある軸のまわりの力のモーメントの和が 0 のとき，その軸のまわりの角運動量は保存する．

❷ 中心力による運動

質点に働く力が常に定点に向かう（あるいは遠ざかる向き）方向で，その大きさが質点と定点との距離によって決まるとき，**中心力**という．万有引力，静電気力は中心力である．

中心力の作用線は常に中心点を通るので，中心点に関するモーメントは 0 である．よって，次のような角運動量保存則が成立する．

中心力による運動では，中心に関する角運動量が保存する．

例 滑らかな水平面上で原点 O に固定された糸の他端に結ばれた質量 m の小球が速さ v で半径 r の 等速円運動をしている．

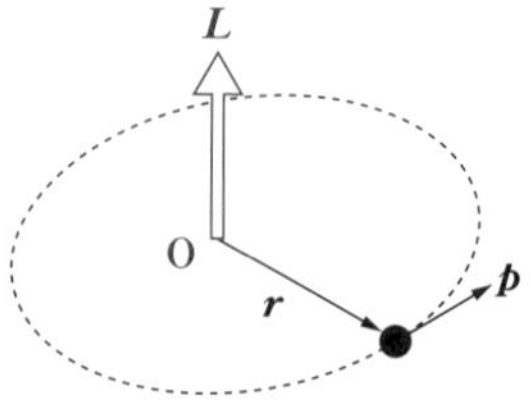

回転方向は上方から見て反時計回りとする．小球は常に円の中心方向に張力を受けており，運動量は大きさが $p = mv$ で一定であるが，向きは常に変化していて保存しない．しかし角運動量は常に鉛直上向きで大きさ L は，$L = rmv$ の一定値を保つ．小球に働く張力の中心に関するモーメントが 0 なので，角運動量は保存しているのである．この場合，張力は小球の円

軌道を保つ役割があるが，回転の勢いは変化させない．角運動量を変化させるには，円の接線方向に力を加える必要がある．

3 万有引力による運動（問題 6-[7], [8], [9], [11], [13], [16]）

❶ 万有引力の法則と質点定理（殻定理）（問題 6-[7]）

第 2 章で記したように 2 個の質点 m_1，m_2 に働く万有引力は，次の式で与えられる．

$$F = G\frac{m_1 m_2}{r^2}$$

この基本法則は大きさを持たない点の間の力について言っているが，大きさを持つ物体間の万有引力はどうなるだろうか．ここにニュートンの質点定理があり，一様な球体間の万有引力は，質点間の力で置き換えられることが示されている．

ニュートンの質点定理

一様な密度の 2 個の球体間で及ぼし合う万有引力は，それぞれの中心に質量が集中したときに働く万有引力に等しい．

すなわち，質点間の距離を球の中心の間の距離にとって万有引力の法則を用いればよい．なお，一般には一様な密度の球でなくても球対称な密度分布の物体であれば成立する．

例 一様な密度 ρ_1，半径 R_1 の球 1 と一様な密度 ρ_2，半径 R_2 の球 2 が接触しているとき，球 1 と球 2 の間で及ぼし合う万有引力の大きさ F を求めてみる．球 1 の質量 m_1 が $m_1 = \frac{4}{3}\pi R_1{}^3\rho_1$，球 2 の質量 m_2 が $m_2 = \frac{4}{3}\pi R_2{}^3\rho_2$ であり，球の中心間の距離 r が $r = R_1 + R_2$ なので，

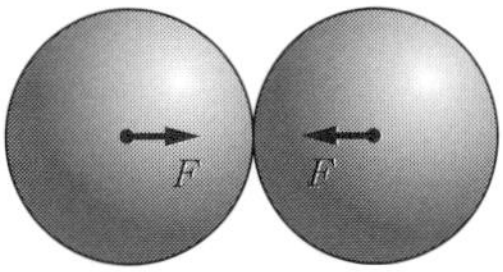

$$F = G\frac{m_1 m_2}{r^2} = G\frac{\frac{4}{3}\pi R_1{}^3\rho_1 \cdot \frac{4}{3}\pi R_2{}^3\rho_2}{(R_1 + R_2)^2} = \frac{16\pi^2 G\rho_1\rho_2 R_1{}^3 R_2{}^3}{9(R_1 + R_2)^2}$$

となる．

ちなみに，2 個の球がともに半径 1 m の鉄球（密度 7.9×10^3 kg/m³）として，万有引力定数 $G = 6.7 \times 10^{-11}$ N·m²/kg² と数値を代入すると，$F = 1.8 \times 10^{-2}$〔N〕となり，2 g の物体が地表面で受ける重力の大きさ程度である．

❷ 2体問題

まず，静止した質量 M の天体 A から万有引力を受けて運動する質量 m の天体 B を考える．

B の運動方程式　$m\dfrac{d^2\boldsymbol{r}}{dt^2} = -\dfrac{GMm}{r^2}\boldsymbol{e}$　より，　$\dfrac{d^2\boldsymbol{r}}{dt^2} = -\dfrac{GM}{r^2}\boldsymbol{e}$　…②

ここで，$\boldsymbol{r}$ は A を基準とする B の位置ベクトル，$\boldsymbol{e}$ は A から B に向かう単位ベクトルである．

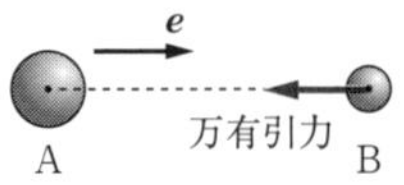

実際には 2 個の天体が万有引力を及ぼし合って運動するとき，片方が静止しているとは限らない．そこで，両方の天体 1，2 が運動する場合を考察する．

天体 1 の運動方程式　$m_1\dfrac{d^2\boldsymbol{r}_1}{dt^2} = -\dfrac{Gm_1m_2}{r^2}\boldsymbol{e}$　より，$\dfrac{d^2\boldsymbol{r}_1}{dt^2} = -\dfrac{Gm_2}{r^2}\boldsymbol{e}$　…③

天体 2 の運動方程式　$m_2\dfrac{d^2\boldsymbol{r}_2}{dt^2} = \dfrac{Gm_1m_2}{r^2}\boldsymbol{e}$　より，$\dfrac{d^2\boldsymbol{r}_2}{dt^2} = \dfrac{Gm_1}{r^2}\boldsymbol{e}$　…④

ここで，$\boldsymbol{r}_1, \boldsymbol{r}_2$ はそれぞれ天体 1, 2 の位置ベクトル，$\boldsymbol{e}$ は天体 2 から天体 1 に向かう単位ベクトルであり，r は天体 2 に対する天体 1 の相対位置ベクトル $\boldsymbol{r} = \boldsymbol{r}_1 - \boldsymbol{r}_2$ の大きさである．③式から④式を引くと，

$$\frac{d^2\boldsymbol{r}}{dt^2} = -\frac{G(m_1 + m_2)}{r^2}\boldsymbol{e} \quad \cdots⑤$$

⑤式は②式の M を $m_1 + m_2$ で置き換えたものである．つまり天体 2 から見た天体 1 の相対運動は，質量 $m_1 + m_2$ の静止天体に対する運動と同じものであることがわかる．こうして万有引力による 2 物体の運動（2 体問題）は，固定点からの万有引力を受ける 1 物体の運動を調べればよいことになる．

4　ケプラーの法則（問題 6-8, 9, 10, 12, 14, 15）

ヨハネス・ケプラーは**ティコ・ブラーエ**の天体観測の結果を研究し惑星運動

についての3法則を見いだした.

❶ 第1法則（楕円軌道の法則）（問題 6-[8]，**練習問題 6-8**）

惑星は太陽を一つの焦点とする楕円軌道を描く.

これはニュートンの万有引力の法則と運動の第2法則（運動方程式）から導くことができる．楕円軌道を太陽の位置を原点に取った極座標で表すと次のようになる.

$$r = \frac{a(1 - e^2)}{1 + e\cos\theta}$$

a は楕円の**半長軸**，e は**離心率**であり，r は太陽と惑星の距離，θ は太陽と惑星を結ぶ線分が楕円の長軸となす角である.

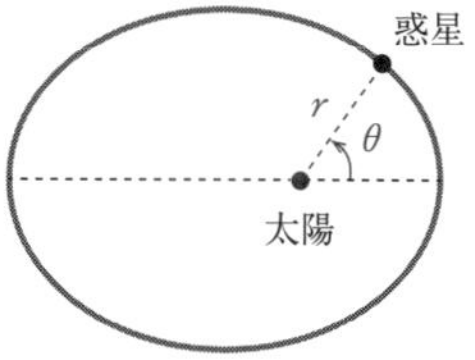

❷ 第2法則（面積速度一定の法則）

太陽と惑星を結ぶ線分（動径）が単位時間あたりに描く面積（**面積速度**）は，惑星ごとに一定値をとる.

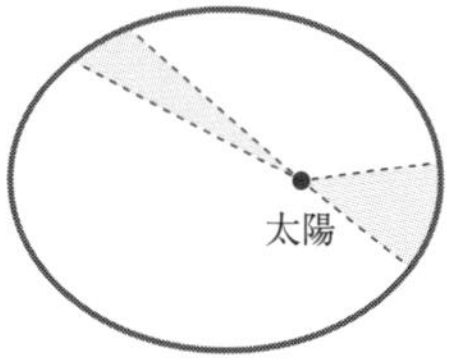

動径が一定時間の間に描く面積は一定であると言い換えてもよい.

面積速度一定の法則は p. 140 の Memo に示すように，万有引力が中心力であることから成立する角運動量の保存から直ちに導かれる．面積速度 $\dfrac{dS}{dt}$ は楕円の**半直弦** $l = a(1 - e^2)$ を用いれば次の式で表すことができる.

$$\frac{dS}{dt} = \frac{1}{2}\sqrt{GMl}$$

この式は半径 r の等速円運動の面積速度 $\dfrac{1}{2}\sqrt{GMr}$ の式で半径 r を半直弦 l

で置き換えたものになっている．

❸ 第３法則（調和の法則）（練習問題 6-8）

惑星の**公転周期** T の２乗は楕円の半長軸 a の３乗に比例する．

比例定数を k として，$T^2 = ka^3$ と表せる．k は太陽の質量 M を用いて $k = \dfrac{4\pi^2}{GM}$ となるので，まとめれば次式になる．

$$T^2 = \frac{4\pi^2}{GM}a^3$$

❹ 惑星の力学的エネルギーと公転周期（問題 6-11）

楕円の半長軸 a を用いて力学的エネルギー E と公転周期 T は次のように表せる．

$$E = -\frac{GMm}{2a}, \qquad T = 2\pi\sqrt{\frac{a^3}{GM}}$$

周期の式はケプラーの第３法則と同じものである．

Memo　**面積速度**

基準点 O と質点を結ぶ線分（動径）が単位時間当たりに描く面積を面積速度という．図で点 A にあった質点が微小時間 Δt 経過して，点 B に達したとすると，動径が描いた面積 ΔS は三角形 OAB の面積になるが，これは OA と AB を２辺とする平行四辺形の面積の半分に等しい．よって，$\Delta S = \dfrac{1}{2}|\boldsymbol{r} \times \boldsymbol{v}\Delta t|$ となるが，角運動量 $\boldsymbol{L} = \boldsymbol{r} \times m\boldsymbol{v}$ を用いると，$\Delta S = \dfrac{1}{2m}|\boldsymbol{L}\Delta t|$ と表せる．この式の両辺を Δt で割って $\Delta t \to 0$ の極限を取れば，次のように面積速度 $\dfrac{dS}{dt}$ と角運動量の関係を得る．

$$\frac{dS}{dt} = \frac{|\boldsymbol{L}|}{2m}$$

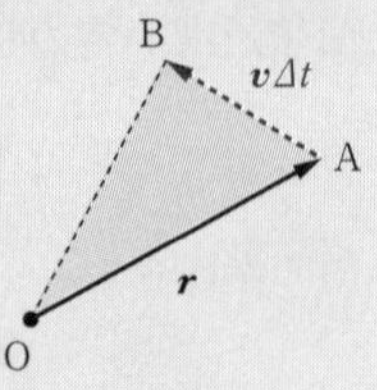

これより，角運動量が保存するとき同じ基準点に関する面積速度が一定に保たれることが分かる．

Memo　**楕円に関する諸量**

2 定点 F，F′（焦点）からの距離の和が一定である点の軌跡が楕円である．

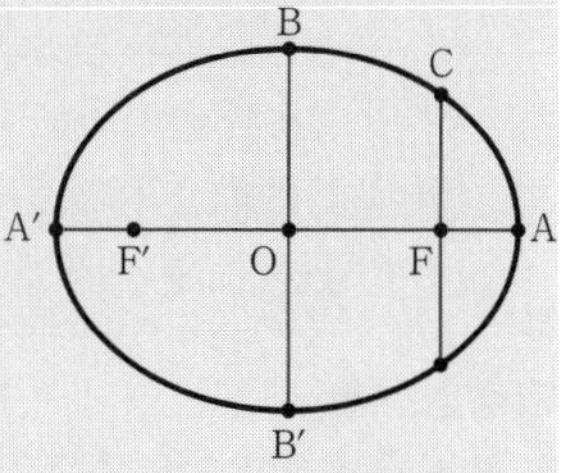

① 半長軸（長半径）　$a = \mathrm{OA}$

② 半短軸（短半径）　$b = \mathrm{OB}$

③ 離心率　$e = \dfrac{\mathrm{OF}}{\mathrm{OA}} = \dfrac{\sqrt{a^2 - b^2}}{a}$

④ 半直弦　$l = \mathrm{FC} = \dfrac{b^2}{a} = a(1 - e^2)$

⑤ 面積　$S = \pi ab$

⑥ 直交座標表示　$\dfrac{x^2}{a^2} + \dfrac{y^2}{b^2} = 1$　（原点は楕円の中心 O）

⑦ 極座標表示　$r = \dfrac{l}{1 + e\cos\theta}$　（原点は焦点 F）

問題 6-1 ▼球面上の質点の角運動量

(1) 半径 R の球があり，中心を通る軸の周りに角速度 ω で自転している．球面上に付着している質量 m の質点の球の中心 O に関する角運動量の大きさ L_0 を求めよ．球の中心と質点を結ぶ線分が自転軸となす角を θ とする．また，自転軸のまわりの角運動量の大きさ L を求めよ．

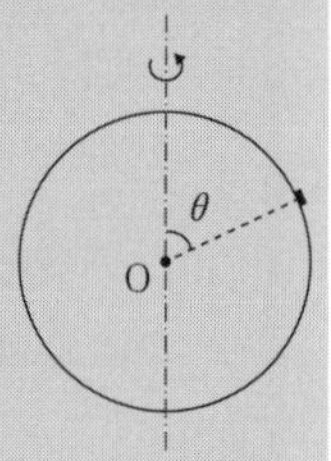

(2) 赤道上に静止している人がもつ地軸の周りの角運動量の大きさ L を求めよ．地球の半径を 6400 km，人の質量を 60 kg とする．

●考え方●

軸のまわりの角運動量は，軸に垂直な面内に投影して考えればよい．

解答

ポイント

㋐ 半径 r，角速度 ω で円運動する質点の速さは
$v = r\omega$

(1) 質点の円運動の半径が $R\sin\theta$ なので，
運動量の大きさ p は，$p = mR\sin\theta\cdot\omega$ ㋐ となる．
O を基準とする質点の位置ベクトルが角運動量と垂直なので，中心 O に関する角運動量の大きさは，$L_0 = Rp = mR^2\omega\sin\theta$ 答
質点を含んで軸に垂直な平面内で考えれば，うでの長さが $R\sin\theta$ なので，自転軸のまわりの角運動量の大きさ L は，$L = pR\sin\theta = mR^2\omega\sin^2\theta$ 答

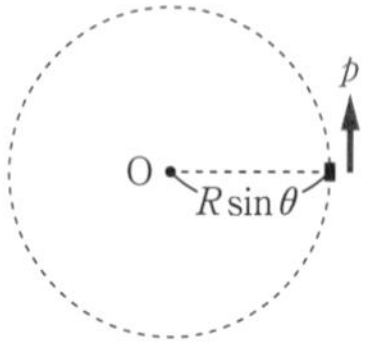

【別解】点 O に関する角運動量の軸方向の成分を求めて，
$L = L_0\sin\theta = mR^2\omega\sin^2\theta$ 答

(2) 人が赤道上にいるので，(1)の結果で $\theta = 90°$ とする．また地球の自転周期 $T = 24\,[\mathrm{h}] = 24\times 3600\,[\mathrm{s}]$ を用いて，$\omega = \dfrac{2\pi}{T}$ と表せるので，

$$L = mR^2\frac{2\pi}{T} = \frac{60\times(6400\times10^3)^2\times2\times3.14}{24\times3600} = 1.8\times10^{11}\,[\mathrm{kg\cdot m^2/s}]$$ 答

練習問題 6-1 解答 p. 208

図のように一辺の長さ a の立方体の頂点 D に質点があり，x 軸負の向きに大きさ p の運動量を持っている．

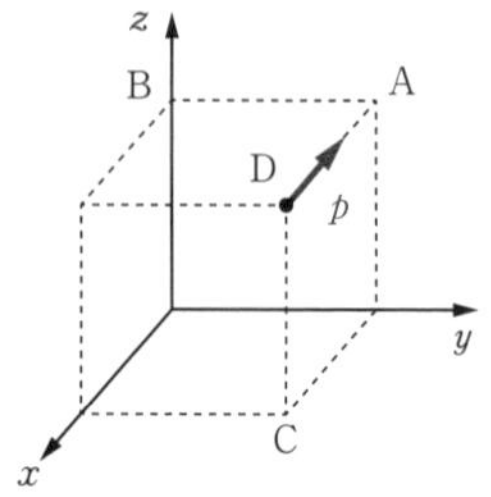

(1) 立方体の頂点 A，B，C に関する質点の角運動量の大きさと向きをそれぞれ求めよ．

(2) x 軸，y 軸，z 軸のまわりの質点の角運動量をそれぞれ求めよ．

問題 6-2 ▼等速円運動の角運動量

xyz 空間内で質点の位置が時刻 t の関数として，次式で表されるような半径 R，角速度 ω の等速円運動をしている．

$$x = d + R\cos\omega t,\quad y = R\sin\omega t,\quad z = h$$

ここで，d，h は定数である．

(1) 時刻 t における質点の原点に関する角運動量の成分 L_x，L_y，L_z を求めよ．

(2) 等速円運動している質点の定点Pから測った角運動量が一定となる場合，点Pはどのような点に限られるか．

●考え方●

(2)時間経過とともに振動する項である $\sin\omega t$，$\cos\omega t$ の係数が0になればよい．

解答

(1) 位置座標を時間で微分して速度の成分を求めると，

$$\dot{x} = -R\omega\sin\omega t,\quad \dot{y} = R\omega\cos\omega t,\quad \dot{z} = 0$$

角運動量の成分は

$$L_x = m(y\dot{z} - z\dot{y}) = -mhR\omega\cos\omega t,$$

$$L_y = m(z\dot{x} - x\dot{z}) = -mhR\omega\sin\omega t,$$

$$L_z = m(x\dot{y} - y\dot{x}) = m(d + R\cos\omega t)R\omega\cos\omega t - mR\sin\omega t(-R\omega\sin\omega t)$$

$$= mR^2\omega + mdR\omega\cos\omega t$$ ㋐ 答

(2) (1)の結果より角運動量が時間によらず一定となるのは $h = 0$，$d = 0$ の場合であり，点Oが円軌道の中心にある．㋑ よって，点Pを円軌道の中心に取る場合に限られる．

ポイント

㋐ 恒等式 $\sin^2\theta + \cos^2\theta = 1$ を利用する．

㋑ 円の中心の座標は $(x, y, z) = (d, 0, h)$ なので，$h = 0$，$d = 0$ のとき，中心は原点に一致する．

練習問題　6-2 解答 p. 209

質量 m の小球が斜方投射されて地面上の固定点Oを通る鉛直線上で高さ h の点を水平方向に速さ u で通過した．小球の地面からの高さが y であるとき，点Oを基準とする小球の角運動量の大きさ L を m, h, u, y, g で表せ．

問題 6-③ ▼2次元調和振動の角運動量

xyz 空間内で運動する質量 m の質点の位置が時刻 t の関数として，次式で表されている．

$x = a\cos\omega t$，$y = b\sin\omega t$，$z = 0$　…①

ここで，a，b，ω は正の定数である．

(1) この軌道はどういう曲線か．

(2) 時刻 t における質点の座標原点に関する角運動量の成分 L_x, L_y, L_z を求めよ．

(3) 原点と質点を結ぶ線分が単位時間に描く面積（面積速度）$\dfrac{dS}{dt}$ を求めよ．

●考え方●

(2)角運動量の成分を位置と速度の成分で表す式を用いる．

解答

(1) ①式から $\cos\omega t = \dfrac{x}{a}$，$\sin\omega t = \dfrac{y}{b}$ となるので，

$\left(\dfrac{x}{a}\right)^2 + \left(\dfrac{y}{b}\right)^2 = 1$ ㋐ を満たすから，楕円軌道であることが分かる．答

(2) 位置座標を時間で微分して速度の成分を求めると，

$\dot{x} = -a\omega\sin\omega t$，$\dot{y} = b\omega\cos\omega t$，$\dot{z} = 0$

角運動量の成分は，

$L_x = m(y\dot{z} - z\dot{y}) = 0,$

$L_y = m(z\dot{x} - x\dot{z}) = 0,$

$L_z = m(x\dot{y} - y\dot{x}) = ma\cos\omega t\cdot b\omega\cos\omega t - mb\sin\omega t(-a\omega\sin\omega t)$

$= mab\omega$ 答

(3) 面積速度 $\dfrac{dS}{dt}$ は，

$\dfrac{dS}{dt} = \dfrac{|\boldsymbol{L}|}{2m}$ ㋑ $= \dfrac{|L_z|}{2m} = \dfrac{1}{2}ab\omega$ 答

ポイント

㋐ 原点を中心とする楕円の方程式の直交座標表示は，
$\dfrac{x^2}{a^2} + \dfrac{y^2}{b^2} = 1$
a, b は，半長軸または半短軸である．

㋑ 角運動量と面積速度の関係は，$|\boldsymbol{L}| = 2m\dfrac{dS}{dt}$

練習問題　6-3

解答 p. 209

問題 6-③において，質点に働く力の成分 F_x, F_y, F_z を m, ω, x, y のうち必要なものを用いて表せ．また，力のベクトル $\boldsymbol{F}$ を m, ω と質点の位置ベクトル $\boldsymbol{r}$ で表せ．

問題 6-4 ▼角運動量の極座標表示

xyz 空間内で $z = 0$ の平面内を運動する質量 m の質点がある．質点の位置を極座標 (r, θ) で表す．

(1) 角運動量の z 成分 L_z を求めよ．

(2) 角運動量の z 成分 L_z の時間変化率を m, r および加速度の方位角方向成分 a_θ で表せ．

●考え方●

位置ベクトルに平行な速度成分は角運動量を持たないので，垂直な成分のみを考えればよい．

解答

(1) 位置ベクトル $\boldsymbol{r}$ に垂直な速度成分が $v_\theta = r\dot{\theta}$㋐なので，角運動量の z 成分は点 O から質点までの距離 r と mv_θ の積を求めて，

$$L_z = rmv_\theta = r^2m\dot{\theta} \quad \cdots ① \quad \text{答}$$

ポイント

㋐ 極座標表示の速度成分は，$v_r = \dot{r}$，$v_\theta = r\dot{\theta}$

(2) 回転の運動方程式 $\dot{\boldsymbol{L}} = \boldsymbol{r} \times \boldsymbol{F}$ の z 成分をとると $\dot{L}_z = (\boldsymbol{r} \times \boldsymbol{F})_z$.

$\boldsymbol{F}$ の方位角方向成分 F_θ を用いて $(\boldsymbol{r} \times \boldsymbol{F})_z = rF_\theta$ となるが，方位角方向の運動方程式

$ma_\theta = F_\theta$　より，$\dot{L}_z = rma_\theta$　答

【別解】①式を時間微分して

$$\dot{L}_z = \frac{d}{dt}(r^2m\dot{\theta}) = 2r\dot{r}m\dot{\theta} + r^2m\ddot{\theta} = rm(2\dot{r}\dot{\theta} + r\ddot{\theta})$$

ここで，加速度の方位角方向成分が $a_\theta = 2\dot{r}\dot{\theta} + r\ddot{\theta}$ であることより，

$$\dot{L}_z = rma_\theta \quad \text{答}$$

練習問題　6-4　解答 p. 209

質量 M の太陽のまわりに半長軸 a, 離心率 e の楕円を描いて運動する惑星について，動径の長さを r, 動径と長軸のなす角を θ とする．角 θ の変化率 $\dot{\theta}$ を求めよ．

問題 6-5 ▼質点系の角運動量

N 個の質点 i ($i = 1, 2, \cdots, N$) からなる系の全角運動量 $\boldsymbol{L} = \sum \boldsymbol{r}_i \times \boldsymbol{p}_i$ ($\sum$ は $i = 1$ から $i = N$ までの和) は，①式のように重心の角運動量と重心に関する質点の相対角運動量の和に等しいことを示せ．

$\boldsymbol{L} = \boldsymbol{r}_{\mathrm{G}} \times \boldsymbol{P} + \sum(\boldsymbol{r}_i - \boldsymbol{r}_{\mathrm{G}}) \times m_i(\boldsymbol{v}_i - \boldsymbol{v}_{\mathrm{G}}) \quad \cdots①$

ここで，$\boldsymbol{r}_i$，$\boldsymbol{v}_i$ は質点 i の位置ベクトルおよび速度，$\boldsymbol{r}_{\mathrm{G}}$，$\boldsymbol{v}_{\mathrm{G}}$ は重心 G の位置ベクトルおよび速度，$\boldsymbol{P} = \sum m_i \boldsymbol{v}_i$ は全運動量である．

次に，$\boldsymbol{L}$ の時間変化率は系に働く外力のモーメントの和に等しいことを示せ．2 質点間の力の作用線は両質点を通るものとする．

●考え方●

外積の分配法則を用いて，①式の右辺を展開してゆく．

解答

> **ポイント**
>
> ㋐ 外積の分配法則
> $\boldsymbol{A} \times (\boldsymbol{B} + \boldsymbol{C}) = \boldsymbol{A} \times \boldsymbol{B} + \boldsymbol{A} \times \boldsymbol{C}$

①式の右辺第 2 項の質点の重心に対する相対角運動量の和は，

$$
\begin{aligned}
&\sum(\boldsymbol{r}_i - \boldsymbol{r}_{\mathrm{G}}) \times m_i(\boldsymbol{v}_i - \boldsymbol{v}_{\mathrm{G}}) \\
&= \sum(\boldsymbol{r}_i - \boldsymbol{r}_{\mathrm{G}}) \times m_i\boldsymbol{v}_i - \sum(\boldsymbol{r}_i - \boldsymbol{r}_{\mathrm{G}}) \times m_i\boldsymbol{v}_{\mathrm{G}} \quad ㋐ \\
&= \sum \boldsymbol{r}_i \times m_i\boldsymbol{v}_i - \boldsymbol{r}_{\mathrm{G}} \times \sum m_i\boldsymbol{v}_i - \{\sum m_i(\boldsymbol{r}_i - \boldsymbol{r}_{\mathrm{G}})\} \times \boldsymbol{v}_{\mathrm{G}} \\
&= \boldsymbol{L} - \boldsymbol{r}_{\mathrm{G}} \times \boldsymbol{P} - \{\sum m_i(\boldsymbol{r}_i - \boldsymbol{r}_{\mathrm{G}})\} \times \boldsymbol{v}_{\mathrm{G}}
\end{aligned}
$$

ここで，重心の位置の式 $\boldsymbol{r}_{\mathrm{G}} = \dfrac{\sum m_i\boldsymbol{r}_i}{\sum m_i}$ より，$\sum m_i\boldsymbol{r}_{\mathrm{G}} = \sum m_i\boldsymbol{r}_i$ となるので，$\sum m_i(\boldsymbol{r}_i - \boldsymbol{r}_{\mathrm{G}}) = 0$ である．よって，

$$\sum(\boldsymbol{r}_i - \boldsymbol{r}_{\mathrm{G}}) \times m_i(\boldsymbol{v}_i - \boldsymbol{v}_{\mathrm{G}}) = \boldsymbol{L} - \boldsymbol{r}_{\mathrm{G}} \times \boldsymbol{P}$$

$$\therefore\ \boldsymbol{L} = \boldsymbol{r}_{\mathrm{G}} \times \boldsymbol{P} + \sum(\boldsymbol{r}_i - \boldsymbol{r}_{\mathrm{G}}) \times m_i(\boldsymbol{v}_i - \boldsymbol{v}_{\mathrm{G}})$$

次に，質点 i が受ける外力を $\boldsymbol{F}_i$，質点 j ($\neq i$) から受ける内力を $\boldsymbol{f}_{ij}$ とし，便宜上 $\boldsymbol{f}_{ii} = 0$ とすると，$\dfrac{d\boldsymbol{L}}{dt} = \sum_i \boldsymbol{r}_i \times \left(\boldsymbol{F}_i + \sum_j \boldsymbol{f}_{ij}\right) = \sum_i \boldsymbol{r}_i \times \boldsymbol{F}_i + \sum_{i,j} \boldsymbol{r}_i \times \boldsymbol{f}_{ij} \cdots②$ となるが，$i \neq j$ のとき作用・反作用の法則より $\boldsymbol{f}_{ji} = -\boldsymbol{f}_{ij}$ であり，$\boldsymbol{r}_i - \boldsymbol{r}_j$ は質点 j から質点 i に向かうベクトルだから $\boldsymbol{f}_{ij}$ に平行であることに注意すれば，$\boldsymbol{r}_i \times \boldsymbol{f}_{ij} + \boldsymbol{r}_j \times \boldsymbol{f}_{ji} = (\boldsymbol{r}_i - \boldsymbol{r}_j) \times \boldsymbol{f}_{ij} = \boldsymbol{0}$．よって，②式の右辺第 2 項は消えて，$\boldsymbol{L}$ の変化率が外力のモーメントの和に等しいことが分かる．

練習問題 6-5 解答 p. 209

空間内の点 $\mathrm{P}_1, \mathrm{P}_2, \cdots, \mathrm{P}_N$ を始点とする N 個のベクトル $\boldsymbol{A}_1, \boldsymbol{A}_1, \cdots, \boldsymbol{A}_N$ の和が $\boldsymbol{0}$ であれば，これらのベクトルのモーメントの和は基準点の選び方によらないことを示せ．

問題 6-6 ▼円錐面内の運動

図のように鉛直方向の軸を持つ滑らかな円錐面がある．頂点 O から高さ a の位置で小球を円錐面に沿って水平方向に速さ v で打ち出したところ，小球は円錐面に沿って上昇し高さ b の最高点に達した．b を a，v，g で表せ．

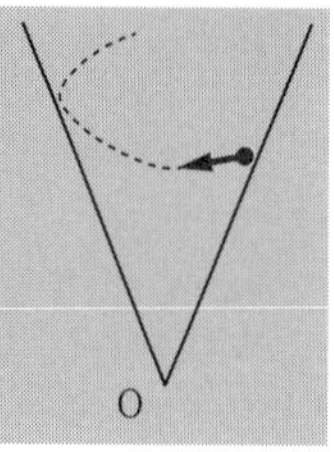

●考え方●

水平面に投影した運動について成り立つ角運動量保存則と空間内の運動について成り立つ力学的エネルギー保存則を用いる．

解答

円錐の頂点 O を原点とし，水平面内に x 軸，y 軸，鉛直上向きに z 軸を取る．

x-y 面内に投影した運動では，力が中心力なので㋐ z 軸のまわりの角運動量が保存する．

小球の最高点での速さを u とすれば，

$a\tan\theta\cdot v = b\tan\theta\cdot u$ ㋑ より，$u = \dfrac{a}{b}v$　…①

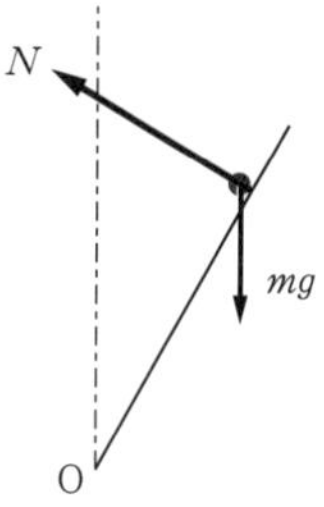

空間内の運動について力学的エネルギー保存則より，

$$\frac{1}{2}mv^2 + mga = \frac{1}{2}mu^2 + mgb$$

①式を代入して，整理すれば　$2gb^2 - v^2b - v^2a = 0$

b の 2 次方程式の解のうち正の値を選んで，

$$b = \frac{v^2 + v\sqrt{v^2 + 8ga}}{4g}$$ 答

ポイント

㋐ 図のように垂直抗力 N の作用線が円錐の軸と交わることに注意．

㋑ 最高点では z 方向の速度が 0 になる．

練習問題　6-6

解答 p. 210

滑らかな水平板に質量 m の小球を置き，軽い糸を連結して板の穴にかける．糸に鉛直下向きの力を加えて，小球を板上で半径 r の等速円運動をさせる．小球の運動エネルギーを K とする．糸に加える力をゆっくり増加させて小球の円運動の半径をゆっくり減少させた．

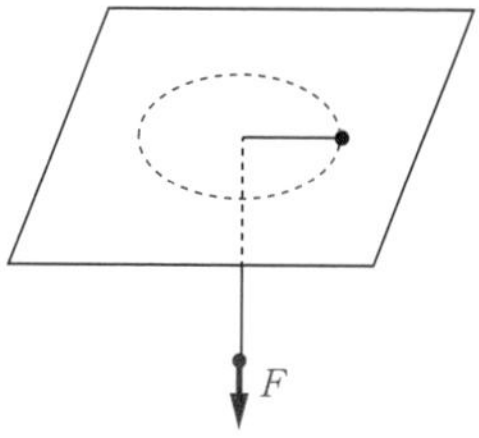

(1)　この過程において $Kr^2 =$ 一定となることを示せ．

(2)　(1)の結果を利用して糸を引く力の大きさ F を K，r で表せ．

問題 6-7 ▼質点定理（殻定理）の導出

半径 a，質量 M の密度が一様な薄い球殻の中心 O から距離 $R(>a)$ 離れた点 P に質量 m の質点がある．球殻上の任意の点 Q に対して $\angle \mathrm{POQ}=\theta$ とする．

(1) PQ を a，R，θ で表せ．

(2) 球殻と質点の間の万有引力によるポテンシャル・エネルギー U が

$$U=-\frac{GMm}{R}$$ と書けることを示せ．

一様な球は薄い球殻の集まりと考えれば，質点と球の間で及ぼし合う万有引力は球の中心に全質量が集中したときと同じであることが分かる．

●考え方●

球殻を点 P から等距離の点からなる細い帯に分割する．

解答

(1) 余弦定理より

$\mathrm{PQ}=\sqrt{a^2+R^2-2aR\cos\theta}$ ㋐ 答

(2) 薄い球殻の面密度を σ とすると，$\sigma=\dfrac{M}{4\pi a^2}$ と書ける．$\angle$POQ の範囲が $\theta\sim\theta+d\theta$ の微小部分の質量は，面密度に面積をかけて

$\sigma\cdot 2\pi a\sin\theta\cdot a d\theta=\dfrac{1}{2}M\sin\theta d\theta$ ㋑ となるので

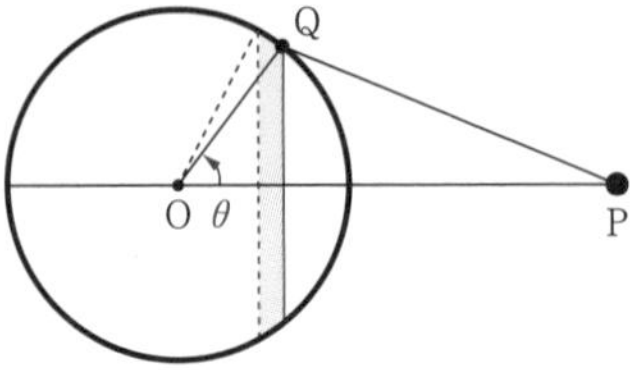

微小部分のポテンシャル・エネルギーを $\theta=0$ から $\theta=\pi$ まで積分して

$$U=-\int_0^{\pi}\frac{Gm}{2}M\sin\theta\frac{1}{\sqrt{a^2+R^2-2aR\cos\theta}}d\theta.$$

ここで $t=\sqrt{a^2+R^2-2aR\cos\theta}$ と置くと $dt=\dfrac{aR\sin\theta d\theta}{\sqrt{a^2+R^2-2aR\cos\theta}}$

であり，$\theta=0$ のとき $t=\sqrt{a^2+R^2-2aR}=R-a$，

$\theta=\pi$ のとき $t=\sqrt{a^2+R^2+2aR}=R+a$ となることに注意して

$$U=-\frac{GMm}{2aR}\int_{R-a}^{R+a}dt=-\frac{GMm}{2aR}(R+a-R+a)=-\frac{GMm}{R}$$

ポイント

㋐ 余弦定理
$c^2=a^2+b^2-2ab\cos\theta$

㋑ 帯は円周が $2\pi a\sin\theta$ で幅が $a d\theta$ である．

練習問題　6-7

解答 p. 210

(1) 問題 6-7 の結果を踏まえて，一様な密度の 2 球の間で働く万有引力はそれぞれの中心に質量が集中したときの万有引力と同じであることを示せ．

(2) 一様な密度の中空球があり，空洞の中心は球の中心と一致している．空洞内の質点が中空球から受ける万有引力の和は $\mathbf{0}$ であることを示せ．

問題 6-8 ▼ケプラー問題

質量 M の太陽のまわりを周回する質量 m の惑星の軌道を考える．惑星の軌道面内で太陽の中心を原点とする平面極座標を取る．

(1) 惑星に働く万有引力は中心力なので角運動量は保存する．角運動量の大きさ L を m, r, $\dot{\theta}$ を用いて表せ．

(2) 次に示す惑星の動径方向の運動方程式を導け．　$\dfrac{d^2r}{dt^2}-\dfrac{L^2}{m^2r^3}=-\dfrac{GM}{r^2}$

(3) $u=\dfrac{1}{r}$ が満たす次の微分方程式を導け．　$\dfrac{d^2u}{d\theta^2}+u=\dfrac{GMm^2}{L^2}$

●考え方●

(3)変数を変換して $\dfrac{d^2r}{dt^2}$ を $\dfrac{d^2u}{d\theta^2}$ で表す．

解答

(1) 軌道の接線方向の速度 $v_\theta=r\dot{\theta}$ を用いて，

$L=mrv_\theta=mrr\dot{\theta}=mr^2\dot{\theta}$　…①　答

(2) 動径方向の運動方程式 $ma_r=-\dfrac{GMm}{r^2}$ に動径方向の加速度 $a_r=\ddot{r}-r\dot{\theta}^2$ を代入すれば

$\ddot{r}-r\dot{\theta}^2=-\dfrac{GM}{r^2}$　…②

①，②式より $\dot{\theta}$ を消去して，$\dfrac{d^2r}{dt^2}-\dfrac{L^2}{m^2r^3}=-\dfrac{GM}{r^2}$　…③

(3) $\dot{r}=\dfrac{dr}{du}\dfrac{du}{d\theta}\dot{\theta}$ ㋐ $=-\dfrac{1}{u^2}\dfrac{du}{d\theta}\dot{\theta}=-r^2\dfrac{du}{d\theta}\dot{\theta}=-\dfrac{L}{m}\dfrac{du}{d\theta}$　(①より)

$\ddot{r}=\dfrac{d\dot{r}}{d\theta}\dot{\theta}=\dfrac{d}{d\theta}\left(-\dfrac{L}{m}\dfrac{du}{d\theta}\right)\dot{\theta}=-\dfrac{L}{m}\dfrac{d^2u}{d\theta^2}\dot{\theta}$ ㋑．①式より $\dot{\theta}=\dfrac{L}{mr^2}=\dfrac{Lu^2}{m}$ を代入すれば，$\ddot{r}=-\left(\dfrac{Lu}{m}\right)^2\dfrac{d^2u}{d\theta^2}$．これを③式に代入して整理すると，

$\dfrac{d^2u}{d\theta^2}+u=\dfrac{GMm^2}{L^2}$

ポイント

㋐ 合成関数の微分を実行する．

$\dfrac{dr}{dt}=\dfrac{dr}{du}\dfrac{du}{d\theta}\dfrac{d\theta}{dt}$

㋑ $\ddot{r}=\dfrac{d\dot{r}}{dt}=\dfrac{d\dot{r}}{d\theta}\dfrac{d\theta}{dt}$

練習問題　6-8　解答 p. 211

(1) 問題 6-8(3)の方程式から惑星の軌道が楕円になることを導け（ケプラーの第1法則）．

(2) 惑星の公転周期 T が楕円軌道の半長軸 a を用いて，$T=2\pi\sqrt{\dfrac{a^3}{GM}}$ と表せることを導け（ケプラーの第3法則）．

問題 6-[9] ▼2 **惑星の周回**

恒星の周りを惑星 A と惑星 B が同一平面内で同じ向きに等速円運動している．A，B の公転半径はそれぞれ r_A，r_B $(r_A < r_B)$ である．A，B の大きさや A，B 間で及ぼし合う力は無視する．

(1) A，B の公転周期をそれぞれ T_A，T_B とする．T_B を，r_A，r_B，T_A で表せ．

(2) A，B 間の距離の最大値 d_{max} と最小値 d_{min} をそれぞれ r_A，r_B で表せ．

(3) A，B が最も接近してから次に再び最も接近するまでの時間 T を T_A，T_B で表せ．

●考え方●

(2) (3) A から見た B の相対運動を考えてみる．

解答

(1) ケプラーの第 3 法則より，比例定数を k として，

$T_A{}^2 = kr_A{}^3$ …①

$T_B{}^2 = kr_B{}^3$ …②

② ÷ ①より，$\left(\dfrac{T_B}{T_A}\right)^2 = \left(\dfrac{r_B}{r_A}\right)^3$．

$\therefore\ T_B = \left(\dfrac{r_B}{r_A}\right)^{\frac{3}{2}} T_A$ 答

(2) $d_{max} = r_A + r_B$ ㋐

$d_{min} = r_B - r_A$ ㋑ 答

(3) A の角速度は $\omega_A = \dfrac{2\pi}{T_A}$，B の角速度は $\omega_B = \dfrac{2\pi}{T_B}$

A に対する B の相対角速度は $\omega = \omega_B - \omega_A\ (< 0)$

最接近から次の最接近までの周期 T は，

$$T = \frac{2\pi}{|\omega|} = \frac{T_A T_B}{T_B - T_A}$$ 答

ポイント

㋐ 恒星を挟んで A，恒星，B が一直線に並ぶときである．

㋑ A を挟んで恒星，A，B が一直線に並ぶときである．

練習問題 6-9 解答 p. 211

問題 6-[9]で，時刻 0 に A，B が最接近したとする．時刻 t における A，B 間の距離 d を d_{max}，d_{min}，T，t で表せ．

問題 6-10 ▼楕円の直交座標表示

楕円の極座標表示の式 $r = \dfrac{a(1-e^2)}{1+e\cos\theta}$ から，楕円の直交座標表示の式 $\dfrac{(x+ea)^2}{a^2} + \dfrac{y^2}{b^2} = 1$ を導け.

●考え方●

x，y を r，θ で表し，r，θ を消去して x と y の関係式を導く.

解答

焦点の位置を座標原点にとって，直交座標 (x, y) の値は

$$x = r\cos\theta \quad \cdots ① \qquad y = r\sin\theta \quad \cdots ②$$

楕円の極座標表示は　$r = \dfrac{a(1-e^2)}{1+e\cos\theta}$　…③

③式を①式に代入して，$x = \dfrac{a(1-e^2)\cos\theta}{1+e\cos\theta}$. これより，

$$\cos\theta = \frac{x}{a(1-e^2)-ex} \quad \cdots ④$$ ㋐

② ÷ ①より，$\sin\theta = \dfrac{y}{x}\cos\theta$

④式を代入して，$\sin\theta = \dfrac{y}{a(1-e^2)-ex}$ ㋑　…⑤

④, ⑤式を恒等式 $\cos^2\theta + \sin^2\theta = 1$ に代入すれば，

$$\left\{\frac{x}{a(1-e^2)-ex}\right\}^2 + \left\{\frac{y}{a(1-e^2)-ex}\right\}^2 = 1.$$

$x^2 + y^2 = \{a(1-e^2)-ex\}^2$.

$x^2(1-e^2) + 2eax(1-e^2) + y^2 = a^2(1-e^2)^2$. 両辺を $1-e^2$ で割って，整理すれば $(x+ea)^2 + \dfrac{y^2}{1-e^2} = a^2$.

両辺を a^2 で割って，$b = a\sqrt{1-e^2}$ と置けば，$\dfrac{(x+ea)^2}{a^2} + \dfrac{y^2}{b^2} = 1$ を得る.　答

ポイント

㋐ r を消去して，$\cos\theta$ を x で表した.

㋑ r を消去して，$\sin\theta$ を y で表した.

練習問題　6-10

解答 p. 212

(1) 楕円の離心率 e を半長軸 a と半短軸 b で表せ.

(2) 楕円軌道を描く惑星の太陽からの距離の最大値 $r_{\max}$ と最小値 $r_{\min}$ の相加平均 $\dfrac{r_{\max}+r_{\min}}{2}$ および相乗平均 $\sqrt{r_{\max}r_{\min}}$ を半長軸 a または半短軸 b で表せ.

問題 6-11 ▼惑星の力学的エネルギー

質量 M の太陽の周りを半長軸 a の楕円を描いて運動している質量 m の惑星の力学的エネルギー E を求めよ．

●考え方●

太陽のまわりの惑星の運動について，力学的エネルギー保存則と角運動量保存則（面積速度一定の法則）の式を組み合わせて導く．

解答

惑星の速さを近日点で v，遠日点で V とし，太陽からの距離を近日点で r，遠日点で R とする．力学的エネルギーは，近日点で

$$E = \frac{1}{2}mv^2 - \frac{GMm}{r} \quad \cdots①$$

遠日点で

$$E = \frac{1}{2}mV^2 - \frac{GMm}{R} \quad \cdots②$$

面積速度一定の法則より，

$$\frac{1}{2}rv = \frac{1}{2}RV \quad \cdots③$$
㋐

ポイント

㋐ または角運動量保存則より，$rmv = RmV$．

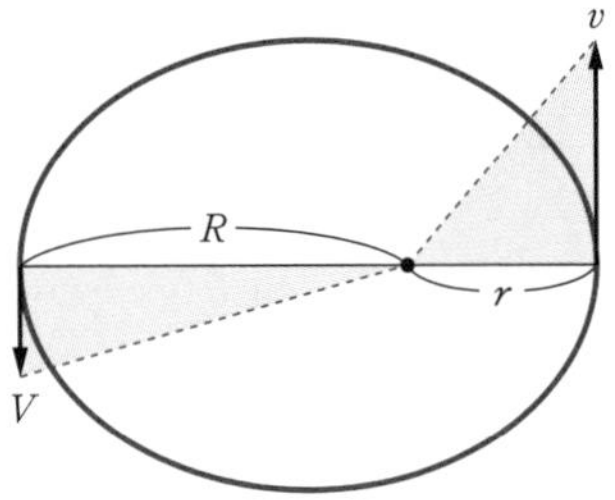

③式を 2 乗して $2m$ をかければ，

$$\frac{1}{2}mv^2r^2 = \frac{1}{2}mV^2R^2 \quad \cdots④$$

①式より，$\frac{1}{2}mv^2 = E + \frac{GMm}{r}$　および　②式より，$\frac{1}{2}mV^2 = E + \frac{GMm}{R}$

を④式に代入して，

$$\left(E + \frac{GMm}{r}\right)r^2 = \left(E + \frac{GMm}{R}\right)R^2 \text{ より，} E(R^2 - r^2) = GMm(r - R).$$

よって，$E = -\frac{GMm}{R + r} = -\frac{GMm}{2a}$ 答

練習問題 6-11

解答 p. 212

質量 M の地球の周りを半長軸 a，離心率 e の楕円を描いて運動する質量 m の人工衛星の力学的エネルギー E は，$E = -\frac{GMm}{2a}$ である．

(1) 地球中心から距離 r の位置にある人工衛星の速さ v を求めよ．

(2) 人工衛星の速さの最大値 $v_{\max}$，最小値 $v_{\min}$，短軸上の点における速さ u を求めよ．

問題 6-⑫ ▼楕円軌道の曲率半径

半長軸 a，半短軸 b の楕円軌道を描く惑星がある．近日点における軌道の曲率半径 ρ を求めよ．

●考え方●

近日点近傍を円軌道と見なして，半径方向の運動方程式を立てる．

解答

近日点における曲率半径は，近傍の曲線をある円Cの一部で近似したときの円Cの半径である．近日点での速度は長軸に直角なので，円Cの中心は長軸上にある．

質量 m の惑星の近日点での速さを v，質量 M の太陽までの距離を r とすると，

円Cの中心に向かう加速度が $\dfrac{v^2}{\rho}$ なので，

運動方程式は，$m\dfrac{v^2}{\rho} = \dfrac{GMm}{r^2}$ …①

力学的エネルギー保存則より，

$$\frac{1}{2}mv^2 - \frac{GMm}{r} = -\frac{GMm}{2a} \quad \cdots②$$ ㋐

①，②式より v^2 を消去して ρ について解けば，

$\rho = \dfrac{2ar - r^2}{a}$．ここで，図の赤色で示した直角三角形について三平方の定理を用いて

$$(a - r)^2 + b^2 = a^2 \quad より，$$

$2ar - r^2 = b^2$ となるので，$\rho = \dfrac{b^2}{a}$ 答

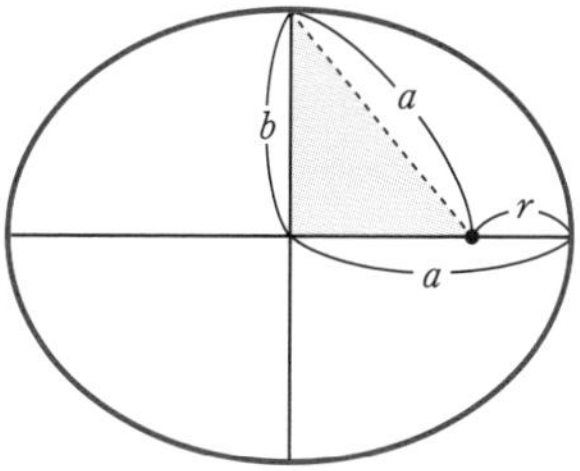

これより近日点における曲率半径は楕円の半直弦に等しいことが分かる．

ポイント

㋐ 惑星の力学的エネルギー E は，楕円の半長軸 a を用いて，$E = -\dfrac{GMm}{2a}$．

練習問題　6-12　解答 p. 212

半長軸 a，半短軸 b の楕円軌道を描く惑星がある．短軸上の点における軌道の曲率半径 ρ を求めよ．

問題 6-13 ▼星の半径と質量

宇宙船が大気の存在しない惑星に着陸した．惑星の表面から高さ 2000 m の点 A から物体を静かに手放したところ，33 秒後に表面に達した．また，点 A から物体を水平方向にある速度で発射すると，物体は円運動して 100 分後に戻ってきた．惑星を密度一定の球体と仮定し，万有引力定数 $G = 6.7 \times 10^{-11}$ 〔$\mathrm{N \cdot m^2/kg^2}$〕を用いて，惑星の質量 M と半径 R を求めよ．

●考え方●

自由落下の式と等速円運動の式を連立して，M と R が求められる．

解答

惑星の表面近くの重力加速度を g とすると，質量 m の物体に対する運動方程式 $mg = \dfrac{GMm}{R^2}$ ㋐ より，$g = \dfrac{GM}{R^2}$．

高さ H から物体を自由落下させたときに惑星の表面に達するまでの時間を t とすれば，等加速度直線運動の式より

$$H = \frac{1}{2}gt^2 = \frac{GM}{2R^2}t^2 \quad \cdots ①$$

点 A から発射された物体が惑星の表面近くを等速円運動する場合の速さを v とすると，運動方程式 $m\dfrac{v^2}{R} = \dfrac{GMm}{R^2}$ より，$v = \sqrt{\dfrac{GM}{R}}$ となるので，一周する時間 T は，$T = \dfrac{2\pi R}{v} = 2\pi\sqrt{\dfrac{R^3}{GM}}$．

両辺を 2 乗して，$T^2 = \dfrac{4\pi^2}{GM}R^3 \quad \cdots ②$

① × ②より M を消去して R について解けば，

$$R = \frac{H}{2\pi^2}\left(\frac{T}{t}\right)^2 = \frac{2000}{2 \times 3.14^2}\left(\frac{100 \times 60}{33}\right)^2 〔\mathrm{m}〕 = 3.4 \times 10^3 〔\mathrm{km}〕$$ 答

次に①式より，$M = \dfrac{2R^2H}{Gt^2} = \dfrac{2 \times (3.4 \times 10^6)^2 \times 2000}{6.7 \times 10^{-11} \times 33^2}$ ㋑ $= 6.3 \times 10^{23}$ 〔kg〕 答

ちなみに，この数値は火星についての値（赤道半径 3397 km，質量 6.4×10^{23} kg）に近い．

ポイント

㋐ 惑星の表面近くなので，惑星中心からの距離はほとんど惑星の半径に等しい．

㋑ 長さの単位を〔m〕に統一した．

練習問題　6-13

解答 p. 213

問題 6-13 において，惑星の表面近くの重力加速度の大きさと脱出速度を数値で求めよ．

問題 6-⑭ ▼連星（円軌道）

2 個の恒星 1, 2 が共通重心の周りに公転周期 T で円運動している．恒星 1, 2 の速さはそれぞれ v_1, v_2 である．恒星 1 の質量 m_1 と恒星 2 の質量 m_2 を求めよ．

●考え方●

共通重心は 2 個の恒星を結ぶ線分上にあり，2 個の恒星は共通の角速度で回っている．

解答

星の重心の周りの公転の角速度を ω，共通重心から恒星 1，2 までの距離をそれぞれ r_1，r_2 とする．

恒星 1 の運動方程式は，$m_1 r_1 \omega^2 = \dfrac{G m_1 m_2}{(r_1 + r_2)^2}$ ㋐　…①

恒星 2 の運動方程式は，$m_2 r_2 \omega^2 = \dfrac{G m_1 m_2}{(r_1 + r_2)^2}$　…②

恒星 1，2 の円運動の速さは，それぞれ $v_1 = r_1\omega$，$v_2 = r_2\omega$ と表せるので

$r_1 = \dfrac{v_1}{\omega}$ を①式に代入して，m_2 について解けば

$$m_2 = \frac{v_1(v_1 + v_2)^2}{G\omega}.$$

$\omega = \dfrac{2\pi}{T}$ を代入して，$m_2 = \dfrac{v_1(v_1 + v_2)^2 T}{2\pi G}$　答

同様に，$m_1 = \dfrac{v_2(v_1 + v_2)^2 T}{2\pi G}$ ㋑　答

ポイント

㋐ 2 個の恒星は重心から見て反対方向に位置しているので，恒星間の距離は $r_1 + r_2$ である．

㋑ 添え字の 1 と 2 を入れ替えればよい．

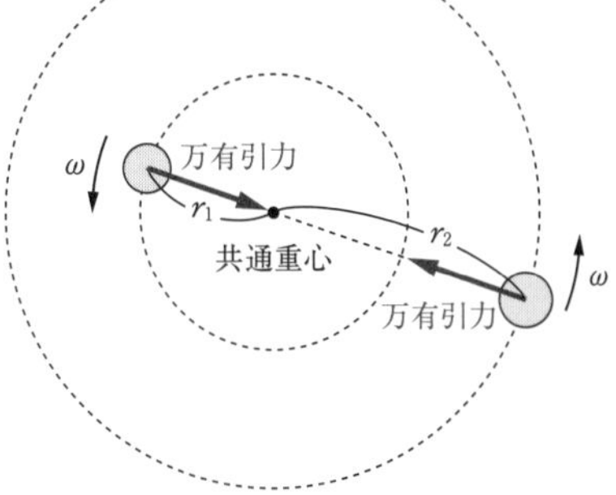

練習問題　6-14　　解答 p. 213

質量 m_1, m_2 の 2 個の恒星が共通重心の周りに円運動するときの, 系の力学的エネルギーを求めよ．共通重心は静止しているものとし，恒星間の距離を r とする．

問題 6-15 ▼連星（楕円軌道）

2個の恒星1，2が共通重心のまわりにそれぞれ楕円軌道を描いて運動している．恒星1，2の質量をそれぞれ m_1，m_2，楕円の半長軸をそれぞれ a_1，a_2 として，公転周期 T を求めよ．

●考え方●

換算質量を用いて，相対運動の運動方程式を立てる．これにより固定された中心天体のまわりの1個の天体の運動に帰着する．

解答

恒星2から見た恒星1の運動方程式は，換算質量

$$\mu = \frac{m_1 m_2}{m_1 + m_2} \quad \cdots ①$$

を用いて，

$$\mu \ddot{\boldsymbol{r}} = -\frac{G m_1 m_2}{r^2}\boldsymbol{e} \quad \cdots ②$$

$\boldsymbol{r}$ は恒星2を基準とした恒星1の位置ベクトル，$\boldsymbol{e}$ は恒星2から恒星1に向かう単位ベクトルである．

①式より $m_1 m_2 = \mu(m_1 + m_2)$ を②式に代入すれば，

$$\mu \ddot{\boldsymbol{r}} = -\frac{G(m_1 + m_2)\mu}{r^2}\boldsymbol{e} \quad \cdots ③$$ ㋐

③式は，恒星2に対する恒星1の相対運動が，質量 $m_1 + m_2$ の中心天体のまわりの運動と等価であることを示す．この運動は半長軸が $a_1 + a_2$ の楕円軌道なので公転周期は $T = 2\pi\sqrt{\dfrac{(a_1 + a_2)^3}{G(m_1 + m_2)}}$ ㋑ 答

ポイント

㋐ 右辺は質量 $m_1 + m_2$ の物体と質量 μ の物体の間に働く万有引力に相当する．

㋑ ケプラーの第3法則を表す式 $T = 2\pi\sqrt{\dfrac{a^3}{GM}}$ で，M を $m_1 + m_2$，a を $a_1 + a_2$ とする．

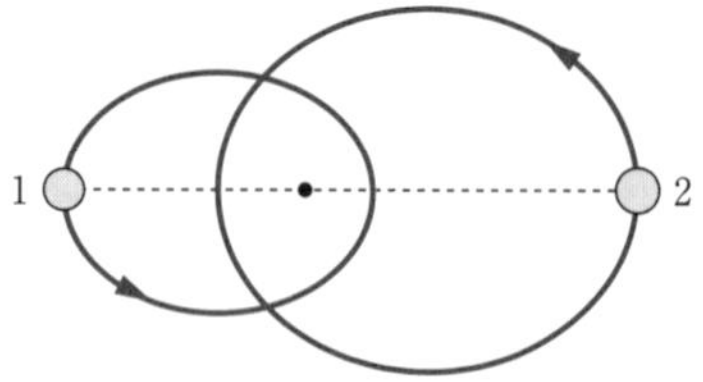

練習問題 6-15 解答 p. 213

2個の恒星1，2が共通重心のまわりにそれぞれ楕円軌道を描いて運動している．恒星1，2の質量をそれぞれ m_1，m_2，楕円の半長軸をそれぞれ a_1，a_2 として，連星系の力学的エネルギー E を求めよ．共通重心は静止しているとする．

問題 6-16 ▼正三角形をなす 3 個の天体

一辺の長さ a の正三角形の頂点にあるそれぞれ質量 M の天体が正三角形を含む平面内で正三角形の重心 O の周りで正三角形の配置を保ちながら等速円運動するとき，公転周期 T を求めよ．また，この系の力学的エネルギー E を求めよ．

●考え方●

1 個の天体が受ける万有引力は，残りの 2 個の天体から受ける万有引力の合力として求められる．

解答

重心 O から天体までの距離 r は，$2r\cos\dfrac{\pi}{6}=a$ より，

$r=\dfrac{a}{\sqrt{3}}$．

1 個の星について O の方向の運動方程式は，角速度を ω として，$\underset{ア}{\underline{Mr\omega^2=\dfrac{GM^2}{a^2}\cos\dfrac{\pi}{6}\cdot 2}}$ となるので，これを ω について解けば，$\omega=\sqrt{\dfrac{3GM}{a^3}}$．これより，回転の周期 T は，

$$T=\frac{2\pi}{\omega}=2\pi\sqrt{\frac{a^3}{3GM}}$$ 答

天体の速さ v は $v=r\omega=\dfrac{a}{\sqrt{3}}\sqrt{\dfrac{3GM}{a^3}}=\sqrt{\dfrac{GM}{a}}$ となるから，力学的エネルギーは

$$E=\frac{1}{2}Mv^2\times 3\underset{イ}{\underline{-\frac{GM^2}{a}}}\times 3$$

$$=-\frac{3GM^2}{2a}$$ 答

ポイント

㋐ 2 個の天体間で及ぼし合う万有引力の大きさは，万有引力の法則より，$\dfrac{GMM}{a^2}=\dfrac{GM^2}{a^2}$

㋑ 1 つのペアのポテンシャルエネルギーは $-\dfrac{GM^2}{a}$ であり，ペアが 3 組ある．

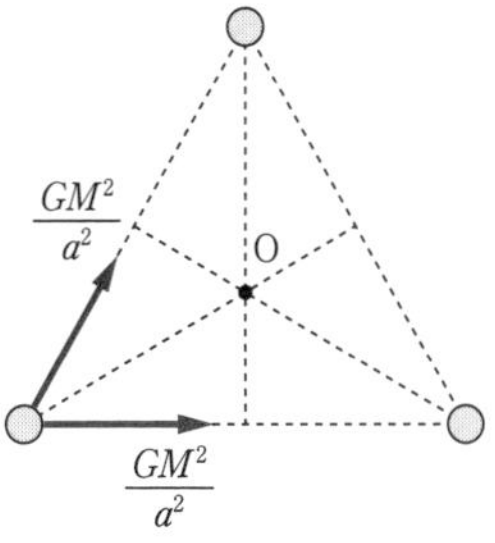

練習問題　6-16　解答 p. 213

一辺の長さ a の正方形の頂点にあるそれぞれ質量 M の天体が正方形の重心 O の周りで等速円運動しているとき，公転周期 T を求めよ．

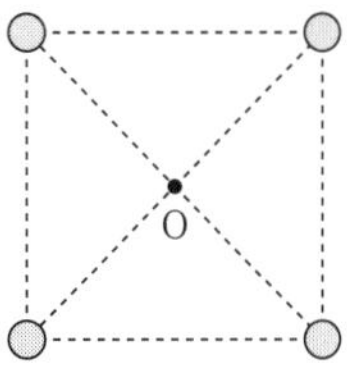

column6 ◆連星で発見されたブラックホール

ブラックホールはアインシュタインの一般相対性理論により存在が予言されていたもので，強力な重力によりあらゆる物質や光さえも脱出することができない天体である．質量 M の天体が収縮して，シュバルツシルト半径と呼ばれる臨界値を下回るとついにブラックホールになるとされている．シュバルツシルト半径 R_S の式は一般相対性理論のアインシュタイン方程式を解くことにより $R_S = \frac{c^2}{2GM}$ となることが知られている．この式は，ニュートン力学により求められるところの星の表面からの脱出速度 $v_{esc} = \sqrt{\frac{2GM}{R}}$ を光速 c に等しいと置いたときの星の半径 R の式と同じである．ただし，この場合は速度が脱出速度に満たないと無限遠方まで届かないということであり，半径 R から全く外に出られないわけではないので，一般相対性理論から導かれるブラックホールのシュバルツシルト半径とは本質的に異なっている．

ブラックホールは光を出さないため，見つけるのは至難と思われたが，ブラックホールとペアをなして回る恒星によりその姿が浮かびあがってきたのである．

互いに回り合っている恒星を連星という．全天に輝く星のうち約半数が連星であるという．

1964 年の気球に積んだ X 線検出器による観測で，はくちょう座の方向に X 線源(はくちょう座 X-1)が発見され，1971 年にはアメリカの X 線観測衛星「ウルフ」により X 線源の位置に青色の超巨星（HD226868）があることが分かった．しかしながら，青色超巨星のような普通の恒星が強い X 線を出すことはあり得ないため，はくちょう座 X-1 は実は連星系で超巨星の相手方が X 線を出しているのではないかと思われた．そこでイギリスとカナダの天文台が観測した結果，青色超巨星が発するスペクトルの波長が 5.6 日の周期で変動していることが判明した．これは青色超巨星の公転運動による**ドップラー効果**で光の波長が周期的に変わるためである．すなわち，この連星は周期 5.6 日で公転していることになる．

そうして連星の速度分析や，小田稔らによる X 線時間変動の解析などから，青色超巨星とともに回っている見えない天体は質量が太陽の 10 倍を超えるが，半径は 300 km より小さく，ブラックホールであると認定されたのである．

Chapter 7

剛体の運動

力学で最も高度な部門の一つである剛体の力学の入門編である．
重心，慣性モーメント，回転の運動方程式，回転の運動エネルギー
といった基礎をしっかり理解した上で，
剛体の固定軸まわりの回転運動や平面運動に取り組みたい

基本事項

1 剛体のつり合い（問題 7-3, 4, 5, 6）

❶ 剛体

固体のように変形しない物体を**剛体**という．物体を質点の集まりと考えたとき，質点間の距離が変わらないものといってもよい．

❷ 剛体の自由度

物体の運動を記述するのに必要な座標の個数を**自由度**という．

剛体内の1直線上にない3点 A, B, C の位置が確定すれば，剛体の位置と向きが確定する．空間内で三角形 ABC の位置を決めることを考えてみよう．まず，点 A の位置は3個の座標 (x, y, z) で決まる．点 A を固定したとき，点 B は点 A を中心とする半径 AB の球面上の任意の点に取ることができる．球面上の点は緯度と経度の2個の座標で指定できる．点 A, B を固定したとき，残りの点 C は辺 AB を軸として回転させることができる．この回転角は1個の座標で指定できる．以上より，束縛されていない剛体の自由度は $3+2+1=6$ となる．

❸ 力の作用点の移動

剛体に働く力の作用点は作用線上で移動しても同じ効果を与える．

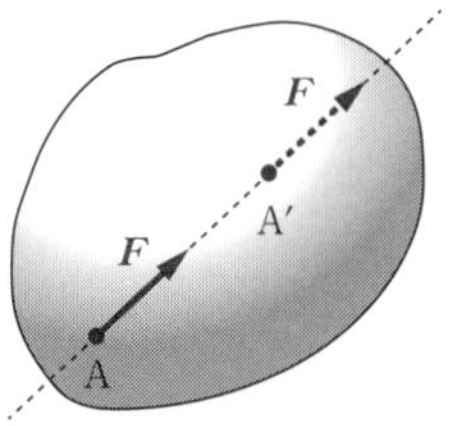

図で力の作用点 A を同じ作用線上にある点 A′ に移しても，任意の点に関する力のモーメントは同じものになるからである．

❹ 剛体に働く力の合成

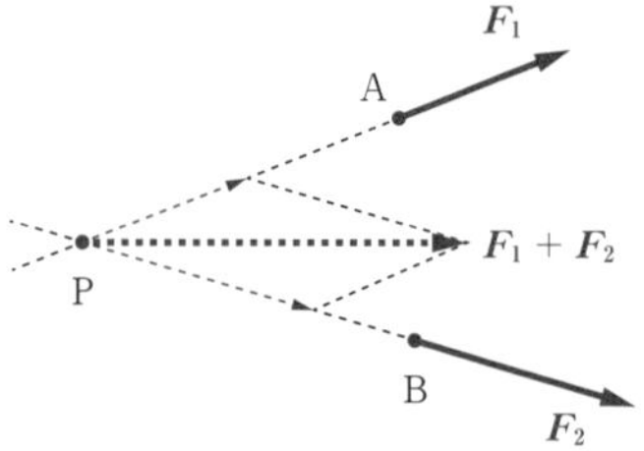

同一平面内にある2力 $\boldsymbol{F}_1$, $\boldsymbol{F}_2$ は，偶力の場合を除き，合成して1つの力で置き換えることができる．合力のベクトルは $\boldsymbol{F}=\boldsymbol{F}_1+\boldsymbol{F}_2$．後は作用点の位置を求める必要がある．

(a) 2力が平行でない場合

2力の作用線の交点を作用点とする力で置き換えられる．

(b) 平行で同じ向きの2力

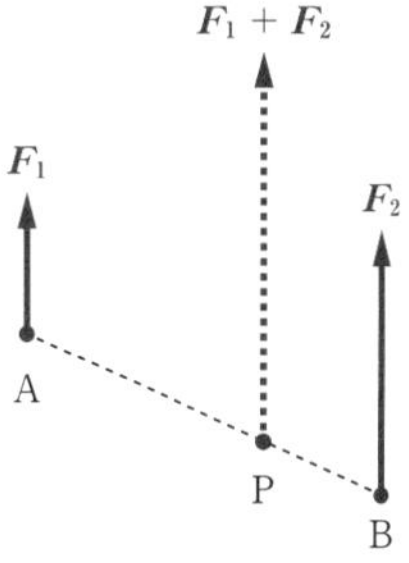

力 $\boldsymbol{F}_1$ の作用点をA，力 $\boldsymbol{F}_2$ の作用点をBとすると，線分ABを $|\boldsymbol{F}_2|:|\boldsymbol{F}_1|$ に**内分**する点P（Pは線分AB上で，AP：PB $=|\boldsymbol{F}_2|:|\boldsymbol{F}_1|$）を作用点とする力 $\boldsymbol{F}_1+\boldsymbol{F}_2$ で置き換えられる．これは次のように導出できる．

任意の基準点に関するA，Bの位置ベクトルをそれぞれ $\boldsymbol{a}$，$\boldsymbol{b}$ として $\boldsymbol{F}_1$，$\boldsymbol{F}_2$ のモーメントの和は，

$$\boldsymbol{a}\times\boldsymbol{F}_1+\boldsymbol{b}\times\boldsymbol{F}_2=\boldsymbol{a}\times\frac{|\boldsymbol{F}_1|}{|\boldsymbol{F}_1|+|\boldsymbol{F}_2|}(\boldsymbol{F}_1+\boldsymbol{F}_2)+\boldsymbol{b}\times\frac{|\boldsymbol{F}_2|}{|\boldsymbol{F}_1|+|\boldsymbol{F}_2|}(\boldsymbol{F}_1+\boldsymbol{F}_2)$$

$=\dfrac{|\boldsymbol{F}_1|\boldsymbol{a}+|\boldsymbol{F}_2|\boldsymbol{b}}{|\boldsymbol{F}_2|+|\boldsymbol{F}_1|}\times(\boldsymbol{F}_1+\boldsymbol{F}_2)=\boldsymbol{r}\times(\boldsymbol{F}_1+\boldsymbol{F}_2)$ と書ける．ここで $\boldsymbol{r}\equiv\dfrac{|\boldsymbol{F}_1|\boldsymbol{a}+|\boldsymbol{F}_2|\boldsymbol{b}}{|\boldsymbol{F}_2|+|\boldsymbol{F}_1|}$ は線分ABを $|\boldsymbol{F}_2|:|\boldsymbol{F}_1|$ に内分する点Pの位置ベクトルだから，点Pに合力 $\boldsymbol{F}_1+\boldsymbol{F}_2$ が作用するときと等価である．

(c) 平行で逆向きの2力

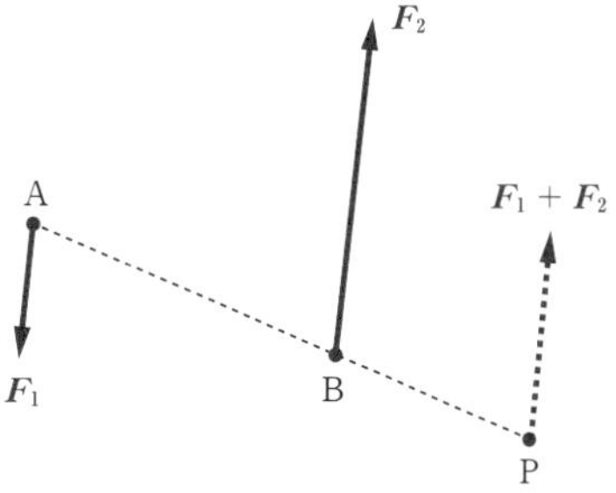

力 $\boldsymbol{F}_1$ の作用点をA，力 $\boldsymbol{F}_2$ の作用点をBとすると，線分ABを $|\boldsymbol{F}_2|:|\boldsymbol{F}_1|$ に**外分**する点P（Pは線分ABの外側で，AP：PB $=|\boldsymbol{F}_2|:|\boldsymbol{F}_1|$）を作用点とする力 $\boldsymbol{F}_1+\boldsymbol{F}_2$ で置き換えられる（これも (b) と類似の方法で導ける）．

Memo　内分・外分点の位置ベクトル

線分ABに対して点A, Bの位置ベクトルをそれぞれ $\boldsymbol{a}, \boldsymbol{b}$ とする．

位置ベクトル $\boldsymbol{r}=\dfrac{n\boldsymbol{a}+m\boldsymbol{b}}{m+n}$ $(m+n\neq 0)$ で表される点をPとする．

$mn>0$ のとき，点Pは線分ABを $|m|:|n|$ に内分する点である．

$mn<0$ のとき，点Pは線分ABを $|m|:|n|$ に外分する点である．

❺ 偶力

異なる平行な作用線上で働く同じ大きさで逆向きの 2 力を**偶力**という．力の大きさを F，作用線の間の距離を l とすれば，偶力のモーメントの大きさは Fl となる．

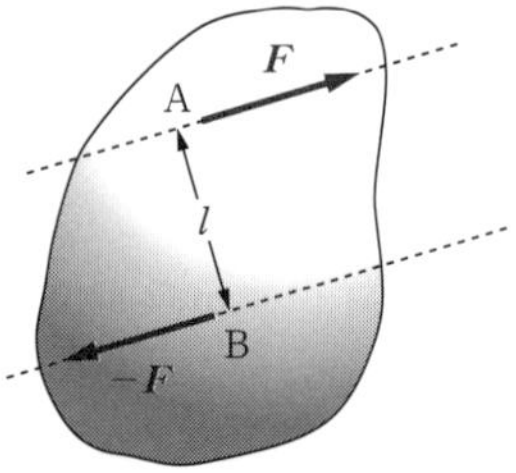

偶力のモーメントは，基準点の取り方によらないことが次のようにして分かる．

基準点 O に関する偶力のモーメントは

$$\overrightarrow{\mathrm{OA}} \times \boldsymbol{F} + \overrightarrow{\mathrm{OB}} \times (-\boldsymbol{F}) = (\overrightarrow{\mathrm{OA}} - \overrightarrow{\mathrm{OB}}) \times \boldsymbol{F} = \overrightarrow{\mathrm{BA}} \times \boldsymbol{F}$$

となるので，点 O の位置によらない．

❻ 剛体のつり合い

剛体が静止し続けるには次の 2 個の条件が必要である．

(a) **力がつり合うこと**

剛体に働く力 $\boldsymbol{F}_1, \boldsymbol{F}_2, \cdots$ のベクトル和が $\boldsymbol{0}$ でなければならない．これは剛体が移動しないために必要である．

$$\boldsymbol{F}_1 + \boldsymbol{F}_2 + \cdots = \boldsymbol{0}$$

(b) **任意の点のまわりの力のモーメントがつり合うこと**

これは，剛体が回転し始めないために必要である．力 $\boldsymbol{F}_1, \boldsymbol{F}_2, \cdots$ の作用点の位置ベクトルを $\boldsymbol{r}_1, \boldsymbol{r}_2, \cdots$ として，

$$\boldsymbol{r}_1 \times \boldsymbol{F}_1 + \boldsymbol{r}_2 \times \boldsymbol{F}_2 + \cdots = \boldsymbol{0}$$

練習問題 6-5 で示したように，ベクトルの和が $\boldsymbol{0}$ であればベクトルのモーメントの和は基準点の選び方によらない．したがって，剛体に働く力のベクトル和が $\boldsymbol{0}$ であるとき，ある点のまわりの力のモーメントがつり合えば，任意の点のまわりの力のモーメントがつり合う．

2 剛体の運動の基礎 (問題 7-1, 2)

❶ オイラーの回転定理

剛体の固定点のまわりの運動はその点を通るある直線のまわりの回転になる．

❷ 剛体の運動の記述

剛体の運動は，剛体の任意の点の運動とそのまわりの回転の合成によって記

述できる．このように並進運動と回転運動に分解することができる．

例えば，空中に放り出された剛体の運動を重心の運動とそのまわりの回転運動の合成で表せる．重心は質点の放物運動と同一の運動をし，そのまわりの剛体の回転運動が付け加わる．

❸ 剛体の重心

質量 M の剛体を微小部分（質点）に分けて，それぞれの質量を m_i，位置ベクトルを $\boldsymbol{r}_i$ とすれば，重心の位置ベクトル $\boldsymbol{r}_{\mathrm{G}}$ は，

$$\boldsymbol{r}_{\mathrm{G}} = \frac{\sum m_i \boldsymbol{r}_i}{M}$$

剛体を物質が連続的に分布したものと捉えれば和を積分で置き換えて次のように表すことができる．

$$\boldsymbol{r}_{\mathrm{G}} = \frac{\int \rho \boldsymbol{r}\, dV}{M}$$

ここで，ρ は密度（単位体積当たりの質量）であり，積分範囲は剛体全体である．

剛体に働く全重力は重心を作用点とする 1 つの力で置き換えられる．これは剛体の各微小部分に働く平行な力を合成したものである．

❹ 重心の運動方程式

$$M\frac{d\boldsymbol{v}_{\mathrm{G}}}{dt} = \sum \boldsymbol{F}_i \quad \cdots①$$

剛体の重心の運動は，重心に全質量が集中したとしたときの質点の運動に等しい．力は剛体に働く外力の和で考える．

❺ 回転の運動方程式

剛体を質点系と考えれば，質点系で成り立つ関係がそのまま使える．6 章にあるように剛体（質点系）の全角運動量を $\boldsymbol{L} = \sum \boldsymbol{r}_i \times m_i \boldsymbol{v}_i$ として，その変化率は，

$$\frac{d\boldsymbol{L}}{dt} = \sum \boldsymbol{r}_i \times \boldsymbol{F}_i \quad \cdots②$$

$\boldsymbol{F}_i$ は剛体の外部から質点 i に働く力である．

重心の角運動量 $\boldsymbol{L}_{\mathrm{G}} = \boldsymbol{r}_{\mathrm{G}} \times M\boldsymbol{v}_{\mathrm{G}}$ の変化率は，

$$\frac{d\boldsymbol{L}_{\mathrm{G}}}{dt} = \frac{d}{dt}(\boldsymbol{r}_{\mathrm{G}} \times M\boldsymbol{v}_{\mathrm{G}}) = \frac{d\boldsymbol{r}_{\mathrm{G}}}{dt} \times M\boldsymbol{v}_{\mathrm{G}} + \boldsymbol{r}_{\mathrm{G}} \times M\frac{d\boldsymbol{v}_{\mathrm{G}}}{dt}$$

$$= \boldsymbol{v}_{\mathrm{G}} \times M\boldsymbol{v}_{\mathrm{G}} + \boldsymbol{r}_{\mathrm{G}} \times \sum \boldsymbol{F}_i = \sum \boldsymbol{r}_{\mathrm{G}} \times \boldsymbol{F}_i \quad \cdots③$$

重心に関する相対角運動量 $\boldsymbol{L}'$ は $\boldsymbol{L} = \boldsymbol{L}_G + \boldsymbol{L}'$ より，$\boldsymbol{L}' = \boldsymbol{L} - \boldsymbol{L}_{\mathrm{G}}$ となるので，②式と③式の差を取れば $\boldsymbol{L}'$ の変化率を得る．

$\dfrac{d\boldsymbol{L}'}{dt} = \sum(\boldsymbol{r}_i - \boldsymbol{r}_{\mathrm{G}}) \times \boldsymbol{F}_i$ より，

$$\frac{d\boldsymbol{L}'}{dt} = \sum \boldsymbol{r}_i' \times \boldsymbol{F}_i \quad \cdots ④$$

ここで，$\boldsymbol{r}_i' = \boldsymbol{r}_i - \boldsymbol{r}_{\mathrm{G}}$ は重心を基準とする質点 i の位置ベクトルである．

このように，重心に関する相対角運動量の変化率は重心のまわりの力のモーメントの和に等しい．

3 固定軸のまわりの回転（問題 7-7, 8, 9, 10, 11, 12）

❶ 固定軸のまわりの回転の運動方程式

剛体が固定軸のまわりに角速度 ω で回転しているとする．固定軸に沿って z 軸を取る．剛体を質量 m_i の質点 i の集合体と見なして z 軸のまわりの角運動量 L_z を求めよう．質点 i と z 軸との距離を r_i とすると質点 i の角運動量が $r_i \cdot m_i r_i \omega = m_i r_i^2 \omega$ となるので，これらの総和を求めて，

$$L_z = \sum m_i r_i^2 \omega = I\omega$$

ここで，$I \equiv \sum m_i r_i^2$ を z 軸のまわりの**慣性モーメント**といい，剛体の回転に対する慣性を表す．

剛体の固定軸のまわりの角運動量　$L_z = I\omega$

慣性モーメント　$I = \sum m_i r_i^2$

ここで，r_iは質点iと軸の距離 である．

z 方向について，回転の運動方程式は，$\dfrac{dL_z}{dt} = (\sum \boldsymbol{r}_i \times \boldsymbol{F}_i)_z$．これに $L_z = I\omega$ を代入すれば，固定軸がある場合の回転の運動方程式を得る．

$$I\frac{d\omega}{dt} = N$$

この式で I は固定軸のまわりの慣性モーメント，N は剛体に働く外力の固定軸のまわりのモーメントの和である．

慣性モーメントが大きいほど，回転の角速度を変えるために必要な力のモーメントは大きくなる．つまり，回し始めるのは大変だが，いったん回転が速くな

ると今度は止めるのが大変になるということである．慣性質量が直線運動に対する慣性を表すのに対し，慣性モーメントは回転運動に対する慣性を表す．慣性モーメントは基準とする軸の選び方により異なることに注意が必要である．

❷ 典型的な剛体の慣性モーメント

剛体の密度は一様で質量を M とし，基準とする軸はいずれも重心を通るものとする．

剛　体	軸の方向	慣性モーメント
棒 長さ a	棒に垂直	$\frac{1}{12}Ma^2$
球 半径 a	直径	$\frac{2}{5}Ma^2$
円板 半径 a	円板に垂直	$\frac{1}{2}Ma^2$
円板 半径 a	直径	$\frac{1}{4}Ma^2$
直円柱 半径 a	底面に垂直	$\frac{1}{2}Ma^2$
直円柱 半径 a，高さ b	底面に平行	$\frac{1}{12}M(3a^2+b^2)$
直方体 底面の 2 辺の長さ a, b	底面に垂直	$\frac{1}{12}M(a^2+b^2)$
直円錐 底面の半径 a	底面に垂直	$\frac{3}{10}Ma^2$

❸ 平行軸の定理（問題 7-7）

ある軸 A のまわりの慣性モーメント I は，重心を通り A に平行な軸のまわりの慣性モーメント I_G と，物体の質量 M および重心と軸 A の距離 h を用いて，次式で表せる．

$$I = I_G + Mh^2$$

❹ 垂直軸の定理（問題 7-8）

xy 平面内に薄い剛体が置かれている．x, y, z 軸のまわりの慣性モーメントをそれぞれ I_x，I_y，I_z とするとき次の関係式が成り立つ．

$$I_z = I_x + I_y$$

4 剛体の平面運動（問題 7-[13], [14], [15], [17], [18]）

剛体の各点の運動が，ある定平面に平行な平面内に限られる場合を**平面運動**という．回転軸は定平面に垂直であり，向きは一定である．この節では，剛体の平面運動を扱う．

❶ 回転の運動方程式

重心の運動は①式の運動方程式で決定される．次に重心のまわりの回転の運動方程式を求めよう．回転軸の方向を z 軸とし，④式の z 成分を取れば

$$\frac{dL_z'}{dt} = (\sum \boldsymbol{r}_i' \times \boldsymbol{F}_i)_z.$$

重心 G を通る回転軸のまわりの角運動量 L_z' は，重心 G を通る回転軸のまわりの慣性モーメント I_{G} と回転の角速度 ω を用いて，$L_z' = I_{\mathrm{G}}\omega$ と書けるので，回転の運動方程式が次のように表せる．

$$I_{\mathrm{G}}\frac{d\omega}{dt} = N$$

ここで，N は重心 G を通る回転軸のまわりの外力のモーメントの和である．

5 剛体の力学的エネルギー（問題 7-[16], [17], [18]）

❶ 重力による位置エネルギー

質量 M の剛体の質量が持つ重力による位置エネルギー U は，重心の基準面からの高さ h_{G} を用いて，

$$U = Mgh_{\mathrm{G}}$$

剛体の全質量が重心に集中したと見なせばよい．

この式は次のように導くことができる．剛体を質点 i の集まりと考えて，

$$U = \sum m_i g h_i = Mg\frac{\sum m_i h_i}{M} = Mgh_{\mathrm{G}}$$

❷ 運動エネルギー

(a) 固定軸のまわりに回転する場合

固定軸のまわりの角速度を ω，慣性モーメントを I として，剛体の運動エネルギー K は，次式で与えられる．

$$K = \frac{1}{2}I\omega^2$$

導出は次のようになる．固定軸と質点 i の距離を r_i として

$$K = \sum \frac{1}{2} m_i (r_i \omega)^2 = \frac{1}{2} (\sum m_i r_i^2) \omega^2 = \frac{1}{2} I \omega^2$$

(b) 平面運動において回転軸が並進運動する場合

$$K = \frac{1}{2} M v_G^2 + \frac{1}{2} I_G \omega^2$$

v_G は剛体の重心速度，I_G は重心を通る回転軸のまわりの慣性モーメント，ω は剛体の回転の角速度である．右辺第１項は重心の運動エネルギーである．第２項は重心のまわりの相対運動エネルギーで回転の運動エネルギーを表している．

❸ 力学的エネルギーの保存

剛体に働く外力が保存力のみであれば，剛体の力学的エネルギーは保存する．

例 空気抵抗を無視して，投射された長さ l，質量 M の一様な棒が鉛直面内で運動する場合を考えてみる．棒に働く力は保存力である重力だから，力学的エネルギーが保存される．棒の重心である中点は，質点の放物運動と同じ運動をする．角速度を ω として，力学的エネルギー保存則を表す式は次のようになる．

$$\frac{1}{2} M v_G^2 + \frac{1}{2} I_G \omega^2 + M g h_G = 一定$$

この式に棒の重心を通り棒に垂直な軸のまわりの慣性モーメント $I_G = \frac{1}{12} M l^2$ を代入すれば，

$$\frac{1}{2} M v_G^2 + \frac{1}{24} M l^2 \omega^2 + M g h_G = 一定$$

となる．

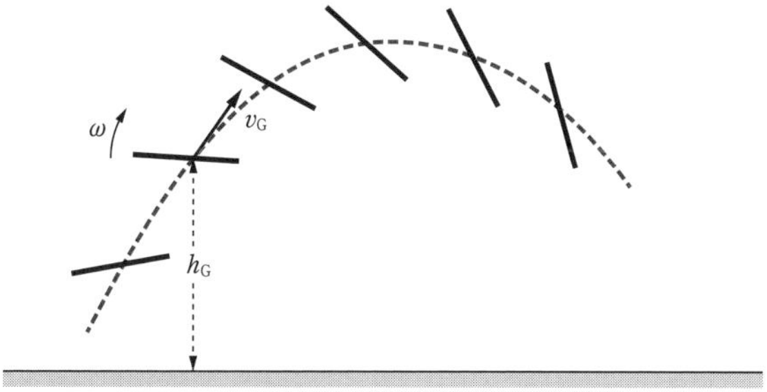

問題 7-1 ▼斜円錐の重心

半径 a の円形底面を持つ高さ h の一様な密度の斜円錐がある．底面の中心をA，斜円錐の頂点をBとする．斜円錐の重心Gは線分AB上にある．重心Gの底面からの高さを求めよ．

●考え方●

斜円錐を薄い円板に分割する．

解答

点Aを原点とし鉛直上向きに y 軸を取る．底面からの高さ y の位置における円板の面積は $\pi a^2\left(\dfrac{h-y}{h}\right)^2$ ㋐ なので，厚みが dy の薄い円板の質量は，円錐の密度を ρ として $\rho\pi a^2\left(\dfrac{h-y}{h}\right)^2 dy$ と書ける．

ポイント

㋐ 円板の半径が $a\left(\dfrac{h-y}{h}\right)$ となる．

㋑ $y_G = \dfrac{\int \rho y dV}{M}$

また，円錐の体積は $\dfrac{1}{3}$ × 底面積 × 高さで求められて，これに密度 ρ をかければ円錐の質量になる．重心Gの y 座標 y_G は，重心の位置を積分で表した式 ㋑ を用いて

$$y_G = \frac{\int_0^h y\cdot\rho\pi a^2\left(\frac{h-y}{h}\right)^2 dy}{\frac{1}{3}\pi a^2 h\rho} = \frac{3}{h^3}\int_0^h y(h-y)^2 dy$$

$$= \frac{3}{h^3}\left[\frac{1}{2}h^2y^2 - \frac{2}{3}hy^3 + \frac{1}{4}y^4\right]_0^h = \frac{h}{4} \quad \text{答}$$

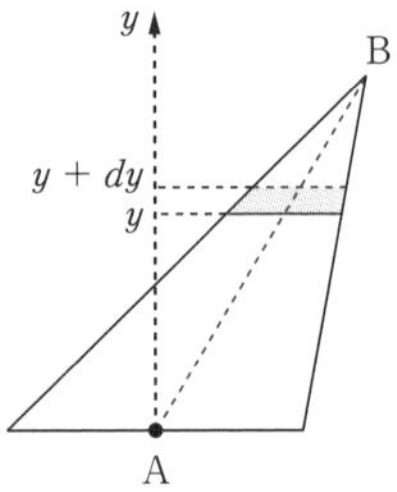

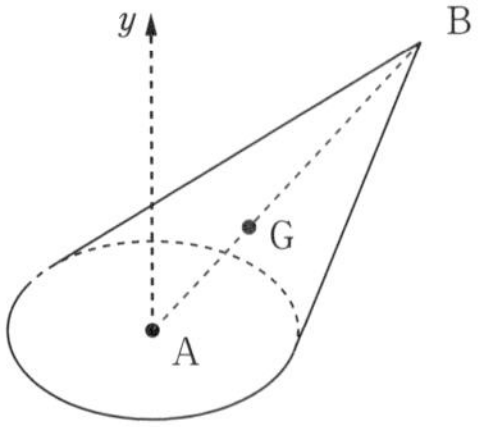

練習問題 7-1 解答 p. 214

(1) 半径 a の円形底面を持つ高さ h の一様な密度の斜円柱を水平な床上に置く．上下の円形底面の中心を結ぶ線分が鉛直方向となす角は θ である．斜円柱が倒れないための条件を求めよ．

(2) 半径 a の円形底面を持つ高さ h の一様な密度の斜円錐を水平な床上に置く．底面の中心と頂点を結ぶ線分が鉛直方向となす角は θ である．斜円錐が倒れないための条件を求めよ．

問題 7-2 ▼切り抜かれた円板の重心

図のように，半径 a の均一な円板 A から半径 b の円板 B を切り抜いた残りの板 C の重心 G と円板 A の中心 O の距離を求めよ．

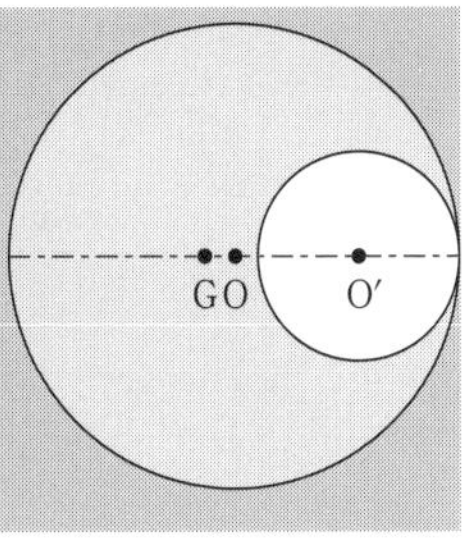

●考え方●

切り抜いた板を元の位置に戻して円板を点 O で支えたとき，点 O のまわりの力のモーメントのつり合いを考える．

解答

板の面密度を σ とすると，円板 A の質量 $m_A = \pi a^2\sigma$，円板 B の質量 $m_B = \pi b^2\sigma$，板 C の質量 m_C は $m_C = m_A - m_B = \pi(a^2 - b^2)\sigma$．

円板 A に対して点 O のまわりの力のモーメントのつり合いは，㋐ $m_B g \times \mathrm{OO'} = m_C g \times \mathrm{OG}$．$\mathrm{OG} = x$ と置いて，

$$m_B g(a - b) = m_C g x$$

より，

$$x = \frac{m_B(a - b)}{m_C} = \frac{\pi b^2\sigma(a - b)}{\pi(a^2 - b^2)\sigma} = \frac{b^2}{a + b}$$ 答

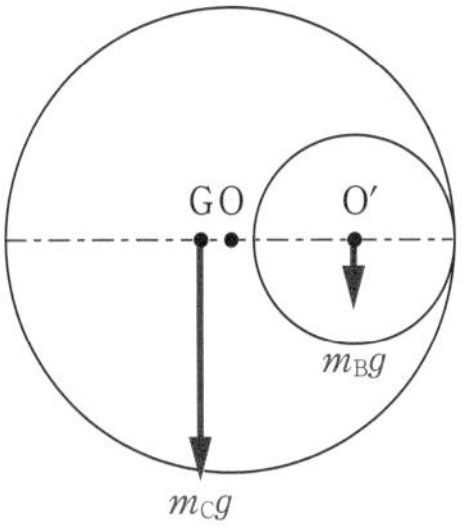

【別解】

円板 A に点 O′ を中心として半径が b で質量が $-m_B$ の円板を重ねたと考える．O′ から O の向きに x 軸を取り重心の公式を用いて，

$$x = \frac{m_A \cdot 0 + (-m_B)(-a + b)}{m_A + (-m_B)} = \frac{\pi b^2\sigma(a - b)}{\pi a^2\sigma - \pi b^2\sigma}$$ ㋑

$$= \frac{b^2}{a + b}$$ 答

ポイント

㋐ 円板の重心は中心 O だから，点 O で支えて静止させることができる．

㋑ 重心の公式

$$x_G = \frac{m_1x_1 + m_2x_2}{m_1 + m_2}$$

練習問題　7-2　　解答 p. 214

内部に球形の空洞のある半径 R の均一な中空剛体球がある．中空剛体球の重心 G と球の中心 O の距離が x，空洞の中心と点 O の距離が y であった．空洞の半径 r を求めよ．

問題 7-3 ▼棒の質量と重心の測定

剛体棒 AB の質量と重心の位置を次のように，棒を少し持ち上げることにより測定することができる．棒の端 B に鉛直方向上向きの力を加えて A を支点にしてわずかに持ち上げるとき，加えた力の大きさが m_1g であり，棒の端 A に鉛直方向上向きの力を加えて B を支点にしてわずかに持ち上げるとき，加えた力の大きさが m_2g であった．

棒の質量 M を m_1, m_2 で表せ．また，重心 G と端 A の距離 x を m_1, m_2 と棒の長さ l で表せ．

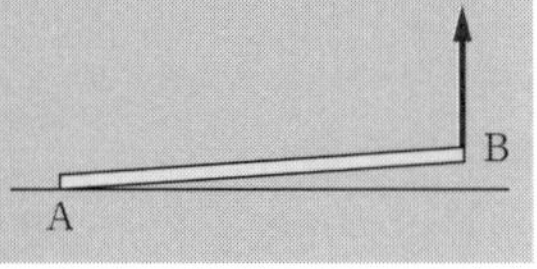

●考え方●

A, B それぞれを支点としたときの力のモーメントのつり合いの式を立てる．

解答

棒の端 B をわずかに持ち上げた状態で A のまわりの力のモーメントのつり合いより，

$$\underline{m_1gl = Mgx}_{㋐} \quad \cdots①$$

棒の端 A をわずかに持ち上げた状態で B のまわりの力のモーメントのつり合いより，

$$m_2gl = Mg(l - x) \quad \cdots②$$

① + ②より，$M = m_1 + m_2$ 答

これを①式に代入して，

$$x = \frac{m_1}{m_1 + m_2} l$$ 答

ポイント

㋐ 棒が A で受ける垂直抗力は，A まわりのうでの長さが 0 なのでモーメントはない．

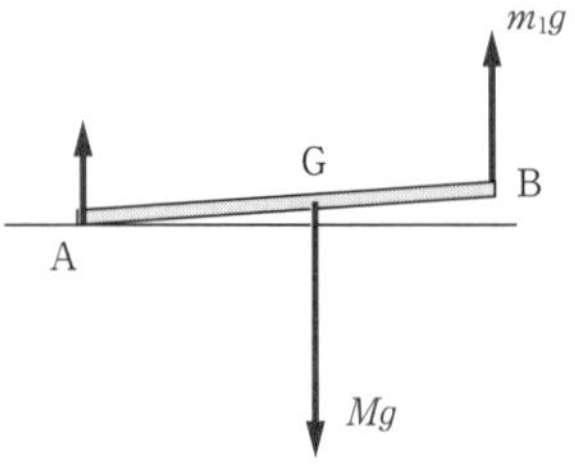

練習問題 7-3　解答 p. 214

長方形の板 ABCD がある．辺 AB を水平にして頂点 A, B それぞれに糸 1, 2 を付けて板を支えたところ，糸 1, 2 の張力の大きさがそれぞれ T_1, T_2 であった．次に辺 DA を水平にして頂点 D, A それぞれに糸 3, 4 を付けて板を支えたところ，糸 3, 4 の張力の大きさがそれぞれ T_3, T_4 であった．いずれの場合も糸は鉛直方向に張っている．AD = a，AB = b として，板の重心 G の辺 AD からの距離 x と辺 AB からの距離 y を求めよ．

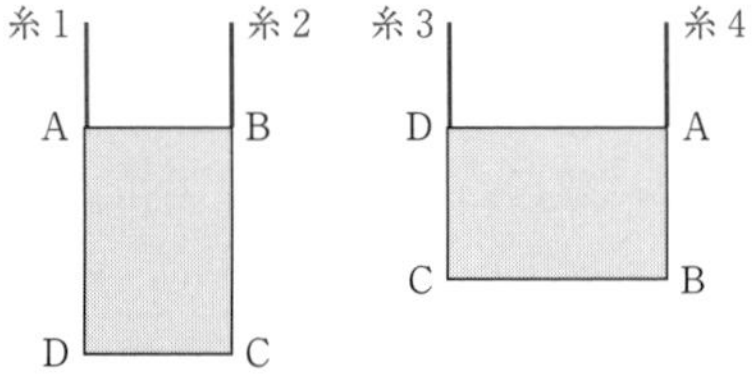

問題 7-④ ▼立てかけた棒のつり合い

上半分が一様線密度 ρ_1，下半分が一様線密度 ρ_2 の棒の下端を粗い床において，滑らかな壁に立てかけた．棒と床の間の静止摩擦係数を μ，棒の傾角を θ として，棒が滑らずに静止するための条件を求めよ．棒全体が一様密度であるときの条件はどう書けるか．

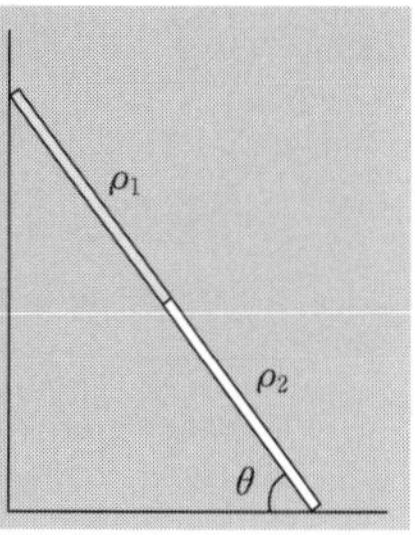

●考え方●

棒のつり合いから，棒が床から受ける摩擦力と垂直抗力が求められる．

解答

棒が床から受ける垂直抗力を N，静止摩擦力を F，壁から受ける垂直抗力を R とする．

棒に働く力のつり合いの式を水平方向と鉛直方向についてそれぞれ立てると，

$$R = F \quad \cdots ① \qquad N = \rho_1 lg + \rho_2 lg \quad \cdots ②$$

棒の長さを $2l$ として，棒の下端のまわりの力のモーメントのつり合いの式は，

$$R \cdot 2l \sin\theta = \rho_1 lg \cdot \frac{3}{2} l \cos\theta + \rho_2 lg \cdot \frac{1}{2} l \cos\theta \quad \cdots ③$$ ㋐

①,③式より，$F = \dfrac{lg}{4\tan\theta}(3\rho_1 + \rho_2) \quad \cdots ④$

棒が床上を滑らない条件は，$F \leqq \mu N$ ㋑ ②,③式を代入して，

$$\frac{lg}{4\tan\theta}(3\rho_1 + \rho_2) \leqq \mu(\rho_1 lg + \rho_2 lg).$$

よって，$\tan\theta \geqq \dfrac{3\rho_1 + \rho_2}{4\mu(\rho_1 + \rho_2)}$ 答

特に棒全体にわたって密度が一様な場合は $\rho_1 = \rho_2$ として，条件は，

$$\tan\theta \geqq \frac{1}{2\mu}$$ 答

ポイント

㋐ 棒の上半分，下半分の重心は下端からそれぞれ $\frac{3}{2}l$，$\frac{1}{2}l$ の距離の位置．

㋑ 静止摩擦力が最大摩擦力以下でなければならない．

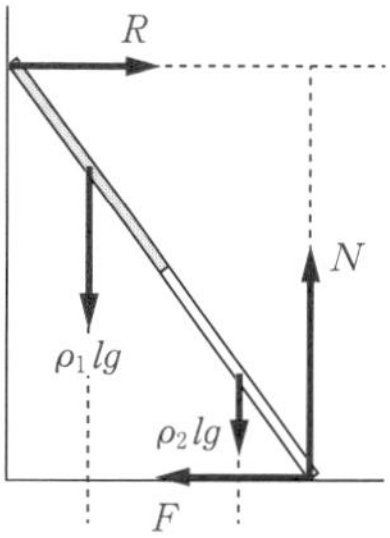

練習問題　7-4

解答 p. 214

床に固定された半径 R の半円柱で下端が床に置かれた質量 M の一様な板を支えている．時刻 0 において板の上端から質量 m の小球を静かに放したところ，小球が床に達するまで板は静止したままであった．板の傾角を θ，板の下端から上端までの距離を l とする．時刻 t において半円柱が板から受ける垂直抗力 N を求めよ．小球と板の間に摩擦はないものとする．

問題 7-5 ▼直方体のつり合い

粗い斜面上に密度が一様な直方体を置き，面の傾きを徐々に増していくと傾角 θ_0 で直方体が滑ることなく倒れた．直方体の幅は a，高さは b である．

(1) 直方体が傾角 θ の斜面上で静止しているとき，直方体が斜面から受ける垂直抗力の作用点と直方体の下辺との距離 x を求めよ．

(2) $\tan\theta_0$ を求めよ．

●考え方●

垂直抗力の作用点が直方体の底面から外れると倒れてしまう．

解答

(1) 直方体の下辺のまわりの力のモーメントのつり合いより，

$$Nx + Mg\sin\theta\cdot\frac{b}{2} = Mg\cos\theta\cdot\frac{a}{2} \quad \cdots①$$ ㋐

法線方向の力のつり合いより，

$$N = Mg\cos\theta \quad \cdots②$$

②式を①式に代入して，x について解けば，

$$x = \frac{a}{2} - \frac{b}{2}\tan\theta$$ 答

(2) θ が増すと x は減少するから垂直抗力の作用点が直方体の下辺に近づくことが分かる．

$x = 0$ のとき，作用点が限界の位置に達して直方体が倒れ始めるから，(1) の結果より，

$$\tan\theta_0 = \frac{a}{b}$$ 答

このとき，3 本の作用線が直方体の下辺で交わることより重心が下辺の真上にあることが分かる．

ポイント

㋐ 重力を斜面方向と法線方向に分解すると，そのモーメントが容易に求められる．

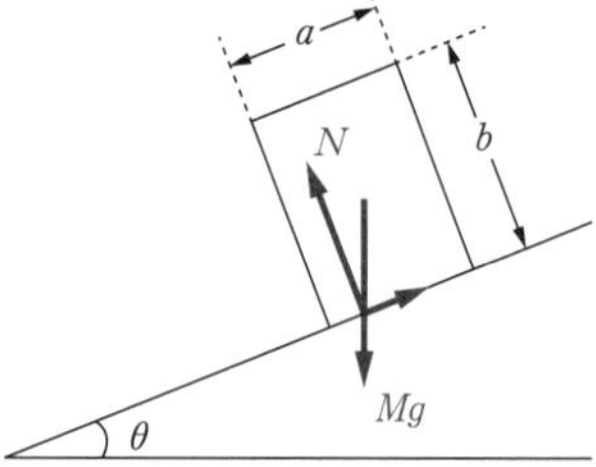

練習問題 7-5 解答 p. 215

水平方向に単振動する箱の粗い底面上に幅 a，高さ b の一様密度の直方体が置いてある．単振動の振幅が d のとき，直方体が底面から離れないためには単振動の周期 T がいくら以上であればよいか．箱の底面と直方体の面との間の静止摩擦係数は十分大きく，箱が滑ることはないものとする．

問題 7-⑥ ▼三角板のつり合い

均一な質量 M の正三角形板 ABC の頂点に糸を付けて板を水平面内で静止させた．糸は鉛直方向である．3 本の糸の張力の大きさをそれぞれ T_1, T_2, T_3 とする．

(1) 力のつり合いの式を表せ．

(2) 板の重心 G のまわりの力のモーメントのつり合いの式を，BC 方向および水平面内で BC に垂直な方向について書け．

(3) T_1, T_2, T_3 をそれぞれ求めよ．

●考え方●

装置の対称性から $T_1 = T_2 = T_3$ と予想されるものの，ここではそれを仮定せずにつり合いの条件だけから各張力を求めてみる．

ポイント

㋐ 重心のまわりの力のモーメントは，位置ベクトルと張力の外積だから水平方向のベクトルになるがこれを BC 方向とそれに垂直な方向に分解する．

解答

(1) $T_1 + T_2 + T_3 = Mg$　…①

(2) AG = BG = CG = a とする．図より，BC 方向は

$$T_1 a = T_3 a\cos 60° + T_2 a\cos 60° \quad \cdots ②$$ ㋐

水平面内で BC に垂直な方向は，

$$T_2 a\sin 60° = T_3 a\sin 60° \quad \cdots ③$$

①～③式より，$T_1 = T_2 = T_3 = \dfrac{1}{3}Mg$　答

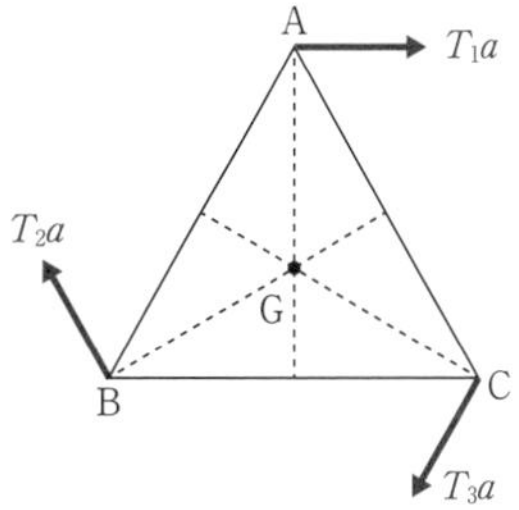

参考　正方形板 ABCD を 4 本の糸で支えることを考える．力のつり合いは

$T_1 + T_2 + T_3 + T_4 = Mg$　…④

重心 G のまわりの力のモーメントのつり合いは

$T_1 a = T_3 a$　…⑤　　$T_2 a = T_4 a$　…⑥

未知数が T_1, T_2, T_3, T_4 の 4 個であるのに対して式が④, ⑤, ⑥の 3 個なので張力が決定できない．このように 4 点で支える場合は，剛体のつり合い条件だけでは力が決まらない（**4 足問題**）．

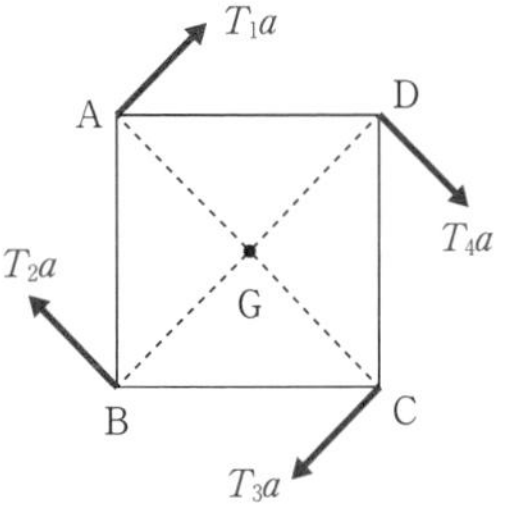

練習問題　7-6　解答 p. 215

任意の三角形の板を水平にして 3 頂点を鉛直方向の糸で支える．それぞれの糸の張力を求めよ．板は一様で質量を M とする．

問題 7-7 ▼平行軸の定理

軸 A のまわりの剛体の慣性モーメント I は，剛体の重心を通り A に平行な軸のまわりの慣性モーメント I_G と全質量が重心に集中したときの A のまわりの慣性モーメントの和に等しい．つまり物体の質量を M，重心と A の距離を h とすれば，

$$I = I_G + Mh^2$$

となる．これを証明せよ．

●考え方●

計算しやすいように座標を設定して，慣性モーメントの定義式を使う．

解答

ポイント

㋐ 重心の公式

$$x_G = \frac{\sum m_i x_i}{\sum m_i} = 0$$

より．

xyz 空間内で剛体の重心が原点 O，軸 A が点 $(h, 0, 0)$ を通り z 軸に平行な直線となるように配置する．物体を質量 m_i，座標 (x_i, y_i, z_i) の多数の質点 i の集まりと見なす．原点が重心なので，$\sum m_i x_i = 0$ ㋐ (Σ は i についての和) が成り立つことに注意して，軸 A のまわりの慣性モーメントは，

$$\begin{aligned} I &= \sum m_i\{(x_i - h)^2 + y_i^2\} \\ &= \sum m_i(x_i^2 + y_i^2) - 2h\sum m_i x_i + \sum m_i h^2 \\ &= \sum m_i(x_i^2 + y_i^2) + (\sum m_i)h^2 \\ &= I_G + Mh^2 \end{aligned}$$ 答

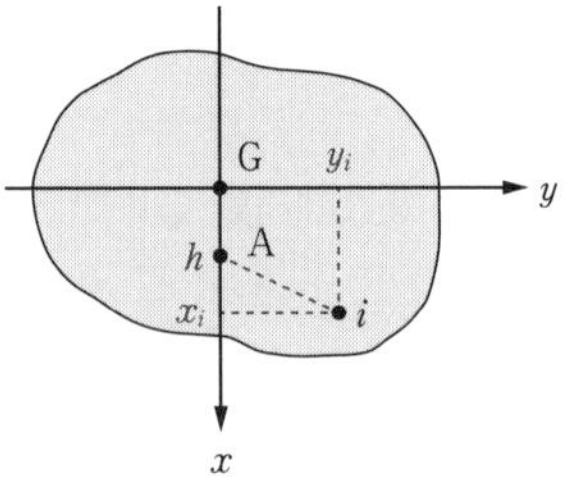

練習問題 7-7 解答 p. 215

(1) 空間内に剛体があり，ある直線 l を考える．l に平行な直線は無数にあるが，どの直線のまわりで剛体の慣性モーメントが最小になるか．

(2) 長さ a，質量 M の一様な棒について，棒の端を通り棒に垂直な軸のまわりの慣性モーメント I は次元解析により係数 k を用いて，$I = kMa^2$ と書ける．平行軸の定理を利用して，k を求めよ．また，重心を通る軸のまわりの慣性モーメント I_G を求めよ．

問題 7-8 ▼垂直軸の定理

(1) xy 平面内に薄い剛体が置かれている．x, y, z 軸のまわりの慣性モーメントをそれぞれ I_x, I_y, I_z とするとき次の関係式が成り立つことを示せ．

$$I_z = I_x + I_y$$

(2) 半径 a，質量 M の細いリングの直径を軸とする慣性モーメントを求めよ．

●考え方●

(2) リングを xy 平面内において垂直軸の定理を利用する．

解答

(1) 剛体を質点 i ($i = 1, 2, \cdots$) の集まりと見る．質点 i の座標を (x_i, y_i)，質量を m_i とすれば，

$$I_z = \sum m_i (x_i^2 + y_i^2) = \sum m_i x_i^2 + \sum m_i y_i^2 \text{ ㋐}$$
$$= I_y + I_x = I_x + I_y \quad \text{答}$$

ポイント

㋐ xy 平面内の点 $(x, y, 0)$ について，z, y, x 軸からの距離の 2 乗はそれぞれ $x^2 + y^2, x^2, y^2$ である．

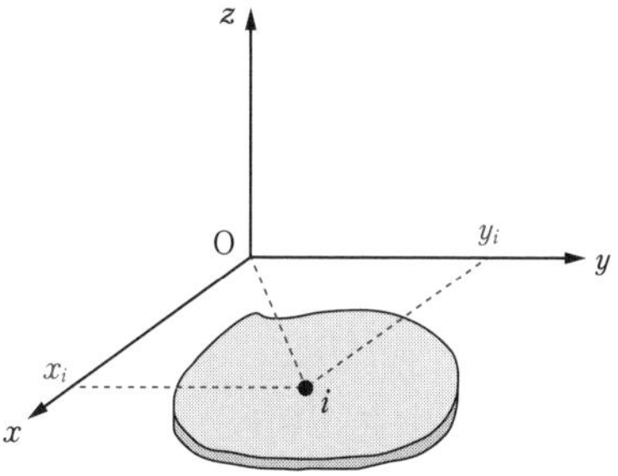

(2) xy 平面内に中心を原点に合わせてリングを置くと，直径を軸とする慣性モーメントは $I_x (= I_y)$ に等しい．リング上の各点の z 軸からの距離は a なので，z 軸のまわりの慣性モーメントは，$I_z = Ma^2$ である．(1) で示した垂直軸の定理より，

$$I_z = I_x + I_y = 2I_x$$

となるので，

$$I_x = \frac{1}{2} I_z = \frac{1}{2} Ma^2 \quad \text{答}$$

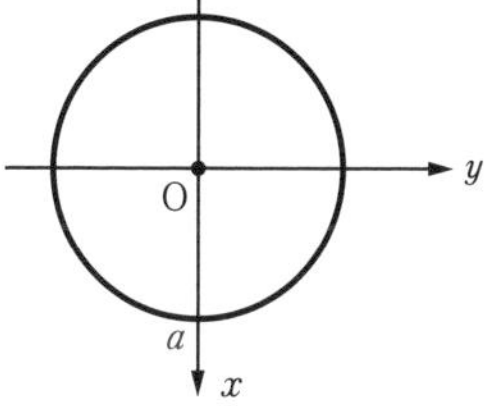

練習問題　7-8　解答 p. 216

問題 7-8 (2) の慣性モーメントを積分計算により求めよ．

問題 7-9 ▼三角形板の慣性モーメント

図のような質量 M の薄い一様な三角板 ABO があり，$OA=a$，$OB=b$ である．x 軸，y 軸，z 軸のまわりの慣性モーメント I_x, I_y, I_z をそれぞれ求めよ．z 軸は紙面に垂直で表向きである．

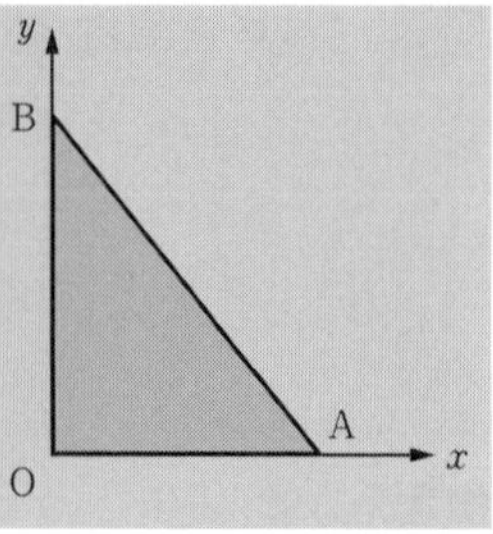

●考え方●

板を x 方向の幅が微小で y 軸に平行な帯に分割して，I_y が求められる．I_z は I_x，I_y から垂直軸の定理を用いて求められる．

解答

板の面密度を σ とすると，板の質量は $M=\dfrac{1}{2}ab\sigma$ と書ける．区間 $[x, x+dx]$ の帯の質量が $\sigma y\,dx=\sigma\left(b-\dfrac{b}{a}x\right)dx$ となるので，y 軸のまわりの慣性モーメントは

$$I_y=\int_0^a x^2\cdot\sigma\left(b-\frac{b}{a}x\right)dx \quad ㋐$$

$$=\frac{Ma^2}{6} \quad \text{答}$$

この式で a を b に置き換えれば，x 軸のまわりの慣性モーメントの式になり，$I_x=\dfrac{Mb^2}{6}$ 答

ポイント

㋐ 斜辺の式は $y=b-\dfrac{b}{a}x$ と表せる．

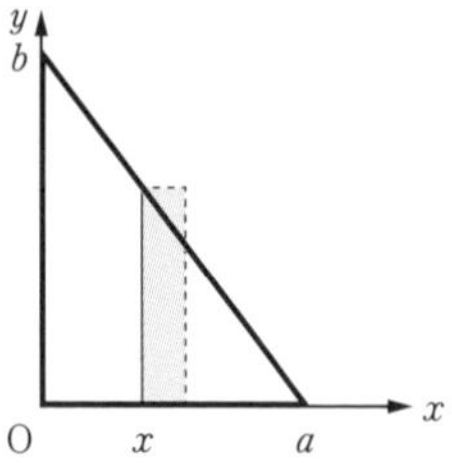

垂直軸の定理より，z 軸のまわりの慣性モーメントは，x 軸のまわりの慣性モーメントと y 軸のまわりの慣性モーメントの和を取ることにより求められる．

$$I_z=I_x+I_y=\frac{M(a^2+b^2)}{6} \quad \text{答}$$

練習問題 7-9

解答 p. 216

図のように質量 M の均一な針金を直角に曲げた．

$AB=a$，$BC=b$ とする．

軸 AC のまわりの慣性モーメント I を求めよ．

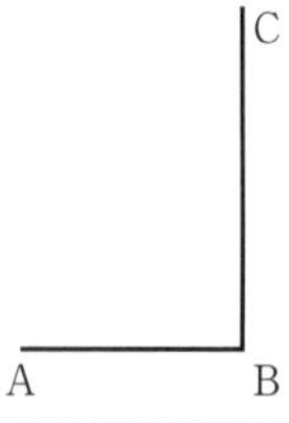

問題 7-⑩ ▼円板の慣性モーメント

半径 a，質量 M の均一な円板の中心を通り円板に垂直な軸のまわりの慣性モーメント I を求めよ．また，この円板から同じ中心で半径 $b\,(<a)$ の小円板を切り抜いた残りの板について，板に垂直な軸のまわりの慣性モーメント I_1 を求めよ．

●考え方●

細い円環に分割して積分する．

解答

> **ポイント**
>
> ㋐ 円周の長さに円環の幅をかける．

円板の面密度 σ は，$\sigma = \dfrac{M}{\pi a^2}$ と書ける．

半径 r の円と半径 $r + dr$ の円で囲まれた微小円環の面積が $2\pi rdr$ ㋐なので，その質量は $\sigma\cdot 2\pi rdr$ である．

これより，円板の中心を通り円板に垂直な軸のまわりの慣性モーメント I は，

$$I = \int_0^a r^2\,2\pi r\sigma dr = \frac{2M}{a^2}\int_0^a r^3\,dr = \frac{2M}{a^2}\left[\frac{r^4}{4}\right]_0^a = \frac{1}{2}Ma^2$$ 答

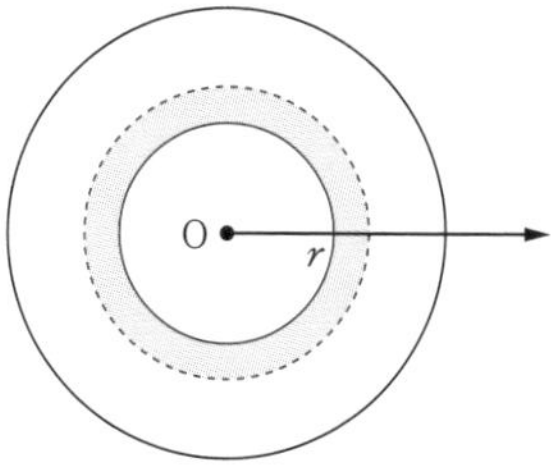

次に，小円板を切り抜いたときを考える．半径 b の小円板の質量は $\left(\dfrac{b}{a}\right)^2 M$ なので慣性モーメント I_2 は $I_2 = \dfrac{1}{2}\left(\dfrac{b}{a}\right)^2 Mb^2$ である．元の円板の慣性モーメント I は，小円板の慣性モーメントと切り抜いた残りの板の慣性モーメントの和に等しいから $I = I_2 + I_1$ より

$$I_1 = I - I_2 = \frac{1}{2}Ma^2 - \frac{Mb^4}{2a^2} = \frac{M(a^4 - b^4)}{2a^2}$$ 答

練習問題　7-10　解答 p. 216

半径 a，質量 M の均一な円板の直径を軸とする慣性モーメント I を求めよ．

問題 7-11 ▼球の慣性モーメント

(1) 半径 a，質量 M の均一な球の中心を通る軸のまわりの慣性モーメント I を求めよ．

(2) 半径 a，質量 M の均一な球を 2 個接着した．2 球の接点を通る共通接線のまわりの慣性モーメント I_1 を求めよ．

●考え方●

(1) 球を薄い円板に分割して各円板の慣性モーメントを足しあげる．

解答

ポイント

㋐ 円板の体積は円の面積に厚みをかける．

(1) 球の直径に沿って y 軸を取り中心を原点とする球の密度を ρ とすると，

$$M = \frac{4}{3}\pi a^3 \rho.$$

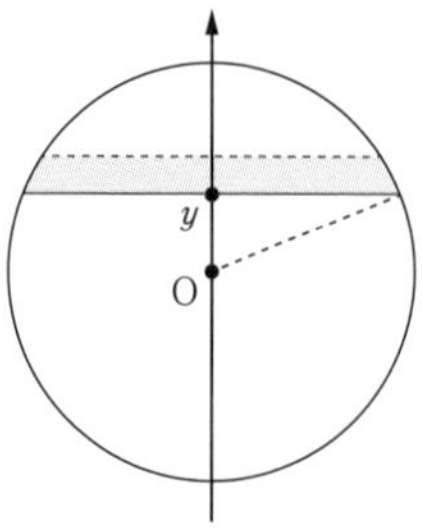

y 座標が $y \sim y + dy$ の範囲にある薄い円板の半径 r は $r = \sqrt{a^2 - y^2}$ と書けるので，薄い円板の慣性モーメントは，問題 7-10 で求めた式を用いて，

$$\underbrace{\frac{1}{2}(\pi r^2 dy \cdot \rho) r^2}_{㋐} = \frac{\pi\rho}{2}(a^2 - y^2)^2 dy$$

となる．これを積分して球の慣性モーメントを求めれば，

$$I = \int_{-a}^{a} \frac{\pi\rho}{2}(a^2 - y^2)^2 dy = \pi\rho \int_0^a (a^4 - 2a^2y^2 + y^4) dy$$

$$= \frac{3M}{4a^3}\left[a^4 y - \frac{2}{3}a^2y^3 + \frac{1}{5}y^5\right]_0^a = \frac{2}{5}Ma^2 \quad 答$$

(2) 1 個の球の慣性モーメント I_0 は，平行軸の定理を用いて

$$I_0 = \frac{2}{5}Ma^2 + Ma^2 = \frac{7}{5}Ma^2.$$

2 個の球の慣性モーメントはそれぞれの球の慣性モーメントの和に等しいから，$I_1 = I_0 + I_0 = \dfrac{14}{5}Ma^2$ 答

練習問題 7-11

解答 p. 216

地球を半径 6400 km，質量 6.0×10^{24} kg の均一な球と仮定して，自転軸のまわりの慣性モーメント I と自転による角運動量 L を数値で求めよ．

問題 7-12 ▼実体振り子の周期

質量 M の剛体が水平固定軸のまわりに滑らかに回転できる．固定軸のまわりの慣性モーメントを I，剛体の重心と固定軸の距離を l として，剛体が微小振動するときの周期 T を求めよ．

●考え方●

固定軸に関する回転の運動方程式を立てて，回転角が満たす微分方程式を導く．

解答

剛体の重心 G を含む鉛直面内で固定軸が通る点を O として，線分 OG が鉛直線となす角を θ，回転の角速度を ω とする．

ポイント

㋐ 重力の作用線と点Oの距離（うでの長さ）は，$l\sin\theta$.

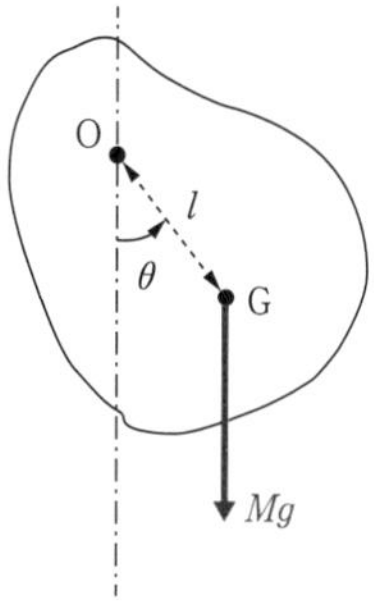

回転の運動方程式は

$$I\frac{d\omega}{dt}=-Mgl\sin\theta$$ ㋐

$\omega=\dfrac{d\theta}{dt}$ を代入して，θ が微小量の場合の近似式 $\sin\theta\fallingdotseq\theta$ を用いれば

$$\frac{d^2\theta}{dt^2}=-\frac{Mgl}{I}\theta$$

これは単振動の変位が満たす微分方程式と同じ型なので，角 θ は一定の角振動数 Ω で振動する．ここで，$\Omega=\sqrt{\dfrac{Mgl}{I}}$ である．

振動の周期は,

$$T=\frac{2\pi}{\Omega}=2\pi\sqrt{\frac{I}{Mgl}}$$ 答

練習問題　7-12　解答 p. 216

半径 a，質量 M の一様密度の円板の中心から距離 b 離れた点に小さな穴をあけ水平方向に固定軸を通す．円板を鉛直面内で微小振動させたときの周期 T を求めよ．また，b を $0<b<a$ の範囲で様々に変えた場合，T の最小値とそのときの b の値を求めよ．

問題 7-⑬ ▼転がるリングのエネルギー

質量 M，半径 a の均一なリング（円輪）が重心の速さ v で滑ることなく水平面上を転がっている．

(1) リングの回転の角速度 ω を求めよ．

(2) リングの運動エネルギー K を求めよ．

●考え方●

(2) 重心の運動エネルギーとそのまわりの回転運動エネルギーの和を求める．

解答

ポイント

㋐ これがリングが水平面に対して滑らずに転がるための条件である．

(1) 図のようにリング上の点Aにある質点が時間 Δt の間に点A′に移動し，リングと水平面の接点がAからBに移ったとする．リングは滑ることなく水平面上を転がることから線分ABと円孤A′Bの長さが等しいので，$v\Delta t = a\omega\Delta t$ より

$v = a\omega$ ㋐ が成り立つ．よって，$\omega = \dfrac{v}{a}$ 答

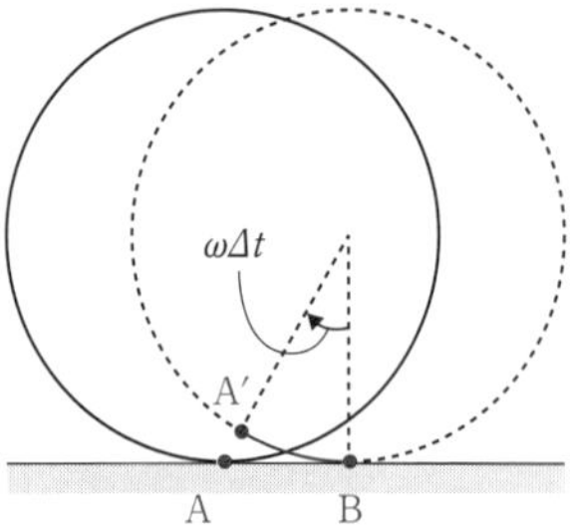

(2) 重心の運動エネルギー K_G は重心の速さ v を用いて $K_G = \dfrac{1}{2}Mv^2$ である．リングの中心軸のまわりの慣性モーメント I は，リングの各点から軸までの距離が一定値 a であることから，$I = Ma^2$ となる．

重心のまわりの回転の運動エネルギー K_{rot} は，(1)の結果を用いて

$$K_{rot} = \frac{1}{2}I\omega^2 = \frac{1}{2}Ma^2\left(\frac{v}{a}\right)^2 = \frac{1}{2}Mv^2$$

よって，リングの運動エネルギーは，重心の運動エネルギーと回転の運転エネルギーの和を求めることにより

$$K = K_G + K_{rot} = \frac{1}{2}Mv^2 + \frac{1}{2}Mv^2 = Mv^2$$ 答

練習問題　7-13

解答 p. 217

剛体の重心のまわりの回転運動エネルギー K を，回転の角速度ベクトル $\boldsymbol{\omega}$ と重心に関する相対角運動量ベクトル $\boldsymbol{L}$ で表せ．必要に応じて次のベクトル積（外積）の公式を用いよ．

$$(\boldsymbol{A} \times \boldsymbol{B})\cdot(\boldsymbol{C} \times \boldsymbol{D}) = (\boldsymbol{A}\cdot\boldsymbol{C})(\boldsymbol{B}\cdot\boldsymbol{D}) - (\boldsymbol{A}\cdot\boldsymbol{D})(\boldsymbol{B}\cdot\boldsymbol{C})$$

$$\boldsymbol{A} \times (\boldsymbol{B} \times \boldsymbol{C}) = (\boldsymbol{A}\cdot\boldsymbol{C})\boldsymbol{B} - (\boldsymbol{A}\cdot\boldsymbol{B})\boldsymbol{C}$$

問題 7-⑭ ▼アトウッドの滑車

半径 R，質量 M の滑らかに回る滑車に軽いロープをかけて，両端にそれぞれ質量 $m_1, m_2 (m_1 < m_2)$ のおもり P_1, P_2 を付けて手放す．滑車の重心はその中心にあり，滑車の中心軸のまわりの慣性モーメントを I として，おもり P_1 の加速度 a を求めよ．また，滑車が一様な円板のとき，P_1 を引くロープの張力 T_1 と P_2 を引くロープの張力 T_2 を求めよ．

●考え方●

滑車にかかるロープの張力のモーメントにより滑車の角速度が増加する．

解答

おもり P_1 の運動方程式　$m_1 a = T_1 - m_1 g$　…①

おもり P_2 の運動方程式　$m_2 a = m_2 g - T_2$　…②

滑車の回転の運動方程式　$I\dfrac{d\omega}{dt} = T_2 R - T_1 R$　…③（㋐）

おもりの速度 v と滑車の角速度 ω の関係は，$v = R\omega$．

これを時間微分すれば，$a = R\dfrac{d\omega}{dt}$ …④

①～④式より，$T_1, T_2, \dfrac{d\omega}{dt}$ を消去して a について解けば，

$$a = \frac{(m_2 - m_1)g}{m_1 + m_2 + \dfrac{I}{R^2}}$$ 答

滑車が一様な円板のとき，$I = \dfrac{1}{2}MR^2$ なので，

$a = \dfrac{(m_2 - m_1)g}{m_1 + m_2 + \dfrac{M}{2}}$ となる．これを①,②式に代入して

T_1, T_2 について解けば，

$$T_1 = \frac{m_1(4m_2 + M)g}{2m_1 + 2m_2 + M},\qquad T_2 = \frac{m_2(4m_1 + M)g}{2m_1 + 2m_2 + M}$$ 答

ポイント

㋐ 右辺は滑車の中心軸に関する張力による力のモーメントの和である．なお滑車に働く重力は作用点である重心が中心軸にあるので，モーメントは0である．

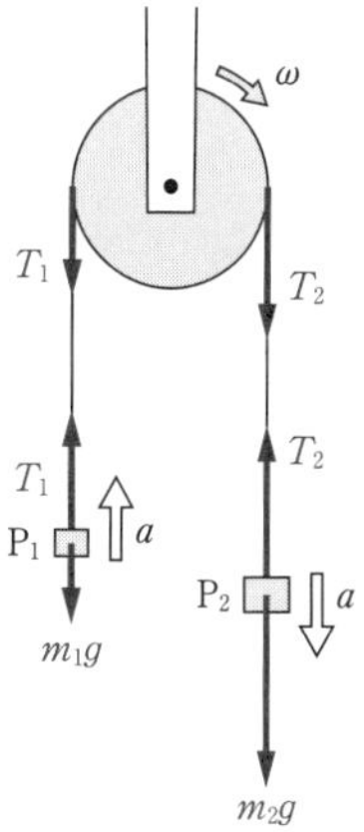

練習問題　7-14　　解答 p. 217

問題 7-⑭において P_1 が d 変位したときの速さ v を次の2通りの方法で求めよ．

(1) 等加速度運動の式を利用する．

(2) 力学的エネルギー保存則を用いる．結果は I を含めてよい．

問題 7-⑮ ▼斜面を転がる球（I）

質量 M，半径 R の一様な球が傾角 θ の斜面を滑ることなく初速 0 で転がり下りた．
球の重心の加速度 a と 球が斜面から受ける摩擦力 F を求めよ．
また，球が距離 d だけ移動したときの重心の速さ v を求めよ．

●考え方●

重心，回転の運動方程式と球が滑らない条件式を立てる．

解答

重心の運動方程式は，　$Ma = Mg\sin\theta - F$　…①

回転の運動方程式は，　$I\dfrac{d\omega}{dt} = FR$ ㋐　…②

球が斜面に対して滑らないことから，球の重心速度 v を用いて，

$$v = R\omega$$

これを時間微分して $a = R\dfrac{d\omega}{dt}$　…③

①, ②, ③式より $\dfrac{d\omega}{dt}$ と F を消去して a について解けば，

$$a = \frac{g\sin\theta}{1 + \dfrac{I}{MR^2}}$$

球の直径を軸とする慣性モーメント $I = \dfrac{2}{5}MR^2$ を代入して，

$$a = \frac{5}{7}g\sin\theta$$ 答

①式より，$F = \dfrac{2}{7}Mg\sin\theta$ 答

等加速度直線運動の式　$v^2 - 0 = 2ad$ より，

$$v = \sqrt{\frac{10}{7}gd\sin\theta}$$ 答

ポイント

㋐ 重心のまわりの摩擦力のモーメントは FR であり，この働きにより球の回転の角速度が増加する．

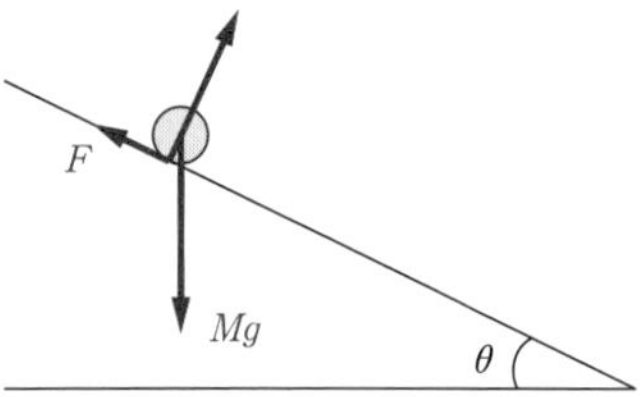

練習問題　7-15　　解答 p. 217

半径 R_1 の底面を持つ円柱から，中心軸が共通で半径 $R_2(< R_1)$ の底面を持つ円柱をくり抜いた中空円柱がある．中空円柱の密度は一様で質量を M とする．中空円柱が傾角 θ の斜面上を滑ることなく転がり下りるときの重心の加速度を求めよ．中空円柱の中心軸は常に水平方向を向いているものとする．

問題 7-16 ▼斜面を転がる球（Ⅱ）

質量 M，半径 R の一様な球が傾角 θ の斜面を滑ることなく転がり下りた．

(1) 球の中心を通る軸のまわりの慣性モーメントを I，運動中の任意の時刻における重心の速さを v，角速度を ω として，重心のまわりの回転運動エネルギー $K_{\mathrm{rot}} = \frac{1}{2}I\omega^2$ と重心の運動エネルギー $K_{\mathrm{G}} = \frac{1}{2}Mv^2$ との比 $\frac{K_{\mathrm{rot}}}{K_{\mathrm{G}}}$ を求めよ．

(2) 力学的エネルギー保存則を用いて，球が斜面に沿って距離 d だけ転がり下りたときの重心の速さ v を求めよ．

●考え方●

重心の運動エネルギーとそのまわりの回転運動エネルギーおよび重力による位置エネルギーの総和が一定に保たれる．

解答

(1) 球が滑らないことから $v = R\omega$ が成り立つので，

重心のまわりの回転運動エネルギー $K_{\mathrm{rot}} = \frac{1}{2}I\omega^2$

と重心の運動エネルギー $K_{\mathrm{G}} = \frac{1}{2}Mv^2 = \frac{1}{2}M(R\omega)^2$ との比は，

$$\frac{K_{\mathrm{rot}}}{K_{\mathrm{G}}} = \frac{I}{MR^2}.$$

球の重心のまわりの慣性モーメント $I = \frac{2}{5}MR^2$ を代入すれば，

$$\frac{K_{\mathrm{rot}}}{K_{\mathrm{G}}} = \frac{2}{5}$$ 答

(2) 力学的エネルギー保存則より，

$$\underset{㋐}{\underline{Mgd\sin\theta = K_{\mathrm{G}} + K_{\mathrm{rot}}}} = K_{\mathrm{G}} + \frac{2}{5}K_{\mathrm{G}} = \frac{7}{5}K_{\mathrm{G}} = \frac{7}{5}\cdot\frac{1}{2}Mv^2$$

これより，

$$v = \sqrt{\frac{10}{7}gd\sin\theta}$$ 答

ポイント

㋐ 球の全質量が重心に集中したとして位置エネルギーを表す．

練習問題　7-16　解答 p. 217

傾角 θ の斜面上で半径 R の均一な球を斜面に沿って上向きに転がす．初めに角速度 ω_0 を与えたところ，球が斜面上を滑ることなく距離 d だけ移動して最高点に達した．d を求めよ．

問題 7-17 ▼円柱面上を転がる球

床に固定された半径 R の半円柱面上の頂点から質量 m，半径 r の一様な球が初速 0 で滑ることなく転がり始め，やがて面から離れた．球は均一で中心を通る軸のまわりの慣性モーメント I は $I=\dfrac{2}{5}mr^2$ である．半円柱の中心 O と球の中心 P を結ぶ線分が鉛直線となす角を θ，球の重心の速さを v，球の中心のまわりの回転の角速度を ω，球が半円柱面から受ける垂直抗力の大きさを N とする．

(1) 球の重心の PO 方向についての運動方程式を表せ．

(2) 力学的エネルギー保存の法則を利用して，N を m, g, θ で表せ．

(3) 球が面から離れるときの $\cos\theta$ を求めよ．

●考え方●

球の運動エネルギーは重心の運動エネルギーとそのまわりの回転運動エネルギーの和である．

解答

ポイント

㋐ 球の中心のまわりの回転運動エネルギーは，$\dfrac{1}{2}I\omega^2$ の式に $I=\dfrac{2}{5}mr^2$ を代入する．

(1) 重心の運動方程式は，

$$m\frac{v^2}{R+r}=mg\cos\theta-N \quad \cdots ①$$

(2) 力学的エネルギー保存則は，

$$mg(R+r)=\frac{1}{2}mv^2+mg(R+r)\cos\theta+\frac{1}{2}\frac{2}{5}mr^2\omega^2 \quad \cdots ②$$

㋐

球が半円柱面上で滑らない条件は，

$$v=r\omega \quad \cdots ③$$

①〜③式より，v, ω を消去して N を求めれば，

$$N=\frac{1}{7}mg(17\cos\theta-10)$$ 答

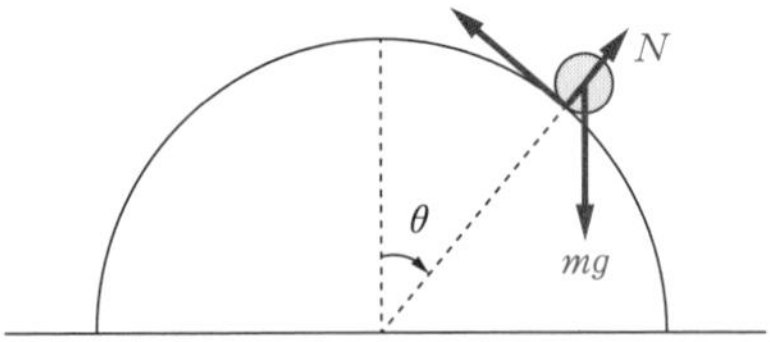

(3) 球が半円柱面から離れるのは $N=0$ となるときなので， $\cos\theta=\dfrac{10}{17}$ 答

なお，この角は $\theta=54^\circ$ であり，質点が半円柱面上を滑らかに滑るときに離れる角 48° $\left(\cos\theta=\dfrac{2}{3}\right)$ より大きい．

練習問題 7-17 解答 p. 218

問題 7-17 で，球の重心の床に対する高さが H のとき初速 0 で転がり下りる場合，球が面から離れる点の重心の高さ h はいくらか．

問題 7-18 ▼衝突と棒の回転

滑らかな水平面上で長さ l，質量 M の一様な剛体棒が静止している．棒の中心に固定軸が通されていて，棒は中心軸のまわりに滑らかに回転できる．質量 m の質点が速さ v で，棒の中心から距離 d の位置で棒に垂直に衝突し，直ちに付着した．

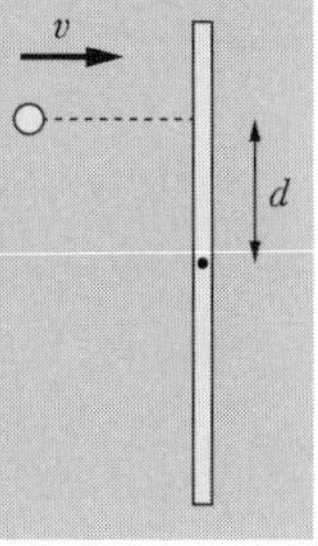

(1) その後の棒の回転の角速度 ω を求めよ．

(2) 衝突により失われた力学的エネルギー E を求めよ．

●考え方●

棒と質点からなる系に対して働く外力は中心軸で受ける力だけなので，中心軸のまわりの外力のモーメントが0になり，全角運動量が保存する．

解答

(1) 棒の中心を通る鉛直方向の軸のまわりの慣性モーメントを I とする．中心軸のまわりの角運動量保存則より，

$$dmv = dm(d\omega) + I\omega$$ ㋐

よって，$\omega = \dfrac{mdv}{md^2 + I}$ …①

ここで，棒の慣性モーメント $I = \dfrac{1}{12}Ml^2$ を代入すれば，

$$\omega = \frac{12mdv}{12md^2 + Ml^2}$$ 答

ポイント

㋐ 質点は，半径 d，角速度 ω の円運動をするので速さが $d\omega$ となる．

(2) 衝突により失われた力学的エネルギー E は，

$$E = \frac{1}{2}mv^2 - \left\{\frac{1}{2}m(d\omega)^2 + \frac{1}{2}I\omega^2\right\} = \frac{1}{2}mv^2 - \frac{1}{2}(md^2 + I)\omega^2.$$

① 式を代入して，$E = \dfrac{mv^2 I}{2(md^2 + I)}$.

棒の慣性モーメント $I = \dfrac{1}{12}Ml^2$ を代入すれば，$E = \dfrac{mMv^2l^2}{2Ml^2 + 24md^2}$ 答

練習問題　7-18

解答 p. 218

両端にそれぞれ質量 M，半径 R の鉄球が連結された軽い棒がなめらかな水平面上にある．棒の中心に固定軸が通されており，中心軸のまわりに滑らかに回転できる．一方の鉄球の中心に向かう水平方向に瞬間的に力積 $F\Delta t$ を棒に垂直に加えた．F は微小時間 Δt の間に加えた力の時間平均である．力積を加えた後の棒の回転の角速度 ω を求めよ．2つの鉄球の中心間の距離は l である．

column7 ◆こまの歳差運動

回転していないこまはすぐに倒れるが，高速回転しているこまは安定である．

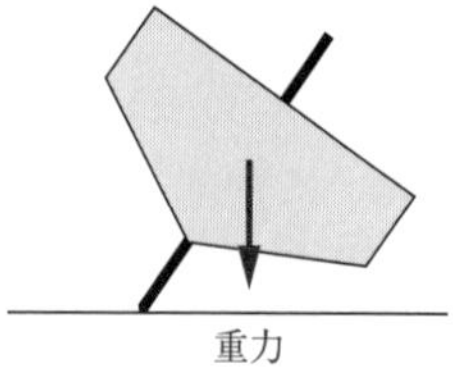

図 1

回転していないこまが直立に立っている状態は，つり合いが可能であるものの，わずかな振動などのかく乱により傾けば，図 1 のように重力により倒れてしまう．この図ではこまの軸の足を基準とした重力によるモーメントは紙面に垂直で裏向きのベクトルである．こまの角運動量は力のモーメントの向きに変化するから，紙面垂直に裏向きに増大してゆく．つまりこまの軸が時計回りに回転して倒れることとなる．

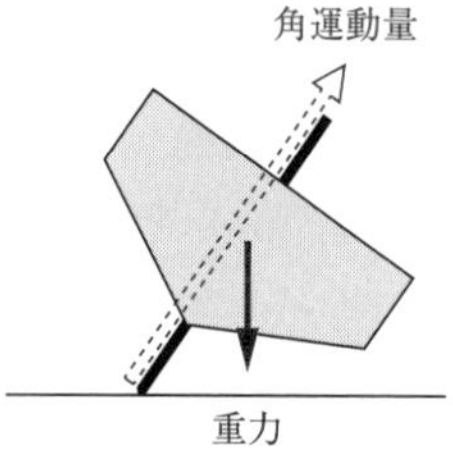

図 2

ところがこまが高速で回転している場合はどうなるだろうか．こまの回転軸が鉛直方向で，上から見てこまが反時計回りに回転しているとすると，角運動量は鉛直上向きである．この状態でわずかにこまが傾いたとすると，力のモーメントが紙面に垂直で裏向きのベクトルとして生じ，角運動量ベクトルがその向きに変化する．その結果，こまは倒れる代わりに，図 3 のように回転軸が円錐面を描きながら首振り運動をする（一般には角運動量ベクトルが回転軸に平行とは限らないが，高速で回転する場合は近似的に平行としてよい）．この首振り運動（みそすり運動）を**歳差運動**という．

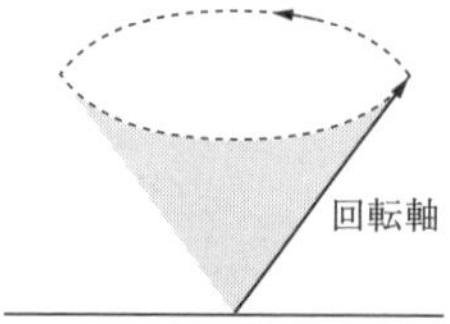

図 3

このように高速で回転する物体は運動が安定になる．やり投げのやり，ラグビーボール，ライフル銃の弾丸なども回転を与えることにより運動が安定化される．

練習問題解答

Chapter 1　運動の記述

練習問題 1-1

(1) $\mathrm{OP'} = r\sin\phi$ より，

$x = \mathrm{OP'}\cos\theta = r\sin\phi\cos\theta$ …①　…(答)

$y = \mathrm{OP'}\sin\theta = r\sin\phi\sin\theta$ …②　…(答)

$z = r\cos\phi$ …③　…(答)

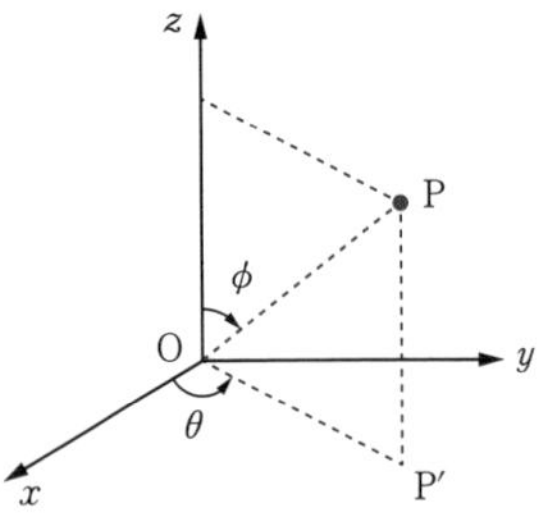

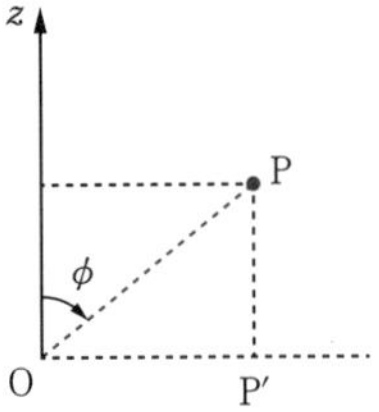

(2) $r = \mathrm{OP} = \sqrt{x^2 + y^2 + z^2}$

$= \sqrt{3^2 + (\sqrt{3})^2 + 2^2} = 4$　…(答)

③式より，$2 = 4\cos\phi$

$\therefore\ \phi = \dfrac{\pi}{3}$　…(答)

①式より，$3 = 4\sin\dfrac{\pi}{3}\cos\theta$

$\therefore\ \cos\theta = \dfrac{\sqrt{3}}{2}$　…④

②式より，$\sqrt{3} = 4\sin\dfrac{\pi}{3}\sin\theta$

$\therefore\ \sin\theta = \dfrac{1}{2}$　…⑤

④，⑤式より，$\theta = \dfrac{\pi}{6}$　…(答)

練習問題 1-2

(1) 図より，$\boldsymbol{B}_1 = (A_x\cos\phi, A_x\sin\phi)$　…(答)

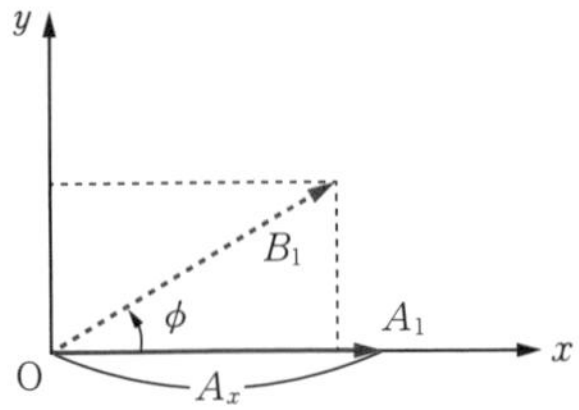

(2) 図より，$\boldsymbol{B}_2 = (-A_y\sin\phi, A_y\cos\phi)$ …(答)

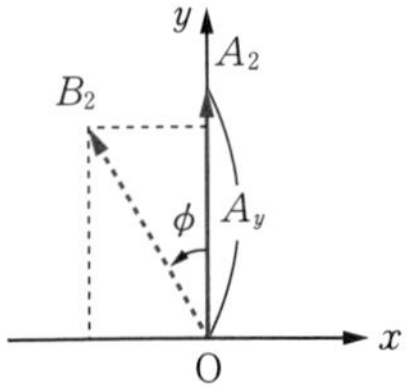

(3) $\boldsymbol{A}_1$ と $\boldsymbol{A}_2$ の和を角度 ϕ 回転させたベクトル $\boldsymbol{B}$ は，$\boldsymbol{A}_1$ を角度 ϕ 回転させたベクトル $\boldsymbol{B}_1$ と $\boldsymbol{A}_2$ を角度 ϕ 回転させたベクトル $\boldsymbol{B}_2$ の和に等しいから，

$\boldsymbol{B} = \boldsymbol{B}_1 + \boldsymbol{B}_2$

$= (A_x\cos\phi - A_y\sin\phi, A_x\sin\phi + A_y\cos\phi)$

…(答)

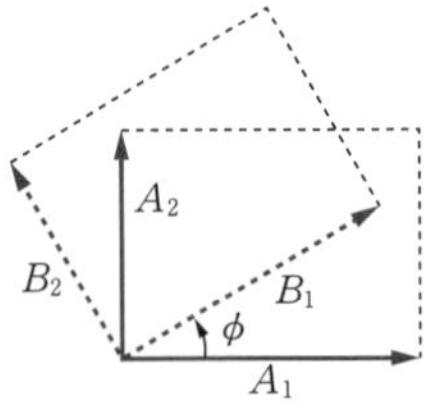

練習問題 1-3

(1) $\boldsymbol{A}\cdot\boldsymbol{B} = (A_x\boldsymbol{i} + A_y\boldsymbol{j} + A_z\boldsymbol{k})$

$\cdot(B_x\boldsymbol{i} + B_y\boldsymbol{j} + B_z\boldsymbol{k})$

$= A_xB_x\boldsymbol{i}\cdot\boldsymbol{i} + A_xB_y\boldsymbol{i}\cdot\boldsymbol{j} + A_xB_z\boldsymbol{i}\cdot\boldsymbol{k}$

$+ A_yB_x\boldsymbol{j}\cdot\boldsymbol{i} + A_yB_y\boldsymbol{j}\cdot\boldsymbol{j} + A_yB_z\boldsymbol{j}\cdot\boldsymbol{k}$

$+ A_zB_x\boldsymbol{k}\cdot\boldsymbol{i} + A_zB_y\boldsymbol{k}\cdot\boldsymbol{j} + A_zB_z\boldsymbol{k}\cdot\boldsymbol{k}$

$$= A_xB_x + A_yB_y + A_zB_z$$

$$\boldsymbol{i}\cdot\boldsymbol{A} = \boldsymbol{i}\cdot(A_x\boldsymbol{i} + A_y\boldsymbol{j} + A_z\boldsymbol{k})$$
$$= A_x\boldsymbol{i}\cdot\boldsymbol{i} + A_y\boldsymbol{i}\cdot\boldsymbol{j} + A_z\boldsymbol{i}\cdot\boldsymbol{k} = A_x$$
$$\boldsymbol{j}\cdot\boldsymbol{A} = \boldsymbol{j}\cdot(A_x\boldsymbol{i} + A_y\boldsymbol{j} + A_z\boldsymbol{k})$$
$$= A_x\boldsymbol{j}\cdot\boldsymbol{i} + A_y\boldsymbol{j}\cdot\boldsymbol{j} + A_z\boldsymbol{j}\cdot\boldsymbol{k} = A_y$$
$$\boldsymbol{k}\cdot\boldsymbol{A} = \boldsymbol{k}\cdot(A_x\boldsymbol{i} + A_y\boldsymbol{j} + A_z\boldsymbol{k})$$
$$= A_x\boldsymbol{k}\cdot\boldsymbol{i} + A_y\boldsymbol{k}\cdot\boldsymbol{j} + A_z\boldsymbol{k}\cdot\boldsymbol{k} = A_z$$

(2) $\boldsymbol{A} \times \boldsymbol{B} = (A_x\boldsymbol{i} + A_y\boldsymbol{j} + A_z\boldsymbol{k})$

$$\times (B_x\boldsymbol{i} + B_y\boldsymbol{j} + B_z\boldsymbol{k})$$
$$= A_xB_x\boldsymbol{i}\times\boldsymbol{i} + A_xB_y\boldsymbol{i}\times\boldsymbol{j} + A_xB_z\boldsymbol{i}$$
$$\times\boldsymbol{k} + A_yB_x\boldsymbol{j}\times\boldsymbol{i} + A_yB_y\boldsymbol{j}\times\boldsymbol{j}$$
$$+ A_yB_z\boldsymbol{j}\times\boldsymbol{k} + A_zB_x\boldsymbol{k}\times\boldsymbol{i}$$
$$+ A_zB_y\boldsymbol{k}\times\boldsymbol{j} + A_zB_z\boldsymbol{k}\times\boldsymbol{k}$$
$$= A_xB_y\boldsymbol{k} - A_xB_z\boldsymbol{j} - A_yB_x\boldsymbol{k}$$
$$+ A_yB_z\boldsymbol{i} + A_zB_x\boldsymbol{j} - A_zB_y\boldsymbol{i}$$
$$= (A_yB_z - A_zB_y)\boldsymbol{i}$$
$$+ (A_zB_x - A_xB_z)\boldsymbol{j}$$
$$+ (A_xB_y - A_yB_x)\boldsymbol{k}$$

練習問題 1-4

ベクトル $\boldsymbol{A}$，$\boldsymbol{B}$ の内積は，

$$\boldsymbol{A}\cdot\boldsymbol{B} = (A_x, A_y, 0)\cdot(B_x, B_y, 0)$$
$$= A_xB_x + A_yB_y = |\boldsymbol{A}||\boldsymbol{B}|\cos\theta \cdots ①$$

ベクトル $\boldsymbol{A}, \boldsymbol{B}$ の外積は，

$$\boldsymbol{A} \times \boldsymbol{B} = (A_x, A_y, 0) \times (B_x, B_y, 0)$$
$$= (A_y\cdot 0 - 0\cdot B_y, 0\cdot B_x - A_x\cdot 0, A_xB_y - A_yB_x)$$
$$= (0, 0, A_xB_y - A_yB_x)$$

と書けて，その大きさは $\boldsymbol{A}$，$\boldsymbol{B}$ が張る平行四辺形の面積に等しいので，

$$|\boldsymbol{A} \times \boldsymbol{B}| = |A_xB_y - A_yB_x|$$
$$= |\boldsymbol{A}||\boldsymbol{B}|\sin\theta \quad \cdots ②$$

② ÷ ①より，$\tan\theta = \dfrac{|A_xB_y - A_yB_x|}{A_xB_x + A_yB_y}$ …(答)

練習問題 1-5

$\boldsymbol{A} \times \boldsymbol{B} = \boldsymbol{E}$ と置いて 問題 1-4で示した関係と問題 1-5の公式を用いれば，

$$(\boldsymbol{A} \times \boldsymbol{B})\cdot(\boldsymbol{C} \times \boldsymbol{D}) = \boldsymbol{E}\cdot(\boldsymbol{C} \times \boldsymbol{D})$$
$$= \boldsymbol{C}\cdot(\boldsymbol{D} \times \boldsymbol{E}) = \boldsymbol{C}\cdot\{\boldsymbol{D} \times (\boldsymbol{A} \times \boldsymbol{B})\}$$
$$= \boldsymbol{C}\cdot\{(\boldsymbol{D}\cdot\boldsymbol{B})\boldsymbol{A} - (\boldsymbol{D}\cdot\boldsymbol{A})\boldsymbol{B}\}$$
$$= (\boldsymbol{A}\cdot\boldsymbol{C})(\boldsymbol{B}\cdot\boldsymbol{D}) - (\boldsymbol{A}\cdot\boldsymbol{D})(\boldsymbol{B}\cdot\boldsymbol{C}).$$

練習問題 1-6

(1) $|\boldsymbol{A}_1 + \boldsymbol{A}_2 + \cdots + \boldsymbol{A}_N|$

$$= |\boldsymbol{A}_1 + (\boldsymbol{A}_2 + \cdots + \boldsymbol{A}_N)|$$
$$\leqq |\boldsymbol{A}_1| + |\boldsymbol{A}_2 + \cdots + \boldsymbol{A}_N|$$
$$\leqq |\boldsymbol{A}_1| + |\boldsymbol{A}_2| + |\boldsymbol{A}_3 + \cdots + \boldsymbol{A}_N| \leqq \cdots$$
$$\leqq |\boldsymbol{A}_1| + |\boldsymbol{A}_2| + \cdots + |\boldsymbol{A}_{N-1}| + |\boldsymbol{A}_N|$$

(2) 公式

$\boldsymbol{A} \times (\boldsymbol{B} \times \boldsymbol{C}) = (\boldsymbol{A}\cdot\boldsymbol{C})\boldsymbol{B} - (\boldsymbol{A}\cdot\boldsymbol{B})\boldsymbol{C}$ で，$\boldsymbol{A} \to \boldsymbol{A} \times \boldsymbol{B}$，$\boldsymbol{B} \to \boldsymbol{C}$，$\boldsymbol{C} \to \boldsymbol{D}$ の置き換えをすると，

$$(\boldsymbol{A} \times \boldsymbol{B}) \times (\boldsymbol{C} \times \boldsymbol{D})$$
$$= \{(\boldsymbol{A} \times \boldsymbol{B})\cdot\boldsymbol{D}\}\boldsymbol{C} - \{(\boldsymbol{A} \times \boldsymbol{B})\cdot\boldsymbol{C}\}\boldsymbol{D}$$
$$= \{\boldsymbol{D}\cdot(\boldsymbol{A} \times \boldsymbol{B})\}\boldsymbol{C} - \{\boldsymbol{C}\cdot(\boldsymbol{A} \times \boldsymbol{B})\}\boldsymbol{D}$$
$$= \{\boldsymbol{A}\cdot(\boldsymbol{B} \times \boldsymbol{D})\}\boldsymbol{C} - \{\boldsymbol{A}\cdot(\boldsymbol{B} \times \boldsymbol{C})\boldsymbol{D}\}$$

練習問題 1-7

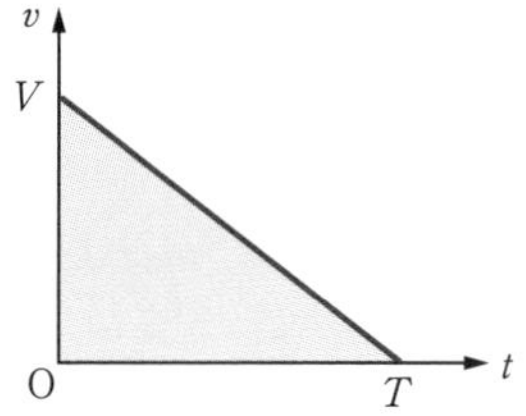

v-t グラフは図のようになり，赤色部分の面積が移動距離 D に等しいので，

$$D = \frac{1}{2}VT \qquad \cdots(答)$$

練習問題 1-8

(1) $V + V = 2V$ …(答)

(2) 箱の速度ベクトルを $\boldsymbol{V}$，箱に対する粒子1の相対速度ベクトルを $\boldsymbol{u}$ とすると，粒子2の箱に対する相対速度ベクトルは $-\boldsymbol{u}$ となる．

地面に対する粒子1の速度ベクトル $\boldsymbol{V}+\boldsymbol{u}$ と，地面に対する粒子2の速度ベクトル $\boldsymbol{V}-\boldsymbol{u}$ との内積は，$(\boldsymbol{V}+\boldsymbol{u})\cdot(\boldsymbol{V}-\boldsymbol{u}) = |\boldsymbol{V}|^2 - |\boldsymbol{u}|^2 = V^2 - V^2 = 0$

よって，地面に対する粒子1，2の速度はたがいに直交する．

練習問題 1-9

(1) 座標系 K′ における位置座標は，ガリレイ変換の式を用いて，

$x' = x - Vt = 0 - Vt = -Vt$ …①，

$y' = y = 0,\ z' = z = -ct$ …②

①，②式より t を消去して $z' = \dfrac{c}{V}x'$ …③

これより，質点 P は $y' = 0$ の平面内で③式で表される直線上を等速度運動する．

z 軸の負方向となす角 θ の正接は，

$\tan\theta = \dfrac{x'}{z'} = \dfrac{V}{c}$ …① …(答)

(2) (a)

地面に固定した座標系を K，車に固定した座標系を K′ に対応させることができるので，

①式より，$c = \dfrac{V}{\tan\theta}$ …② …(答)

(b) ①式より，$V = c\tan\theta$. これを時間で微分して，車の加速度を得る．

$$a = \frac{dV}{dt} = \frac{dV}{d\theta}\frac{d\theta}{dt} = \frac{c}{\cos^2\theta}\frac{d\theta}{dt}.$$

②式を代入して，

$$a = \frac{V}{\sin\theta\cos\theta}\frac{d\theta}{dt} = \frac{2V}{\sin 2\theta}\frac{d\theta}{dt} \quad \cdots(\text{答})$$

(c) $V = c\tan 15°$，$V' = c\tan 30°$ より，

$$\frac{V'}{V} = \frac{\tan 30°}{\tan 15°}.$$

ここで，三角関数の公式 $\tan(\alpha-\beta) = \dfrac{\tan\alpha - \tan\beta}{1+\tan\alpha\tan\beta}$ を用いると，$\tan 15° = \tan(45° - 30°) = \dfrac{\tan 45° - \tan 30°}{1+\tan 45°\tan 30°} = \dfrac{1-\frac{1}{\sqrt{3}}}{1+\frac{1}{\sqrt{3}}} = 2-\sqrt{3}$ となるので，$\dfrac{V'}{V} = \dfrac{\frac{1}{\sqrt{3}}}{2-\sqrt{3}} = 1 + \dfrac{2\sqrt{3}}{3} \fallingdotseq 2.2$(倍) …(答)

練習問題 1-10

P_1 を通過するときの速度を v_0 として，等加速度直線運動の公式より，

$$L = v_0T_1 + \frac{1}{2}aT_1^2,\quad L = (v_0 + aT_1)T_2 + \frac{1}{2}aT_2^2$$

以上の2式から v_0 を消去して，

$$a = \frac{2L(T_1 - T_2)}{T_1T_2(T_1+T_2)} \quad \cdots(\text{答})$$

練習問題 1-11

A に対する B の相対加速度が $\boldsymbol{a} - \boldsymbol{a} = 0$ だから，A から見ると B は等速直線運動をする．

よって，A, B が衝突するためには，A から見て B の速度が A に向かっていればよいから，

任意の負の係数 k を用いて $\boldsymbol{r}_B - \boldsymbol{r}_A = k(\boldsymbol{v}_B - \boldsymbol{v}_A)$ と表せればよい． …(答)

(2) 衝突までの時間 t は，

$$t = \frac{|\boldsymbol{r}_B - \boldsymbol{r}_A|}{|\boldsymbol{v}_B - \boldsymbol{v}_A|} = \frac{\sqrt{b^2+b^2}}{\sqrt{ab+ab}} = \sqrt{\frac{b}{a}}$$

衝突するときの B の位置を求めて，

$$\boldsymbol{r} = \boldsymbol{r}_B + \frac{1}{2}\boldsymbol{a}t^2 = (b, b, 0) + \frac{1}{2}\frac{b}{a}(a, 0, 0)$$

$$= \left(\frac{3}{2}b, b, 0\right) \quad \cdots(\text{答})$$

練習問題 1-12

v-t グラフを描くと図のようになる．

v-t グラフの赤色部分の面積の和より，

$\dfrac{1}{2} \times 3 \times 2.5 \times 2 = 7.5$〔m〕 …(答)

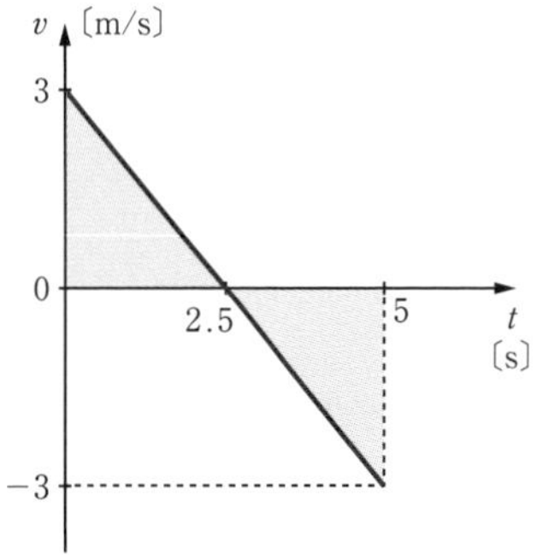

別解 加速度を a として，等加速度直線運動の式より，$0 = 3 \times 5 + \frac{1}{2}a \times 5^2$.

$\therefore\ a = -1.2$ [m/s²]

折り返すまでの変位は，$3 \times 2.5 - \frac{1}{2} \times 1.2 \times 2.5^5 = 3.75$ [m] なので，往復の道のりは，$3.75 \times 2 = 7.5$ [m] …(答)

練習問題 1-13

落下時間を T とすると，最高点で鉛直方向の速さが0だから

$40\sin 45^\circ - 10\left(\frac{T}{2}\right) = 0$ より，$T = 4\sqrt{2}$ [s]

水平方向は等速だから，

$L = 40\cos 45^\circ \cdot T = 160$ [m] …(答)

鉛直方向について等加速度直線運動の式より，

$0^2 - (40\sin 45^\circ)^2 = 2(-10)H$

$\therefore\ H = 40$ [m] …(答)

練習問題 1-14

地面に対する模型自動車の運動は初速度 V，加速度 $-a$ の等加速度運動なので，原点に戻るまでの時間 t は $Vt - \frac{1}{2}at^2 = 0$ より，$t = \frac{2V}{a}$ となる．ベルトに対する模型自動車の運動は初速0，加速度 $-a$ の等加速度運動なので，走行距離は $\frac{1}{2}at^2 = \frac{1}{2}a\left(\frac{2V}{a}\right)^2 = \frac{2V^2}{a}$ …(答)

練習問題 1-15

小物体の位置を極座標で表して

$r = Vt + r_0,\ \theta = \frac{2\pi t}{T} + \theta_0$ とする．

r_0, θ_0 はそれぞれ時刻 $t = 0$ における r, θ の値である．

$$v_r = \dot{r} = V,\ v_\theta = r\dot{\theta} = \frac{2\pi r}{T}$$

$$u = \sqrt{{v_r}^2 + {v_\theta}^2} = \sqrt{V^2 + \left(\frac{2\pi r}{T}\right)^2}$$ …(答)

練習問題 1-16

(1) 問題 1-15，16の結果より

$v_r = \dot{r}$ …①　　$v_\theta = r\dot{\theta}$ …②

$a_r = \ddot{r} - r\dot{\theta}^2$ …③　　$a_\theta = r\ddot{\theta} + 2\dot{r}\dot{\theta}$ …④

①，③式より，

$a_r - \dot{v}_r = \ddot{r} - r\dot{\theta}^2 - \ddot{r} = -r\dot{\theta}^2$

②式より $\dot{\theta} = \frac{v_\theta}{r}$ を代入して，

$a_r = \dot{v}_r - \frac{{v_\theta}^2}{r}$ の式を得る．

②，④式より，

$a_\theta - \dot{v}_\theta = r\ddot{\theta} + 2\dot{r}\dot{\theta} - (\dot{r}\dot{\theta} + r\ddot{\theta})$

$= \dot{r}\dot{\theta} = v_r\dot{\theta}$ (①式より)

②式より $\dot{\theta} = \frac{v_\theta}{r}$ を代入して，

$a_\theta = \dot{v}_\theta + \frac{v_r v_\theta}{r}$ の式を得る．

v_r を時間微分しただけでは a_r にならず，v_θ を時間微分しただけでは a_θ にならないことに注意しよう．

(2) $\frac{d}{dt}(rv_\theta) = \dot{r}v_\theta + r\dot{v}_\theta = v_r v_\theta + r\dot{v}_\theta = ra_\theta$

$\therefore\ a_\theta = \frac{1}{r}\frac{d}{dt}(rv_\theta)$

練習問題 1-17

r, θ の式を時間微分していくと，$\dot{r} = \frac{d}{dt}(ct) = c$，$\ddot{r} = \frac{d}{dt}(c) = 0$，$\dot{\theta} = \frac{d}{dt}(\omega t) = \omega$，$\ddot{\theta} =$

$\dfrac{d}{dt}(\omega) = 0$ となるので，$v_r = \dot{r} = c$ …(答)

$v_\theta = r\dot{\theta} = r\omega$ …(答)

$a_r = \ddot{r} - r\dot{\theta}^2 = -r\omega^2$ …(答)

$a_\theta = r\ddot{\theta} + 2\dot{r}\dot{\theta} = 2c\omega$ …(答)

練習問題 1-18

初速を MKS 単位系の値に換算して，144 km/h = 40 m/s

最高点での速さ v は初速度の水平成分に等しく

$v = 40\cos 45^\circ = 20\sqrt{2}$ m/s

最高点における法線方向の加速度は重力加速度 g だから，

$\dfrac{v^2}{\rho} = g$ より，$\rho = \dfrac{v^2}{g} = \dfrac{(20\sqrt{2})^2}{10} = 80$〔m〕

…(答)

Chapter 2　運動の法則

練習問題 2-1

糸 a, b の張力の大きさをそれぞれ T_a, T_b とすると，砂に入ったかごに働く力の水平方向のつり合いより，$T_a\cos\alpha = T_b\cos\beta$.

$\alpha > \beta$ より $T_a > T_b$ だから，糸 a が切れる.

…(答)

練習問題 2-2

板が床上を滑る直前の状態を考える．小物体と板の間で働く垂直抗力の大きさ，および静止摩擦力の大きさをそれぞれ N_1, f とする．また，板と床の間の垂直抗力の大きさを N_2 として，力のつり合いより，

$N_1 = mg$,

$N_2 = Mg + N_1$,

$f = \mu_2 N_2$.

また，小物体と板の間に滑りが生じなかったことより，この部分の静止摩擦力は最大摩擦力より小さいので，$f < \mu_1 N_1$.

以上 4 式から，$\mu_1 > \dfrac{M+m}{m}\mu_2$ …(答)

練習問題 2-3

(1) 内部の空気も含めた気球装置に働く力を考えて，浮力が重力以上ならよいから，

$\rho_0 Vg \geqq Mg + \rho Vg.\quad \therefore\ \rho \leqq \rho_0 - \dfrac{M}{V}$

…(答)

(2) 内部のヘリウムガスも含めた風船に働く力を考えて，浮力が重力以上ならよいから，

$\rho_0 Vg \geqq Mg + \rho_1 Vg.\quad \therefore\ V \geqq \dfrac{M}{\rho_0 - \rho_1}$

…(答)

練習問題 2-4

(1) 氷の密度を ρ，水の密度を ρ_0，水面の外側に出ている氷の体積を V_1，水中にある氷の体積を V_2，重力加速度の大きさを g とする．氷に働く力のつり合いの式

$\rho_0 V_2 g = \rho(V_1 + V_2)g$ より，

$V_2 = \dfrac{\rho V_1}{\rho_0 - \rho} = \dfrac{0.9 \times 100}{1.0 - 0.9} = 900\ \mathrm{cm}^3$

…(答)

(2) 氷に働く力のつり合いから，氷の重さは氷が受ける浮力の大きさに等しい．また，浮力の大きさは氷が押しのけている水の重さに等しいから，氷がすべて溶けるとその体積は，ちょうど氷が押しのけている水の体積に等しい．したがって，水面の高さは変わらないので変化は 0 である． …(答)

練習問題 2-5

物体が板から受ける垂直抗力を N，静止摩擦力を f とする．板に固定した座標系から見て，物体に働く力のつり合いは，

水平方向：$N = ma$ …①

鉛直方向：$f = mg$ …②

物体が板上を滑らない条件は $f \leqq \mu N$ …③
①,②式を③式に代入して $mg \leqq \mu ma$.

$\therefore\ a \geqq \dfrac{g}{\mu}$ …(答)

練習問題 2-6

加速度の大きさを a, 張力の大きさを T として，小球1,2の運動方程式はそれぞれ，
$ma = T$ …①, $ma = mg - T$ …②
台が床から受ける摩擦力の大きさを f, 垂直抗力の大きさを R として，定滑車を含めた台に働く力のつり合いは，水平方向および鉛直方向についてそれぞれ $f = T$ …③, $R = T + Mg$ …④
①〜④式より，$a = \dfrac{1}{2}g$, $f = T = \dfrac{1}{2}mg$,
$R = \left(M + \dfrac{1}{2}m\right)g$.
台が床に対して滑らないためには摩擦力の大きさが最大摩擦力以下でなければならないから，
$f \leqq \mu R$ より，$\dfrac{1}{2}mg \leqq \mu\left(M + \dfrac{1}{2}m\right)g$.

$\therefore\ \mu \geqq \dfrac{m}{2M + m}$ …(答)

練習問題 2-7

台車の加速度を左向きに α, 台車上の小球の台車に対する加速度を右向きに β, 糸の張力の大きさを T, 糸の右側部分が鉛直線となす角を θ とする.

台車の運動方程式は，$\dfrac{m}{4}\alpha = T - T\sin\theta$ …①
台上の小球の運動方程式は，
$m\beta = T + m\alpha$ …②
空中の小球の糸の方向の運動方程式は，
$m\beta = mg\cos\theta + m\alpha\sin\theta - T$ …③
空中の小球に働く力の糸に垂直な方向の力のつり合いより，$m\alpha\cos\theta = mg\sin\theta$ …④
①,②,③式より β, T を消去して，
$\alpha = \dfrac{2\cos\theta(1 - \sin\theta)}{1 + 2(1 - \sin\theta)^2}$ …⑤
⑤式を④式に代入して，$\cos^2\theta = 1 - \sin^2\theta$ と置き換えて整理すると，
$2\sin^2\theta - 5\sin\theta + 2 = 0$ となり，
$(2\sin\theta - 1)(\sin\theta - 2) = 0$ より，$\theta = 30^\circ$
となるので，⑤式に代入して，$\alpha = \dfrac{g}{\sqrt{3}}$ …(答)

練習問題 2-8

物体の加速度の大きさを α, ロープの張力の大きさを T とする. 物体，おもりの運動方程式はそれぞれ $m\alpha = 2T - \mu mg$, $M\cdot 2\alpha = Mg - T$.
2式より，$\alpha = \dfrac{2M - \mu m}{4M + m}g$ …(答)

練習問題 2-9

箱を引いている力を F, 箱の加速度を a とすると，箱と小球からなる系に対する運動方程式は，
$(M + m)a = F$ …①
小球に働く見かけの重力の向きは鉛直線と角 θ の向きだから，$\tan\theta = \dfrac{a}{g}$ …②
糸を切った後の箱の運動方程式は，加速度を b として，$Mb = F$ …③
見かけの重力が鉛直線となす角を ϕ とすると，
$\tan\phi = \dfrac{b}{g}$ …④
①〜④式より，
$\dfrac{\tan\phi}{\tan\theta} = \dfrac{b}{a} = \dfrac{M + m}{M}$.
これより，$d = H\tan\phi = \dfrac{M + m}{M}H\tan\theta$
…(答)

練習問題 2-10

ロープと鉄球からなる系の運動方程式は，鉛直上向きの加速度を α として，
$(M + \rho l)\alpha = F - (M + \rho l)g$ …①
ロープの下側で長さ x の部分と鉄球からなる系の運動方程式は，

$(M+\rho x)\alpha = T(x) - (M+\rho x)g$　…②

①, ②式より，α を消去すればよいが，次のようにすると計算が容易である．

①式より，$(M+\rho l)(\alpha+g) = F$　…③

②式より，$(M+\rho x)(\alpha+g) = T(x)$　…④

④を③で割って，$T(x)$ について解くと

$$T(x) = \frac{M+\rho x}{M+\rho l}F \qquad \cdots(答)$$

ロープの質量が無視できるときは $\rho = 0$ なので，張力は一定となることが分かる．

【参考】③, ④式は，鉛直下向きに重力加速度 g で運動する座標系で見た運動方程式を立てれば，直ちに得られる．この場合，質量 m の物体に働く上向きの慣性力 mg が下向きの重力 mg を打ち消すので，加速度を β として，

$(M+\rho l)\beta = F$

$(M+\rho x)\beta = T(x)$.

β は鉛直下向きに加速度 g で運動する観測者に対する，ロープと鉄球からなる系の相対加速度だから，$\beta = \alpha - (-g) = \alpha + g$ と書けて③, ④式と一致する．

練習問題 2-11

小球 1, 2 およびばねからなる系の重心の位置ベクトル $\boldsymbol{r}_G$ は，小球 1, 2 の位置ベクトル $\boldsymbol{r}_1, \boldsymbol{r}_2$ を用いて $\boldsymbol{r}_G = \dfrac{m_1\boldsymbol{r}_1 + m_2\boldsymbol{r}_2}{m_1+m_2}$ と書けるので重心の速度ベクトルは $\dot{\boldsymbol{r}}_G = \dfrac{m_1\dot{\boldsymbol{r}}_1 + m_2\dot{\boldsymbol{r}}_2}{m_1+m_2}$ となる．静かに手放したとき $\dot{\boldsymbol{r}}_1 = \dot{\boldsymbol{r}}_2 = \boldsymbol{0}$ より $\dot{\boldsymbol{r}}_G = \boldsymbol{0}$ であり，重心の初速は 0 であることが分かる．

重力加速度のベクトルを $\boldsymbol{g}$，列車の加速度ベクトルを $\boldsymbol{b}$ とする．列車に固定した座標系で見れば，小球 1, 2, ばねからなる系に働く外力は重力と慣性力である．系の重心の加速度ベクトルを $\boldsymbol{a}$ とすれば，重心の運動方程式

$(m_1+m_2)\boldsymbol{a} = m_1\boldsymbol{g} + m_2\boldsymbol{g} - m_1\boldsymbol{b} - m_2\boldsymbol{b}$

より，$\boldsymbol{a} = \boldsymbol{g} - \boldsymbol{b}$.

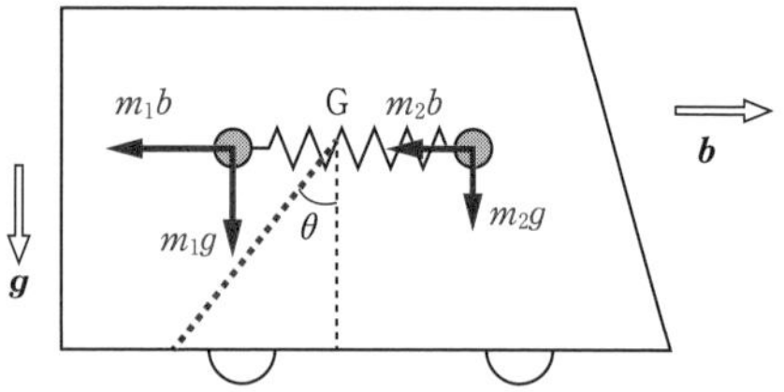

よって系の重心加速度は一定であり，鉛直方向となす角を θ とすると，$\tan\theta = \dfrac{b}{g}$ となる．

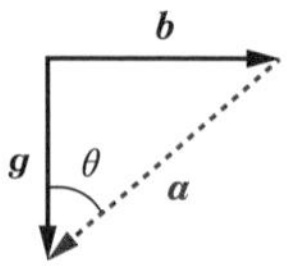

以上より，系の重心は初速度 0 で鉛直方向となす角 θ の方向に等加速度直線運動をする．したがって，系が床に達するまでの過程における重心の変位は，

$$\Delta x_G = -H\tan\theta = -H\frac{b}{g} \quad \cdots①$$

一方，重心の位置座標の式 $x_G = \dfrac{m_1x_1 + m_2x_2}{m_1+m_2}$ の変化を取れば，

$$\Delta x_G = \frac{m_1\Delta x_1 + m_2\Delta x_2}{m_1+m_2} \quad \cdots②$$

①, ②式より Δx_G を消去して H について解けば，

$$H = -\frac{m_1\Delta x_1 + m_2\Delta x_2}{m_1+m_2}\cdot\frac{g}{b} \qquad \cdots(答)$$

練習問題 2-12

小物体，板の加速度を右向き正として，それぞれ a, A とする．

小物体の運動方程式 $ma = -f$ および

板の運動方程式 $MA = f$ より，

板に対する小物体の加速度は，

$a - A = -\left(\dfrac{1}{m} + \dfrac{1}{M}\right)f$ となる．

板に対する小物体の初速度は $v_0 - 0 = v_0$ なので，等加速度直線運動の公式を用いて，

$v_0 - \left(\dfrac{1}{m} + \dfrac{1}{M}\right) fT = 0$ より，$T = \dfrac{mMv_0}{(m+M)f}$

…(答)

このときの板の速度 V は,

$V = \dfrac{mv_0}{m+M}$.

板に対する小物体の相対速度と時間との関係のグラフの面積が，板に対して小物体が滑った距離に等しいので,

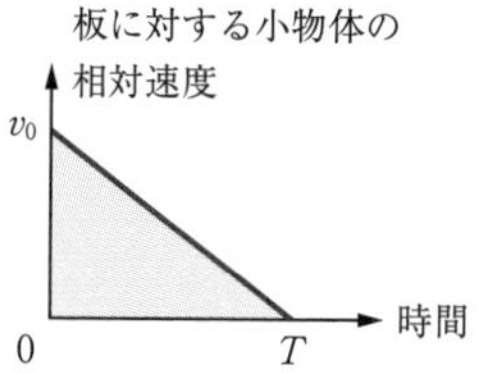

$L = \dfrac{1}{2} v_0 T$ …①

板の速度と時間との関係のグラフの面積が板の移動距離 X に等しいので,

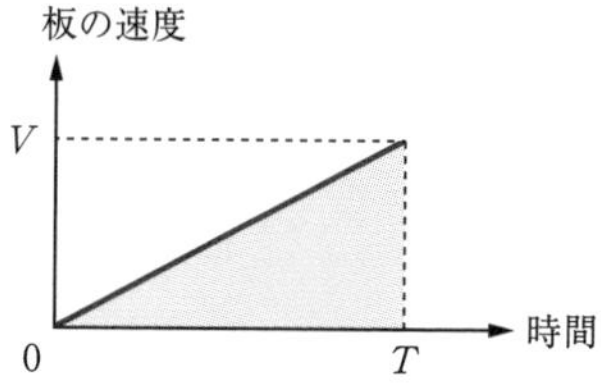

$X = \dfrac{1}{2} VT$ …②

①,②より T を消去して,

$X = \dfrac{V}{v_0} L = \dfrac{m}{m+M} L$ …(答)

練習問題 2-13

質点 1 に対する質点 2 の相対運動を考える．相対位置を $x = x_2 - x_1$，相対速度を $v = v_2 - v_1$，換算質量を $\mu = \dfrac{m_1 m_2}{m_1 + m_2}$ とおくと，相対運動の運動方程式 $\mu \dfrac{dv}{dt} = -kv$ より,

$\dfrac{dv}{dt} = -\dfrac{k}{\mu} v$ …①

初め，$v = v_2 - v_1 = v_0 - 0 = v_0$ であり，加速度が負なので速度は減少するが，それに伴い加速度の大きさが減少していくので速度の変化は緩やかになり，十分時間が経てば速度が 0 になる．①式より，$dv = -\dfrac{k}{\mu} v\,dt = -\dfrac{k}{\mu} dx$.

時刻 $t = 0$ から $t \to \infty$ まで積分して $0 - v_0 = -\dfrac{k}{\mu}(x_f - D)$. ここで, 最終の x を x_f とした.

これより，$x_f = D + \dfrac{\mu v_0}{k} = D + \dfrac{m_1 m_2 v_0}{k(m_1 + m_2)}$ が 2 質点間の距離になる. …(答)

練習問題 2-14

運動方程式より $F = m\dfrac{dv}{dt} = m\dfrac{dv}{dx}\dfrac{dx}{dt}$

$= m\dfrac{d}{dx}(v_0 - bx) \cdot v = -mbv$ …(答)

これは速度に比例する抵抗力である.

練習問題 2-15

等式 $T = am^x g^y k^z$ の両辺の次元は,

$[\mathrm{T}] = [\mathrm{M}]^x [\mathrm{LT}^{-2}]^y [\mathrm{MT}^{-2}]^z$ より,

$[\mathrm{L}^0 \mathrm{M}^0 \mathrm{T}^1] = [\mathrm{L}^y \mathrm{M}^{x+z} \mathrm{T}^{-2y-2z}]$.

両辺で L，M，T の指数が等しいので,

$0 = y$，$0 = x + z$，$1 = -2y - 2z$.

$\therefore\ x = \dfrac{1}{2}$，$y = 0$，$z = -\dfrac{1}{2}$ …(答)

これより，$T = am^{\frac{1}{2}} g^0 k^{-\frac{1}{2}} = a\sqrt{\dfrac{m}{k}}$ となる.

Chapter 3 仕事とエネルギー

練習問題 3-1

斜面の傾きを θ とすると，斜面が物体に及ぼす垂直抗力の大きさが $N = mg\cos\theta$ なので,

$W = -\mu Nd = -\mu mg\cos\theta \cdot d = -\mu mgD$

…(答)

練習問題 3-2

運動エネルギーを時間で微分して，

$$\frac{dK}{dt} = \frac{d}{dt}\left(\frac{1}{2}m\,|\boldsymbol{v}|^2\right) = \frac{1}{2}m\frac{d}{dt}(\boldsymbol{v}\cdot\boldsymbol{v})$$

$$= \frac{1}{2}m\left(\frac{d\boldsymbol{v}}{dt}\cdot\boldsymbol{v} + \boldsymbol{v}\cdot\frac{d\boldsymbol{v}}{dt}\right) = m\frac{d\boldsymbol{v}}{dt}\cdot\boldsymbol{v}.$$

運動方程式より，$m\dfrac{d\boldsymbol{v}}{dt} = \boldsymbol{F}$ なので，

$$\frac{dK}{dt} = \boldsymbol{F}\cdot\boldsymbol{v}.$$

すなわち，物体の運動エネルギーの変化率は物体がされた仕事率に等しい．

この式を時刻 t_1 から t_2 まで積分して

$$\int_{t_1}^{t_2}\frac{dK}{dt}dt = \int_{t_1}^{t_2}\left(F_x\frac{dx}{dt} + F_y\frac{dy}{dt} + F_z\frac{dz}{dt}\right)dt$$

$$= \int_{\mathrm{P}_1}^{\mathrm{P}_2}(F_x dx + F_y dy + F_z dz)$$

ここで，$\mathrm{P}_1, \mathrm{P}_2$ はそれぞれ始点と終点の位置を表す．

$$\therefore\ K(t_2) - K(t_1) = \int_{\mathrm{P}_1}^{\mathrm{P}_2}\boldsymbol{F}\cdot d\boldsymbol{r}.$$

これより，物体の運動エネルギーの変化がされた仕事に等しいことが分かる．

練習問題 3-3

質点 P が床から受ける垂直抗力 N は，P に働く力の鉛直方向のつり合いより，$N = mg$ となるから，P が受ける動摩擦力 F は，$F = -\mu(x)\cdot N = -\mu(x)\cdot mg$ と書ける．

(1) $x \geqq 0$ の範囲で，$F = -amgx$ である．

質点 P が原点 $x = 0$ から静止する点 $x = x_0$ に運動するまでに，動摩擦力が P にする仕事 W は，

$$W = \int_0^{x_0} F dx = -amg\int_0^{x_0} x dx$$

$$= -amg\left[\frac{1}{2}x^2\right]_0^{x_0} = -\frac{1}{2}amgx_0{}^2$$

となる．

質点 P が原点 $x = 0$ から点 $x = x_0$ に運動する過程で，P の運動エネルギー変化は P が受けた仕事の和に等しいから，

$0 - \dfrac{1}{2}mv_0{}^2 = -\dfrac{1}{2}amgx_0{}^2$ が成り立つ．これより，$x_0 = \dfrac{v_0}{\sqrt{ag}}$　…(答)

(2) P が受ける動摩擦力は $F(x) = -\mu_0 mge^{-bx}$ である．

質点 P が原点 $x = 0$ から無限遠点 $x = \infty$ に運動するまでに，動摩擦力が P にする仕事 W は，

$$W = \int_0^\infty F(x)dx = -\mu_0 mg\int_0^\infty e^{-bx}dx$$

$$= -\mu_0 mg\left[-\frac{1}{b}e^{-bx}\right]_0^\infty = -\frac{\mu_0 mg}{b}$$

となる．

質点 P の速度が無限遠点で 0 になるときが，初速として v_{esc} を与えたときに対応する．

質点 P が原点から無限遠点に運動する過程で，P の運動エネルギー変化は P が受けた仕事の和に等しいから，$0 - \dfrac{1}{2}mv_{\mathrm{esc}}{}^2 = -\dfrac{\mu_0 mg}{b}$ が成り立つ．これより，$v_{\mathrm{esc}} = \sqrt{\dfrac{2\mu_0 g}{b}}$　…(答)

練習問題 3-4

原点に向かう中心力 $\boldsymbol{F}(\boldsymbol{r})$ を，原点からの距離 r の関数 $f(r)$ を用いて $\boldsymbol{F}(\boldsymbol{r}) = f(r)\boldsymbol{r}$ とおくと，成分は $F_x = f(r)x$，$F_y = f(r)y$，$F_z = f(r)z$ となるから，$\dfrac{\partial F_x}{\partial y} = f'(r)\dfrac{\partial r}{\partial y}x$

ここで，$r = \sqrt{x^2 + y^2 + z^2}$ より，

$$\frac{\partial r}{\partial y} = \frac{2y}{2\sqrt{x^2 + y^2 + z^2}} = \frac{y}{r}$$

なので，$\dfrac{\partial F_x}{\partial y} = f'(r)\dfrac{y}{r}x$

同様に，$\dfrac{\partial F_y}{\partial x} = f'(r)\dfrac{x}{r}y$ となるから，$\dfrac{\partial F_x}{\partial y} = \dfrac{\partial F_y}{\partial x}$ が導かれる．

$\dfrac{\partial F_y}{\partial z} = \dfrac{\partial F_z}{\partial y}$，$\dfrac{\partial F_z}{\partial x} = \dfrac{\partial F_x}{\partial z}$ の関係も同様に導

かれるので，中心力が保存力の条件を満たすことが分かる．

練習問題 3-5

水の比熱（単位質量の水の温度を 1 K 上昇させる熱量）を MKS 単位系で表すと，$c = 4.2 \times 10^3$〔J/kg·K〕.

質量 m の水が h 落下するとき失った位置エネルギーは mgh であり，これが水の得た熱量 $mc\Delta t$（Δt は温度上昇）に等しいので，

$mgh = mc\Delta t$ より，

$$\Delta t = \frac{gh}{c} = \frac{9.8 \times 100}{4.2 \times 10^3} = 0.23\text{〔℃〕} \quad \cdots\text{(答)}$$

練習問題 3-6

力学的エネルギーの保存より，

$$mgD = \frac{1}{2}kD^2.$$

① 式を用いて，$kdD = \frac{1}{2}kD^2 \quad \therefore \ D = 2d$

…(答)

練習問題 3-7

台に固定した観測者から見て，小球には水平右向きに慣性力 $m\beta$ が働く．慣性力の仕事だけ力学的エネルギーが変化するから，

$$\frac{1}{2}mv_0{}^2 + mgh_{\mathrm{A}} + m\beta l = \frac{1}{2}mv_3{}^2 + mgh_{\mathrm{C}}$$

より，$v_3 = \sqrt{v_0{}^2 + 2g(h_{\mathrm{A}} - h_{\mathrm{C}}) + 2\beta l}$ …(答)

練習問題 3-8

質点の位置ベクトル $\boldsymbol{r} = (x, y, z)$ を用いると，

$\boldsymbol{F} = (-kx, -ky, -kz) = -k(x, y, z) = -k\boldsymbol{r}$

となるので，力は原点の方向に向かう中心力で，大きさは原点からの距離に比例する．

原点を基準に取れば位置 $\boldsymbol{r}$ における位置エネルギー $U(\boldsymbol{r})$ は，原点までの直線に沿って質点が移動するときに保存力がする仕事を求めて，

$U(\boldsymbol{r}) = \int_r^0 (-kr)dr = \frac{1}{2}kr^2$ となる．質点が原点から最も離れたときの距離を $r_{\max}$ として，力学的エネルギーの保存

$\frac{1}{2}mv_0{}^2 + \frac{1}{2}kR^2 = \frac{1}{2}kr_{\max}{}^2$ より，

$$r_{\max} = \sqrt{R^2 + \frac{mv_0{}^2}{k}} \quad \cdots\text{(答)}$$

練習問題 3-9

小球の質量を m として，垂直抗力は $N = mg\cos 45°$ なので，

$W_1 = -\mu N \cdot \overline{\mathrm{AB}} = -\mu mg\,\overline{\mathrm{AB}}\cos 45° = -\mu mgr.$

円軌道上の運動で，小球の速さを v，小球と点 O を結ぶ線分が OB となす角を ϕ として，

半径方向の運動方程式 $m\frac{v^2}{r} = N - mg\cos\phi$

より，$N = m\frac{v^2}{r} + mg\cos\phi > mg\cos\phi$ だから，

$$|W_2| = \int_0^{\frac{\pi}{2}} \mu Nr\,d\phi > \mu mgr\int_0^{\frac{\pi}{2}} \cos\phi\,d\phi$$
$$= \mu mgr > |W_1|$$

よって，$|W_1|$ の方が小さい． …(答)

練習問題 3-10

地球表面で運動方程式 $mg = \frac{GMm}{R^2}$ より，

$GM = gR^2$

脱出速度 v_{esc} は力学的エネルギーの保存

$\frac{1}{2}mv_{\mathrm{esc}}{}^2 - \frac{GMm}{R} = 0$ より，

$$v_{\mathrm{esc}} = \sqrt{\frac{2GM}{R}} = \sqrt{\frac{2gR^2}{R}} = \sqrt{2gR}$$
$$= \sqrt{2 \times 9.8 \times 6400 \times 10^3} = 11200\text{〔m/s〕}$$
$$\fallingdotseq 11\text{〔km/s〕}$$

練習問題 3-11

無限遠方に引き離す仕事 W は 2 球が無限遠に引き離されたときと，接触しているときのポテンシャル・エネルギーの差に等しい．接触して

いるとき，2 個の球の中心間の距離が 2 m であることに注意して，

$$W = 0 - \frac{6.7 \times 10^{-11} \times 10 \times 10}{2}$$
$$= 3.4 \times 10^{-9} \text{〔J〕} \qquad \cdots\text{(答)}$$

練習問題 3-12

(1) $\boldsymbol{A} = \boldsymbol{A}_1 + \boldsymbol{A}_2 + \cdots + \boldsymbol{A}_N$ とおく．正 N 角形を中心の周りに角 $\frac{2\pi}{N}$ だけ回転しても同じベクトルの配置になるから，$\boldsymbol{A}$ は角 $\frac{2\pi}{N}$ だけ回転しても変化しないことになる．そのようなベクトルは零ベクトルのみである．
よって，$\boldsymbol{A}_1 + \boldsymbol{A}_2 + \cdots + \boldsymbol{A}_N = \boldsymbol{0}$.

(2) 小球を打ち出したとき，$\sum \boldsymbol{v}_i = \boldsymbol{0}$ なので，重心速度は，$\boldsymbol{v}_{\mathrm{G}} = \frac{\sum m\boldsymbol{v}_i}{\sum m} = \boldsymbol{0}$. したがって，重心は初速 0，加速度 g の自由落下運動をする．
重心の速さは $v_{\mathrm{G}} = gt$ となるから，

$$K = \frac{1}{2}Nmv_{\mathrm{G}}{}^2 + N\frac{1}{2}mv^2$$
$$= \frac{1}{2}Nm(g^2t^2 + v^2) \qquad \cdots\text{(答)}$$

練習問題 3-13

摩擦力が小物体にした仕事 $-fx$ は小物体の力学的エネルギーの変化に等しいので，小物体の運動エネルギーの減少量は fx である．…(答)
摩擦力が板にした仕事 fX は板の力学的エネルギーの変化に等しいので，板の運動エネルギーの増加量は fX である．…(答)
摩擦熱 Q は系の力学的エネルギーの減少に等しいので，

$Q = fx - fX = f(x - X)$ …(答)

このように，摩擦熱は摩擦力の大きさに摩擦面に対して物体が滑った距離をかけたものに等しくなる．

練習問題 3-14

ペアが 6 組あるので，ポテンシャル・エネルギーは 6 組の 2 点間のポテンシャル・エネルギーの和になる．質点間に反発力が働くので，十分時間が経過すると質点間の距離は無限大となる．力学的エネルギーの保存より，

$$\frac{a}{R} \times 4 + \frac{a}{\sqrt{2}R} \times 2 = \frac{1}{2}mv^2 \times 4.$$

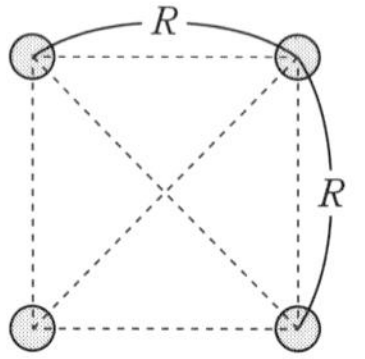

$$\therefore\ v = \sqrt{\frac{(4+\sqrt{2})a}{2mR}} \qquad \cdots\text{(答)}$$

練習問題 3-15

(1) $U'(x) = 2ax + b$ より，$U'(x_0) = 2ax_0 + b = 0 \quad \therefore\ x_0 = -\frac{b}{2a}$ …(答)

(2) $U''(x) = 2a$. $U''(x_0) > 0$ であれば安定で，$U''(x_0) < 0$ であれば不安定だから，位置 x_0 が安定なつり合いの点であるための条件は，$a > 0$ …(答)

練習問題 3-16

$U(x) = ax^2e^{-bx}$ より，$U'(x) = axe^{-bx}(2 - bx)$.
$U''(x) = ae^{-bx}(2 - 4bx + b^2x^2)$.
つり合いの位置は $U'(x) = 0$ より，$x_1 = 0$ と $x_2 = \frac{2}{b}$ の 2 か所ある．
$U''(0) = 2a > 0$ だから，$x_1 = 0$ におけるつり合いは安定である．
$U''\left(\frac{2}{b}\right) = -2ae^{-2} < 0$ だから，$x_2 = \frac{2}{b}$ におけるつり合いは不安定である．…(答)
参考までに $U(x)$ のグラフの概形は図のようになる．

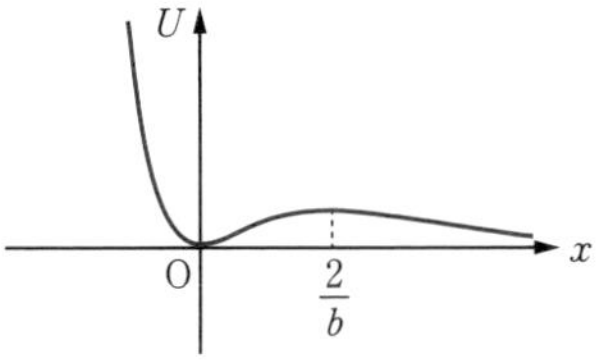

Chapter 4　典型的な運動

練習問題 4-1

(1) 重力加速度のベクトルを各座標成分に分解して，$a = -g\sin\phi$，$b = -g\cos\phi$　…(答)

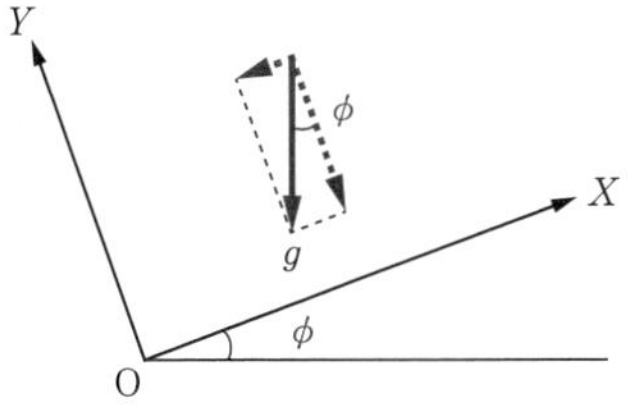

(2) Y 方向について等加速度直線運動の式より

$$Y = v\sin\theta\cdot t - \frac{1}{2}g\cos\phi\cdot t^2 = 0$$

$$\therefore\ t = \frac{2v\sin\theta}{g\cos\phi} \qquad \cdots(答)$$

練習問題 4-2

物体のベルトに対する相対速度が 0 になるとき，ベルトの速度の y 成分はないことから，物体の速度の y 成分は 0 である．等加速度直線運動の式を用いて，$0 - v_0{}^2 = 2a_yD$ より，

$$D = \frac{v_0\sqrt{V^2 + v_0{}^2}}{2\mu g} \qquad \cdots(答)$$

練習問題 4-3

速度を積分して，

$$x = -\frac{m}{\mu}\left(v_0 + \frac{mg}{\mu}\right)e^{-\frac{\mu}{m}t} - \frac{mg}{\mu}t + C.$$

積分定数を初期条件 $t = 0$，$x = 0$ から求めると，$C = \dfrac{m}{\mu}\left(v_0 + \dfrac{mg}{\mu}\right)$.

これより，

$$x = \frac{m}{\mu}\left(v_0 + \frac{mg}{\mu}\right)\left(1 - e^{-\frac{\mu}{m}t}\right) - \frac{mg}{\mu}t \qquad \cdots①$$

最高点に達する時刻 t_1 は，

$$v = \left(v_0 + \frac{mg}{\mu}\right)e^{-\frac{\mu}{m}t_1} - \frac{mg}{\mu} = 0 \text{ より，}$$

$$t_1 = \frac{m}{\mu}\log\left(1 + \frac{\mu v_0}{mg}\right).$$

これを①式に代入して，

$$H = \frac{mv_0}{\mu}\left\{1 - \frac{mg}{\mu v_0}\log\left(1 + \frac{\mu v_0}{mg}\right)\right\} \qquad \cdots(答)$$

空気抵抗がないときの最高点の高さ h は等加速度運動の式 $0 - v_0{}^2 = 2(-g)h$ より，$h = \dfrac{v_0{}^2}{2g}$.

$\varepsilon = \dfrac{\mu v_0}{mg}$ を用いて，

$$\begin{aligned}
H &= \frac{mv_0}{\mu}\left\{1 - \frac{\log(1+\varepsilon)}{\varepsilon}\right\} \\
&\fallingdotseq \frac{mv_0}{\mu}\left(1 - 1 + \frac{\varepsilon}{2} - \frac{\varepsilon^2}{3}\right) \\
&= \frac{mv_0}{2\mu}\varepsilon\left(1 - \frac{2}{3}\varepsilon\right) = \frac{mv_0}{2\mu}\frac{\mu v_0}{mg}\left(1 - \frac{2}{3}\varepsilon\right) \\
&= \frac{v_0{}^2}{2g}\left(1 - \frac{2}{3}\varepsilon\right) = h\left(1 - \frac{2}{3}\varepsilon\right) \qquad \cdots(答)
\end{aligned}$$

練習問題 4-4

点 P における小球の速さ

$$v = r\omega = l\sin\theta\sqrt{\frac{g}{l\cos\theta}} = \sqrt{gl\sin\theta\tan\theta}$$

落下時間 t は $H = \dfrac{1}{2}gt^2$ より，$t = \sqrt{\dfrac{2H}{g}}$.

水平移動距離 $d = vt = \sqrt{2lH\sin\theta\tan\theta}$.

求める距離 R は，

$R = \sqrt{r^2 + d^2} = \sqrt{r^2 + 2lH\sin\theta\tan\theta}$.

ここで，$\sin\theta = \dfrac{r}{l}$，$\tan\theta = \dfrac{r}{h}$ を代入して，

$$R = r\sqrt{1 + \frac{2H}{h}} \qquad \cdots(答)$$

練習問題 4-5

(1) 重心の加速度を鉛直下向きに a として，2

球と糸からなる系に対する重心の運動方程式 $(m+m)a = mg + mg$ より，$a = g$

…(答)

(2) 糸が切れたときの小球1，2の速さはそれぞれ $v_1 = l\sin\theta\cdot\omega$,

$v_2 = (L-l)\sin\theta\cdot\omega = \dfrac{l}{3}\sin\theta\cdot\omega$ となり，このときの重心速度の大きさは，

$v_G = \dfrac{v_1 - v_2}{2} = \dfrac{l}{3}\omega\sin\theta.$

相対速度の大きさは $v_1 - v_2 = \dfrac{2l}{3}\omega\sin\theta.$

重心に対する円運動の半径は $\dfrac{L}{2} = \dfrac{2l}{3}$ だから，相対速度の大きさは $\dfrac{2l}{3}\Omega$ と表せる．

したがって，$\dfrac{2l}{3}\omega\sin\theta = \dfrac{2l}{3}\Omega$ より，

$\Omega = \omega\sin\theta$ …(答)

練習問題 4-6

半球面に固定した座標系から小球の運動を考える．半球面が小球から受ける垂直抗力の水平成分は左向きなので，加速度は左向きである．よって小球に働く慣性力が水平右向きとなり，小球に対して正の仕事をするから，半球面が固定された場合に比べて同じ高さであれば速さはより大きい．また，運動方程式は，②式の右辺に慣性力の半径方向成分が付け加わるが，これが負の値なので垂直抗力は半球面が固定された場合に比べて小さくなる．したがって，より高い位置で $N = 0$ となるから，$h' > h$ …(答)

練習問題 4-7

棒の回転角を θ とすると，回転軸の位置を基準として，重力による位置エネルギー U は

$$U = -MgR\cos\theta + mgr\cos\theta$$
$$= (mr - MR)g\cos\theta$$

となるので，小球1が上昇するほどポテンシャル・エネルギーが増加して運動エネルギーは減少する．よって，小球1が最高点で速さが0となるような角速度が ω_c である．小球1，2，棒からなる系に対して力学的エネルギーの保存より，

$$\frac{1}{2}M(R\omega_c)^2 + \frac{1}{2}m(r\omega_c)^2 + (mr - MR)g\cos 0$$
$$= (mr - MR)g\cos\pi.$$

$$\therefore\ \omega_c = \sqrt{\frac{4g(MR - mr)}{MR^2 + mr^2}}$$ …(答)

練習問題 4-8

地球の自転の角速度

$\omega = \dfrac{2\pi}{T} = \dfrac{2\times 3.14}{24\times 3600} = 7.3\times 10^{-5}$〔rad/s〕

遠心力による加速度は，$R\omega^2 = 6400\times 10^3\times (7.3\times 10^{-5})^2 = 3.4\times 10^{-2}$〔m/s^2〕

この加速度の万有引力による加速度に対する比が，遠心力と万有引力の比に等しい．

$\dfrac{3.4\times 10^{-2}}{9.8} = 3.5\times 10^{-3}$ …(答)

コリオリ力による加速度は，$2v\omega = 2\times \dfrac{100\times 10^3}{3600}\times 7.3\times 10^{-5} = 4.1\times 10^{-3}$〔m/s^2〕

万有引力による加速度に対する比は，

$\dfrac{4.1\times 10^{-3}}{9.8} = 4.2\times 10^{-4}$ …(答)

練習問題 4-9

コリオリ力の大きさは $2mv\omega$ である．x 軸に垂直な面内の力のつり合いより，小球が棒から受ける抗力の大きさ N は，**問題** 4-[9]で求めた v を代入して，

$$N = \sqrt{(2mv\omega)^2 + (mg)^2}$$
$$= m\sqrt{4\omega^4(x^2 - d^2) + g^2}$$ …(答)

練習問題 4-10

問題 4-[10] で得た式

$\dfrac{1}{2}mv^2 = mgR\cos\phi(1 - \cos\phi)$ より，

$v = \sqrt{2gR\cos\phi(1 - \cos\phi)}$．ここで，相加・相

乗平均の関係より

$$\sqrt{\cos\phi(1-\cos\phi)} \leqq \frac{\cos\phi + 1 - \cos\phi}{2} = \frac{1}{2}$$

なので，v は $\cos\phi = 1 - \cos\phi$，つまり

$\cos\phi = \dfrac{1}{2}$ のとき最大値 $\sqrt{\dfrac{gR}{2}}$ をとる．　…(答)

別解 1

$v^2 = 2gR\cos\phi(1-\cos\phi)$ より，縦軸に v^2，横軸に $\cos\phi$ をとったグラフを描くと図のように上に凸の放物線となる．よって，$\cos\phi = \dfrac{1}{2}$ のとき v は最大となる．

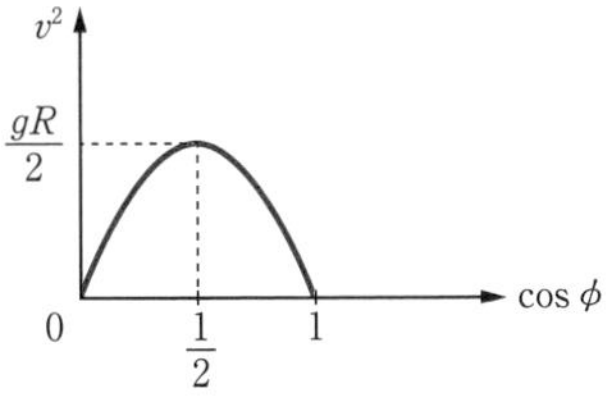

別解 2

速さが最大となるとき v-t グラフの極大点なので接線方向の加速度が 0 である．よって接線方向の力のつり合いより，遠心力の接線成分と重力の接線成分が等しいので

$$2mg\sin\phi\cos\phi = mg\sin\phi$$

$$\therefore\ \cos\phi = \frac{1}{2}$$

練習問題 4-11

問題 4-11 ①式より，$\overline{v^2} = \dfrac{1}{2}A^2\omega^2$ だから，平方根をとって，$\sqrt{\overline{v^2}} = \dfrac{A\omega}{\sqrt{2}}$．これは速度の最大値 $A\omega$ の $\dfrac{1}{\sqrt{2}}$ 倍である．　…(答)

練習問題 4-12

(1) $\angle \mathrm{PS_1O} = \theta_1$，$\angle \mathrm{PS_2O} = \theta_2$，$\mathrm{S_1O} = \mathrm{S_2O} = d$ と置く．

$$F_x = -kS_1\mathrm{P}\cos\theta_1 + kS_2\mathrm{P}\cos\theta_2$$
$$= -k(d+x) + k(d-x) = -2kx$$
$$F_y = -kS_1\mathrm{P}\sin\theta_1 + kS_2\mathrm{P}\sin\theta_2$$
$$= -ky - ky = -2ky$$

よって，$(F_x, F_y) = (-2kx, -2ky)$ …(答)

(2) x 方向の運動方程式 $m\ddot{x} = -2kx$ より，

$\ddot{x} = -\dfrac{2k}{m}x$ となるから，x 方向は角振動数 $\omega = \sqrt{\dfrac{2k}{m}}$ の単振動をする．初期条件 $\dot{x} = 0$，$x = a$ より，

$$x = a\cos\omega t = a\cos\sqrt{\frac{2k}{m}}t$$

同様に y も求められて，

$$(x, y) = \left(a\cos\sqrt{\frac{2k}{m}}t,\ b\cos\sqrt{\frac{2k}{m}}t\right)$$ …(答)

練習問題 4-13

$\theta > 0$ のとき $\sin\theta < \theta$ だから，接線方向の力の大きさ $mg\sin\theta$ は $mg\theta$ より小さい．

したがって，力を $mg\theta$ で近似すると復元力を大きく見積もったことになるので，実際の運動よりも速く振動し，周期は短くなる．よって，厳密な周期は $2\pi\sqrt{\dfrac{l}{g}}$ よりも長い．　…(答)

練習問題 4-14

浮きの質量を m，断面積を S として力のつり合いより，$\rho Slg = mg$ …①

つり合いの位置からの下向きの変位を x として，運動方程式は，$m\ddot{x} = mg - \rho S(l+x)g$．

①式より，$\rho S = \dfrac{m}{l}$ を代入すれば，$\ddot{x} = -\dfrac{g}{l}x$．

これより，浮きの単振動の角振動数 ω は

$\omega = \sqrt{\dfrac{g}{l}}$，周期 T は，$T = 2\pi\sqrt{\dfrac{l}{g}}$　…(答)

練習問題 4-15

運動方程式 $m\ddot{x}_1 = mg + k(x_2 - x_1 - l)$ …①

$m\ddot{x}_2 = mg - k(x_2 - x_1 - l)$ …②

①＋②より，$\ddot{x}_1 + \ddot{x}_2 = g$.

初期条件を考慮して，$\dot{x}_1 + \dot{x}_2 = gt$ より，

$x_1 + x_2 = l + d + \frac{1}{2}gt^2$ …③

②－①式より，

$$\ddot{x}_2 - \ddot{x}_1 = -\frac{2k}{m}(x_2 - x_1 - l)$$

これより，小球1に対する小球2の相対運動は角振動数

$\omega = \sqrt{\frac{2k}{m}} = \sqrt{\frac{2g}{d}}$ の単振動と分かるので，

$x_2 - x_1 = l + d\cos\omega t$ …④

③,④式より，

$$x_1 = \frac{d}{2}\left(1 - \cos\sqrt{\frac{2g}{d}}\,t\right) + \frac{1}{2}gt^2,$$

$$x_2 = l + \frac{d}{2}\left(1 + \cos\sqrt{\frac{2g}{d}}\,t\right) + \frac{1}{2}gt^2$$ …(答)

練習問題 4-16

台の初期位置が $X = 0$，初速度が0であることから変位は

$X = X_c - X_c\cos\omega t$

台から見た小球の運動方程式 $m\ddot{x} = m\ddot{X}\cos\theta + mg\sin\theta$ を積分して，$\dot{x} = \dot{X}\cos\theta + gt\sin\theta + C$（積分定数）

初期条件 $\dot{x} = 0$ より，$C = 0$ と分かり，もう一度積分して，

$$x = X\cos\theta + \frac{1}{2}gt^2\sin\theta + C'$$

初期条件 $x = X = 0$ より，$C' = 0$ だから，

$$x = X\cos\theta + \frac{1}{2}gt^2\sin\theta$$

$$= X_c(1 - \cos\omega t) + \frac{1}{2}gt^2\sin\theta$$ …(答)

練習問題 4-17

鉛直上向きに x 軸をとり，初めの静止状態の物体1の下端の位置を原点とする．このときのばねの自然長からの縮みを s とすると，物体1に働く力のつり合い $ks = m_1 g$ …① より，$s = \frac{m_1 g}{k}$ となる．物体1を静かに手放した後の運動について，物体2が床から離れないと仮定する．物体1の下端の位置が x であるときばねの自然長からの伸びが $x - s$ であることから，物体1の運動方程式は $m\ddot{x} = -k(x - s) - m_1 g$ と書けるが，①を代入すれば

$m\ddot{x} = -kx$ となるので，物体1は原点を中心とした単振動をすることが分かる．物体2は静止しているので力がつり合うから，物体2が床から受ける垂直抗力を N として $N + k(x - s) = m_2 g$ より，$N = m_2 g - k(x - s)$.

ここで①式を代入すれば $N = (m_1 + m_2)g - kx$ …② を得る．これより，物体1が上昇すると N は減少することが分かる．物体1を静かに手放した位置 $x = -d$ が単振動の端になることから，物体1の運動の範囲は $-d \leqq x \leqq d$ である．よって N の最小値 $N_{\min}$ は②式に $x = d$ を代入して，$N_{\min} = (m_1 + m_2)g - kd$ となる．物体2が床から離れない条件は，常に $N \geqq 0$ となることだから，

$N_{\min} \geqq 0$ より，$d \leqq \frac{(m_1 + m_2)g}{k}$.

これより，物体2が床から離れないような d の最大限界は $d_0 = \frac{(m_1 + m_2)g}{k}$ …(答)

Chapter 5　運動量の保存

練習問題 5-1

(1) 垂直抗力の時間平均を $\overline{N}$，経過時間を T とすると，力積と運動量の関係より

$\overline{N}T - mgT = 0$　　∴ $\overline{N} = mg$ …(答)

(2) 選手とストーンが及ぼし合う力積の大きさを I とする．選手が動き始めてから静止するまでの時間を T_1 とすると，摩擦力が選

手に及ぼす力積の大きさは摩擦力の大きさ $\mu_1 m_1 g$ と時間 T_1 の積に等しい．選手の運動量変化が受けた全力積に等しいので，

$0 = I - \mu_1 m_1 g T_1$　より，　$T_1 = \dfrac{I}{\mu_1 m_1 g}$.

同様にストーンが静止するまでの時間 T_2 は $T_2 = \dfrac{I}{\mu_2 m_2 g}$ だから，求める条件は $T_1 = T_2$ より，$\mu_1 m_1 = \mu_2 m_2$　…(答)

練習問題 5-2

ボールの衝突による運動量変化は

$mev - (-mv) = (1+e)mv = (1+e)p$

であり，ボールが壁から受けた力積 I に等しい．

(a)　力積 I は f-t グラフの面積から求められて，$I = \dfrac{1}{2}f_{\mathrm{a}}T$ となる．$\dfrac{1}{2}f_{\mathrm{a}}T = (1+e)p$ より $f_{\mathrm{a}} = \dfrac{2(1+e)p}{T}$　…(答)

(b)　f のグラフが $(t, f) = (0, f_{\mathrm{b}})$ を頂点とする放物線なので定数 c を用いて，$f(t) = c(t-0)^2 + f_{\mathrm{b}}$ と表せる．$t = \dfrac{T}{2}$ のとき $f\left(\dfrac{T}{2}\right) = c\left(\dfrac{T}{2}\right)^2 + f_{\mathrm{b}} = 0$ だから，$c = -\dfrac{4f_{\mathrm{b}}}{T^2}$ と決まり $f(t) = -\dfrac{4f_{\mathrm{b}}}{T^2}t^2 + f_{\mathrm{b}}$ となる．力積 I は $f(t)$ を時間で積分して求められる．

$$I = \int_{-\frac{T}{2}}^{\frac{T}{2}} f(t)dt = 2\int_0^{\frac{T}{2}}\left(-\frac{4f_{\mathrm{b}}}{T^2}t^2 + f_{\mathrm{b}}\right)dt$$
$$= 2\left[-\frac{4f_{\mathrm{b}}}{3T^2}t^3 + f_{\mathrm{b}}t\right]_0^{\frac{T}{2}}$$
$$= -\frac{8f_{\mathrm{b}}}{3T^2}\left(\frac{T}{2}\right)^3 + 2f_{\mathrm{b}}\frac{T}{2} = \frac{2}{3}f_{\mathrm{b}}T$$

となるので，$\dfrac{2}{3}f_{\mathrm{b}}T = (1+e)p$ より，

$f_{\mathrm{b}} = \dfrac{3(1+e)p}{2T}$　…(答)

練習問題 5-3

初めに静かに置いてから，粒子が原点を通過するまでについて，運動エネルギーの変化が力 F の仕事に等しいことより $\dfrac{p^2}{2m} = F(b-x)$　…①

続いて粒子が原点を通過してから速さ 0 となるまでの運動について $\dfrac{p^2}{2m} - \dfrac{{p_0}^2}{2m} = Fx$　…②

ここで，p_0 は粒子が原点を通過したときの運動量である．

①式で $x=0$ とすれば，$\dfrac{{p_0}^2}{2m} = Fb$ が得られ，これを②式に代入して

$\dfrac{p^2}{2m} = F(b+x)$　…③

これより，$x = -b$ の位置で運動量が 0，つまり速さが 0 となることが分かる．

この後の運動は，初めに置いてからの運動の速度を逆向きにしたものと等価である．

以上より，相空間内の軌跡は図のように p 軸について対称な放物線の組み合わせとなる．

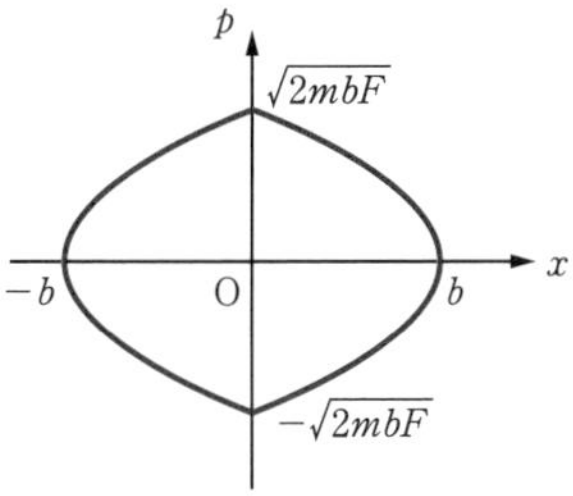

練習問題 5-4

小球が台から受ける垂直抗力の大きさを N とすると，作用・反作用の法則より台が小球から受ける力の大きさも N である．台の加速度を左向きに A として，台の運動方程式は，

$MA = N\cos\theta$　…①

台上の観測者から見ると，小球に働く力は図のようになる．

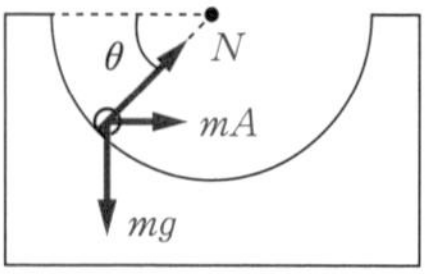

小球の半径方向の運動方程式は，

$$m\frac{u^2}{R} = N + mA\cos\theta - mg\sin\theta.$$

これに **問題** 5-4 の結果の式

$u = \sqrt{\dfrac{2(M+m)gR\sin\theta}{M+m\cos^2\theta}}$ を代入して，

$$\frac{2(M+m)mg\sin\theta}{M+m\cos^2\theta} = N + mA\cos\theta - mg\sin\theta \quad \cdots②$$

①,②式より，A を消去して N について解けば，

$$N = \frac{Mmg\sin\theta(3M+2m+m\cos^2\theta)}{(M+m\cos^2\theta)^2}$$

台に対して鉛直方向の力のつり合いより，

$$F = Mg + N\sin\theta = Mg + \frac{Mmg\sin\theta(3M+2m+m\cos^2\theta)}{(M+m\cos^2\theta)^2}\sin\theta$$

$$= \frac{1+\dfrac{m\sin^2\theta}{M+m}}{\left(1-\dfrac{m\sin^2\theta}{M+m}\right)^2}Mg \qquad \cdots(答)$$

練習問題 5-5

(1) 小球が発射されてから地面に到達するまでの時間を T とすると，放物運動の最高点までの時間が $\dfrac{T}{2}$ である．鉛直方向の運動に着目して，等加速度運動の公式より，

$$v_y - g\frac{T}{2} = 0 \qquad \therefore\ T = \frac{2v_y}{g}$$

水平方向は速度 v_x の等速度運動なので，変位は速度と時間の積で求められる．

$$L = v_xT = \frac{2v_xv_y}{g} \quad \cdots④ \qquad \cdots(答)$$

(2) 小球と台の運動エネルギーの和が E なので

$$\frac{1}{2}m(v_x{}^2 + v_y{}^2) + \frac{1}{2}MV^2 = E \quad \cdots⑤$$

問題 5-5 の①式より得られる $V = \dfrac{mv_x}{M}$ と③式を⑤式に代入して，

$$\frac{1}{2}m\left\{v_x{}^2 + \left(1+\frac{m}{M}\right)^2(v_x\tan\theta)^2\right\} + \frac{1}{2}M\left(\frac{mv_x}{M}\right)^2 = E$$

となり，$v_x{}^2$ について解くと，

$$v_x{}^2 = \frac{2E}{m\left\{1+\dfrac{m}{M}+\left(1+\dfrac{m}{M}\right)^2\tan^2\theta\right\}}$$

③式を④式に代入して，

$$L = \frac{2}{g}\left(1+\frac{m}{M}\right)v_x{}^2\tan\theta$$

$$= \frac{4E\tan\theta}{mg\left\{1+\left(1+\dfrac{m}{M}\right)\tan^2\theta\right\}} \qquad \cdots(答)$$

(3) L を最大にする θ の条件を求める．

$$L = \frac{4E}{mg\left\{\dfrac{1}{\tan\theta}+\left(1+\dfrac{m}{M}\right)\tan\theta\right\}}$$

と変形して，相加・相乗平均の関係より，

$$\frac{1}{\tan\theta}+\left(1+\frac{m}{M}\right)\tan\theta \geqq 2\sqrt{\frac{1}{\tan\theta}\cdot\left(1+\frac{m}{M}\right)\tan\theta} = 2\sqrt{1+\frac{m}{M}}$$

となるから L の最大値は $\dfrac{2E}{mg\sqrt{1+\dfrac{m}{M}}}$ であり，このときの角 θ_C は，

$$\frac{1}{\tan\theta_C} = \left(1+\frac{m}{M}\right)\tan\theta_C \text{ より，}$$

$$\tan\theta_C = \frac{1}{\sqrt{1+\dfrac{m}{M}}} \qquad \cdots(答)$$

【別解】 L の最大値は次のように，微分法で求めることもできる．

$\tan\theta = t$, $1+\dfrac{m}{M} = k$, $f(t) = \dfrac{t}{1+kt^2}$ と置けば，$L = \dfrac{4E}{mg}f(t)$ と書けるので関数 $f(t)$ の増減を調べればよい．

関数 $f(t)$ を時間 t で微分すれば，

$$f'(t)=\frac{1+kt^2-t\cdot 2kt}{(1+kt^2)^2}=\frac{1-kt^2}{(1+kt^2)^2}$$

これより，関数 $f(t)$ は $0<t<\frac{1}{\sqrt{k}}$ で単調増加，$\frac{1}{\sqrt{k}}<t$ で単調減少，$t=\frac{1}{\sqrt{k}}$ で最大値をとることが分かる．したがって，

$$\tan\theta_{\mathrm{C}}=\frac{1}{\sqrt{k}}=\frac{1}{\sqrt{1+\frac{m}{M}}}\qquad\cdots(答)$$

練習問題 5-6

問題 5-6で得た関係式

$M\Delta v+c\Delta M=0$ より，$\Delta v=-\frac{c\Delta M}{M}$

この式を時刻 0 から時刻 t まで積分すれば

$\int_{v_0}^{v}dv=-\int_{M_0}^{M_0-m}\frac{cdM}{M}$ より，

$v-v_0=-c[\log M]_{M_0}^{M_0-m}$

よって，$v=v_0+c\log\frac{M_0}{M_0-m}$ …(答)

練習問題 5-7

(1) 初めの小球 2 の速さを v とすると，

$K_0=\frac{1}{2}mv^2$.

ばねの縮みが最大の時は，小球 1 に対する小球 2 の相対速度が 0 であるから，2 個の小球の速度は等しく，これを V とする．運動量の保存より，

$$mv=(m+M)V\qquad\therefore\ V=\frac{mv}{m+M}$$

力学的エネルギーの保存より，

$$K_0=\frac{1}{2}(m+M)V^2+E$$

$$=\frac{1}{2}(m+M)\left(\frac{mv}{m+M}\right)^2+E$$

$$=\frac{m}{m+M}K_0+E$$

$$\therefore\ E=\frac{M}{m+M}K_0\qquad\cdots(答)$$

(2) 初めの小球 2 の運動量を p_0，最終の小球 1, 2 の運動量をそれぞれ p, p_2 とすると，$K_0=\frac{p_0{}^2}{2m}$，$K=\frac{p^2}{2M}$ より，$p_0=\sqrt{2mK_0}$，$p=\sqrt{2MK}$．運動量の保存 $p_0=p+p_2$ より $p_2=p_0-p=\sqrt{2mK_0}-\sqrt{2MK}$ と書けるので，力学的エネルギーの保存より，

$$K_0=\frac{(\sqrt{2mK_0}-\sqrt{2MK})^2}{2m}+K$$

$K\neq 0$ に注意して，K について解けば，

$$K=\frac{4mM}{(m+M)^2}K_0\qquad\cdots(答)$$

別解　力学的エネルギーが保存しているので初めの状態と最終状態を弾性衝突の前後に対応させることができる．衝突前の小球 2 の速度を v_0，衝突後の小球 1, 2 の速度をそれぞれ v, v_2 とすると，運動量保存より，$mv_0=mv_2+Mv$　…①

反発係数が 1 だから，$v_0=v-v_2$　…②

①, ②式より，v_2 を消去して，$v=\frac{2mv_0}{m+M}$.

よって，$K=\frac{1}{2}Mv^2=\frac{4mM}{(m+M)^2}\cdot\frac{1}{2}mv_0{}^2=\frac{4mM}{(m+M)^2}K_0$

練習問題 5-8

(1) **問題** 5-8の結果の式 $u_1'=-eu_1$ に粒子 1 の衝突後の重心に対する相対速度 $u_1'=v_1'-v_{\mathrm{G}}$ と衝突前の重心に対する相対速度 $u_1=v_1-v_{\mathrm{G}}$ を代入して，$v_1'-v_{\mathrm{G}}=-e(v_1-v_{\mathrm{G}})$.

これより，$v_1'=(1+e)v_{\mathrm{G}}-ev_1$

ここで，重心速度の式 $v_{\mathrm{G}}=\frac{m_1v_1+m_2v_2}{m_1+m_2}$ を代入すれば，

$$v_1'=\frac{(m_1-em_2)v_1+(1+e)m_2v_2}{m_1+m_2}\qquad\cdots(答)$$

同様にして，$u_2'=-eu_2$ に粒子 2 の衝突後の重心に対する相対速度 $u_2'=v_2'-v_{\mathrm{G}}$ と衝突前の重心に対する相対速度 $u_2=v_2-v_{\mathrm{G}}$ を代入して，$v_2'-v_{\mathrm{G}}=-e(v_2-v_{\mathrm{G}})$.

これより，

$$v_2' = (1+e)v_G - ev_2$$

$$= (1+e)\frac{m_1v_1 + m_2v_2}{m_1 + m_2} - ev_2$$

$$= \frac{(m_2 - em_1)v_2 + (1+e)m_1v_1}{m_1 + m_2}$$

…(答)

(2) 衝突による力学的エネルギーの損失は運動エネルギーの減少量 E を求めればよい．

重心系において E を求める．重心系においては重心速度が 0 なので，粒子 1, 2 の運動エネルギーの和は相対運動のエネルギーのみになる．粒子 1, 2 の相対運動における換算質量 $\mu = \frac{m_1m_2}{m_1 + m_2}$ を用いると，

$$E = \frac{1}{2}\mu(u_1 - u_2)^2 - \frac{1}{2}\mu(u_1' - u_2')^2$$

$$= \frac{1}{2}\mu(u_1 - u_2)^2 - \frac{1}{2}\mu(eu_1 - eu_2)^2$$

$$= \frac{1}{2}\mu(1 - e^2)(u_1 - u_2)^2.$$

ここで，$u_1 - u_2 = v_1 - v_G - (v_2 - v_G) = v_1 - v_2$ からも分かるように，粒子 2 に対する粒子 1 の相対速度は重心系で見ても，静止系で見ても同じものである．したがって，

$$E = \frac{1}{2}\mu(1 - e^2)(v_1 - v_2)^2$$

$$= \frac{m_1m_2}{2(m_1 + m_2)}(1 - e^2)(v_1 - v_2)^2$$

…(答)

練習問題 5-9

速度ベクトルの図より，

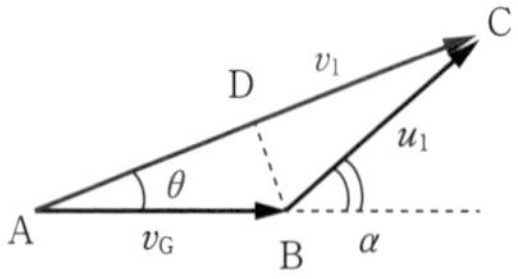

$$\mathrm{AC} = \mathrm{AD} + \mathrm{DC} = \mathrm{AB}\cos\theta + \sqrt{\mathrm{BC}^2 - \mathrm{BD}^2}$$

$$= \mathrm{AB}\cos\theta + \sqrt{\mathrm{BC}^2 - (\mathrm{AB}\sin\theta)^2}$$

となるから，

$$v_1 = v_G\cos\theta + \sqrt{u_1{}^2 - (v_G\sin\theta)^2}$$

$$= \frac{m_1v_0}{m_1 + m_2}\cos\theta + \sqrt{\left(\frac{m_2v_0}{m_1 + m_2}\right)^2 - \left(\frac{m_1v_0}{m_1 + m_2}\sin\theta\right)^2}$$

$$= \frac{v_0}{m_1 + m_2}\left(m_1\cos\theta + \sqrt{m_2{}^2 - m_1{}^2\sin^2\theta}\right)$$

…(答)

練習問題 5-10

(1) N 個の粒子と物体からなる系に対して，水平方向は外力がないので全運動量が保存する．N 個の粒子を吸収した物体の質量が $M + Nm$ になることに注意して運動量保存の式は，$Nmc = (M + Nm)V_N$ となるから，

$$V_N = \frac{Nmc}{M + Nm}$$ …(答)

(2) 極限を調べるために，(1)の結果の式の分母・分子を Nm で割って変形すると，

$$V_N = \frac{c}{\frac{M}{Nm} + 1}$$

$N \to \infty$ のとき，$\frac{M}{Nm} \to 0$ だから，

$V_\infty = c$ を得る． …(答)

このように，物体の速度は打ち込んでいる粒子の速度に限りなく近づくことが分かる．

練習問題 5-11

ラケットは衝突の前後で等速直線運動をしているので，ラケットに固定した座標系を慣性系としてよい．ラケット面から見ると，衝突前のピンポン玉の速さが V なので衝突後は速さが eV となる．ピンポン玉の運動量の変化は $meV - (-mV) = (1+e)mV$ であり，ピンポン玉がラケットから受けた力積に等しい．作用・反作用の関係より，ラケットがピンポン玉から受けた力積の大きさも同じなので

$I = (1 + e)mV$ …(答)

練習問題 5-12

問題 5-⑫で立てたように, $u\cos\beta = v\cos\alpha$ …①

また, ②式において $e = 1$ とすれば,

$u\sin\beta = v\sin\alpha + 2V$ …③

①の2乗と③の2乗の和をとって β を消去すると,

$u^2 = v^2 + 4V^2 + 4vV\sin\alpha$

これより,

$$\Delta K = \frac{1}{2}mu^2 - \frac{1}{2}mv^2 = 2mV(v\sin\alpha + V)$$

問題 5-⑫(2)の結果の式で $e = 1$ とすれば, 力積が $I = 2m(v\sin\alpha + V)$ となるので,

$\Delta K = IV$ …(答)

練習問題 5-13

円板1,2の質量を m とする.

円板2に対する円板1の衝突前の速度の衝突面に垂直な成分の大きさが $v_0\cos\theta$ なので衝突後の相対速度の大きさは, 衝突前の e 倍である $ev_0\cos\theta$ になる. よって, 衝突後の小球1の衝突面に垂直な成分は小球2の進行方向を正にとって, $-v_2 + ev_0\cos\theta$ となる.

衝突面に垂直な方向について運動量の保存

$mv_0\cos\theta = mv_2 - m(ev_0\cos\theta - v_2)$ より

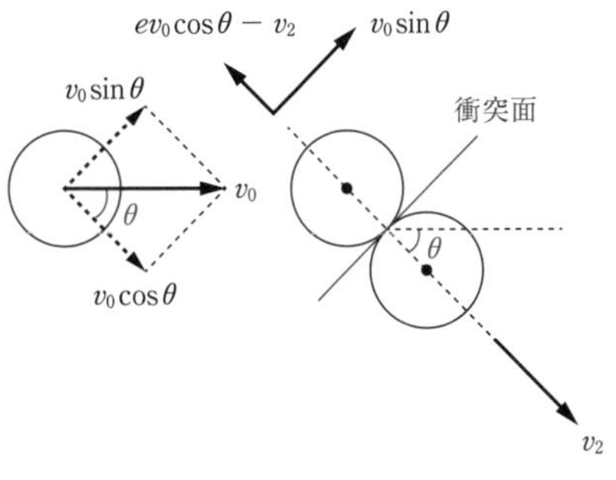

$v_2 = \frac{1}{2}(1 + e)v_0\cos\theta$ …(答)

衝突後の円板1の速度の衝突面に平行な成分は衝突前と変わらず $v_0\sin\theta$ だから, 速さ v_1 は

$$v_1 = \sqrt{(v_0\sin\theta)^2 + (ev_0\cos\theta - v_2)^2}$$

$$= \sqrt{(v_0\sin\theta)^2 + \left\{ev_0\cos\theta - \frac{1}{2}(1+e)v_0\cos\theta\right\}^2}$$

$$= \sqrt{1 + \frac{1}{4}(e + 1)(e - 3)\cos^2\theta}\ v_0 \quad \cdots(答)$$

円板1の衝突前の速度を $\boldsymbol{v}_0$, 衝突後の速度を $\boldsymbol{v}_1$, 円板2の衝突後の速度を $\boldsymbol{v}_2$ とし, 対応する運動量ベクトルをそれぞれ $m\boldsymbol{v}_0$, $m\boldsymbol{v}_1$, $m\boldsymbol{v}_2$ と書くと, 運動量の保存より $m\boldsymbol{v}_0 = m\boldsymbol{v}_1 + m\boldsymbol{v}_2$ が成り立つから, 図のようなベクトル図が描ける.

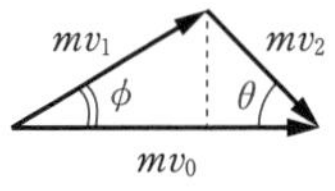

$\boldsymbol{v}_1, \boldsymbol{v}_0$ のなす角 ϕ の正接は, 運動量ベクトルの図を利用して

$$\tan\phi = \frac{mv_2\sin\theta}{mv_0 - mv_2\cos\theta} = \frac{v_2\sin\theta}{v_0 - v_2\cos\theta}$$

$$= \frac{\frac{1}{2}(1 + e)v_0\cos\theta\sin\theta}{v_0 - \frac{1}{2}(1 + e)v_0\cos\theta\cos\theta}$$

$$= \frac{(1 + e)\cos\theta\sin\theta}{2 - (1 + e)\cos^2\theta} \quad \cdots(答)$$

練習問題 5-14

(1) 無限回の衝突の間の水平方向の変位を求めればよい. 無限等比級数の和の公式を用いて,

$$\mathrm{OA} = l(0) + l(1) + l(2) + \cdots$$
$$= l(0) + e\,l(0) + e^2 l(0) + \cdots$$
$$= (1 + e + e^2 + \cdots)l(0) = \frac{e}{1-e}\frac{2uv}{g}$$

初速度の水平成分 $u = v_0\cos\theta$, 鉛直成分 $v = v_0\sin\theta$ を代入して,

$$\mathrm{OA} = \frac{e}{1-e}\frac{{v_0}^2\sin 2\theta}{g} \quad \cdots(答)$$

> 無限等比級数の和の公式
>
> $|r| < 1$ のとき,
>
> $$a + ar + ar^2 + \cdots = \frac{a}{1-r}$$

(2) 1回目の衝突直前のボールの速さを v とす

ると，等加速度運動の式

$v^2-0=2gh$　より，　$v=\sqrt{2gh}$

床に衝突するたびに速さが e 倍になるので，N 回目に衝突した直後のボールの速さは $e^N v$ である．N 回目の衝突直前のボールの速さは $e^{N-1}v$ なので，ボールの運動量の変化は

$me^N v-(-me^{N-1}v)=e^{N-1}(1+e)mv.$

これは，ボールが床から受けた力積に等しい．作用・反作用の法則より床がボールから受けた力積も同じ大きさで向きは鉛直下向きである．衝突ごとに受ける力積の総和を求めると，

$$I=\sum_{N=1}^{\infty}e^{N-1}(1+e)mv=\frac{1+e}{1-e}m\sqrt{2gh}$$

…(答)

練習問題 5-15

ボール B の質量を m，床に落下する直前の速さを v とすると，力学的エネルギーの保存より，

$$mgH=\frac{1}{2}mv^2 \quad \cdots①$$

ボール A が床と衝突し，その直後 A, B 間の衝突が起こると考える．床に衝突直後の A の速度は上向きに v である．したがって，A に対する B の相対速度は，A, B の衝突直前が下向きに $2v$，衝突直後が上向きに $2v$ となる．A, B の衝突直後の床に対する B の速度は，A の速度と相対速度を合成して $v+2v=3v$ となる．

力学的エネルギーの保存より，

$$mgh=\frac{1}{2}m(3v)^2 \quad \cdots②$$

①, ②式より，$\dfrac{h}{H}=9$　…(答)

練習問題 5-16

n 回目の衝突で箱が小球から受けた力積は，衝突の前後の箱の運動量変化に等しいから

$$I_n=MV_n-MV_{n-1}$$

$$=M\frac{M+(-e)^n m}{M+m}V_0-M\frac{M+(-e)^{n-1}m}{M+m}V_0$$

$$=-\frac{MmV_0(1+e)(-e)^{n-1}}{M+m}$$

n が奇数のときは箱が小球から受ける力が x 軸の負方向なので力積 I_n は負であり，n が偶数のときは箱が小球から受ける力が x 軸の正方向なので力積 I_n は正である．

n が奇数のとき $n=2k-1\,(k=1,2,\cdots)$ とおけば

$$|I_{2k-1}|=-I_{2k-1}=\frac{MmV_0(1+e)(-e)^{2k-2}}{M+m}$$

となる．n が偶数のとき $n=2k\,(k=1,2,\cdots)$ とおけば

$$|I_{2k}|=I_{2k}=-\frac{MmV_0(1+e)(-e)^{2k-1}}{M+m}$$

となる．$|I_n|$ の総和は

$$S=\sum_{n=1}^{\infty}|I_n|=\sum_{k=1}^{\infty}|I_{2k-1}|+\sum_{k=1}^{\infty}|I_{2k}|$$

$$=\frac{MmV_0(1+e)}{M+m}\left\{\sum_{k=1}^{\infty}(-e)^{2k-2}-\sum_{k=1}^{\infty}(-e)^{2k-1}\right\}$$

無限等比級数の和の公式を用いて，

$$S=\frac{MmV_0(1+e)}{M+m}\left(\frac{1}{1-e^2}-\frac{-e}{1-e^2}\right)$$

$$=\frac{MmV_0}{M+m}\cdot\frac{1+e}{1-e}$$

…(答)

Chapter 6　角運動量保存と惑星の運動

練習問題 6-1

(1) (点 A に関する角運動量) $\boldsymbol{p}$ の延長線上に点 A があるので，うでの長さが 0 である．よって，角運動量は 0　…(答)

(点 B に関する角運動量) $\boldsymbol{p}$ の始点を点 A に移してうでの長さが $\mathrm{BA}=a$ と分かる．また角運動量の向きは，$\overrightarrow{\mathrm{BA}}$ から $\boldsymbol{p}$ に回した右ねじの進む向きになる．よって，角運動量の大きさは ap，向きは $+z$ 方向である．　…(答)

(点 C に関する角運動量) うでの長さは CD

$= a$ である．また角運動量の向きは，$\overrightarrow{\mathrm{CD}}$ から $\boldsymbol{p}$ に回した右ねじの進む向きになる．よって，角運動量の大きさは ap，向きは $-y$ 方向である． …(答)

(2) (x 軸のまわりの角運動量) $\boldsymbol{p}$ の x 軸に垂直な成分が 0 なので，x 軸のまわりの角運動量は 0 となる． …(答)

(y 軸のまわりの角運動量) $\boldsymbol{p}$ の y 軸に垂直な成分の大きさが p，うでの長さが a，向きが $-y$ 方向なので，y 軸のまわりの角運動量は $-ap$ である． …(答)

(z 軸のまわりの角運動量) $\boldsymbol{p}$ の z 軸に垂直な成分の大きさが p，うでの長さが a，向きが $+z$ 方向なので，z 軸のまわりの角運動量は $+ap$ である． …(答)

練習問題 6-2

図のように水平方向を x 軸，鉛直方向を y 軸とする座標軸を取ると，原点に関する角運動量は $-z$ 方向であり，大きさを L とすると，変化率が力のモーメントに等しいことより，$\dfrac{dL}{dt} = mgx$．小球が原点 O の真上を通過するときを時刻 0 とすると，水平方向は速さ u の等速度運動なので，$x = ut$ と表せるから $\dfrac{dL}{dt} = mgut$．

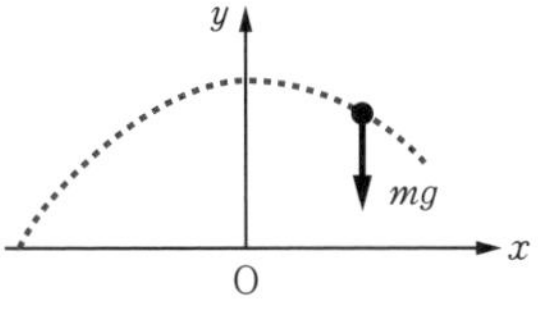

これより，

$$L = \frac{1}{2}mgut^2 + C \quad (C\text{ は積分定数}) \quad \cdots①$$

$t = 0$ のとき，$L = hmu$ だから，$C = hmu$ と定まる．また，小球の鉛直方向の運動は下向きに加速度 g の等加速度運動だから，

$y = h - \dfrac{1}{2}gt^2$ より $\dfrac{1}{2}gt^2 = h - y$ を①式に代入して，$L = mu(2h - y)$ …(答)

練習問題 6-3

$x = a\cos\omega t,\ y = b\sin\omega t,\ z = 0$ …①

を時間で微分して，

$\dot{x} = -a\omega\sin\omega t,\quad \dot{y} = b\omega\cos\omega t,\quad \dot{z} = 0.$

これをさらに時間で微分して加速度を求めれば

$\ddot{x} = -a\omega^2\cos\omega t,\quad \ddot{y} = -b\omega^2\sin\omega t,\quad \ddot{z} = 0.$

運動方程式より，質点が受ける力の成分は，

$F_x = m\ddot{x} = -ma\omega^2\cos\omega t$．①式より，

$a\cos\omega t = x$ なので，$F_x = -m\omega^2 x$．

同様に，$F_y = m\ddot{y} = -mb\omega^2\sin\omega t = -m\omega^2 y$．

$F_z = m\ddot{z} = 0$． …(答)

以上の関係をベクトルで表せば，

$\boldsymbol{F} = -m\omega^2\boldsymbol{r}$ …(答)

このように，質点が受ける力は常に原点に向かう中心力で，大きさは中心からの変位の大きさに比例する．

練習問題 6-4

近日点における惑星の速さを v とすれば，力学的エネルギー保存則より，

$$\frac{1}{2}mv^2 - \frac{GMm}{a(1-e)} = -\frac{GMm}{2a}.$$

これより，$v = \sqrt{\dfrac{GM(1+e)}{a(1-e)}}$．

惑星の角運動量の z 成分 L_z を近日点において求めれば，

$L_z = a(1-e)mv = m\sqrt{GMa(1-e^2)}$．

問題 6-4 の結果の式 $L_z = r^2 m\dot{\theta}$ を用いて，

$$\dot{\theta} = \frac{L_z}{mr^2} = \frac{\sqrt{GMa(1-e^2)}}{r^2} \quad \cdots(\text{答})$$

練習問題 6-5

点 O を基準とする点 $\mathrm{P}_1, \mathrm{P}_2, \cdots, \mathrm{P}_N$ の位置ベクトルを $\boldsymbol{r}_1, \boldsymbol{r}_2, \cdots, \boldsymbol{r}_N$ とし，別の点 O′ を基準とする点 $\mathrm{P}_1, \mathrm{P}_2, \cdots, \mathrm{P}_N$ の位置ベクトルを $\boldsymbol{r}_1', \boldsymbol{r}_2', \cdots, \boldsymbol{r}_N'$ とする．$\overrightarrow{\mathrm{O'O}} = \boldsymbol{d}$ とおくと $\boldsymbol{r}_i' = \boldsymbol{d} + \boldsymbol{r}_i$

$(i = 1, 2, \cdots, N)$ と表せる．

点 O′ に関するベクトルのモーメントの和は，

$$\begin{aligned}\sum \boldsymbol{r}_i' \times \boldsymbol{A}_i &= \sum(\boldsymbol{d} + \boldsymbol{r}_i) \times \boldsymbol{A}_i \\ &= \sum \boldsymbol{d} \times \boldsymbol{A}_i + \sum \boldsymbol{r}_i \times \boldsymbol{A}_i \\ &= \boldsymbol{d} \times (\sum \boldsymbol{A}_i) + \sum \boldsymbol{r}_i \times \boldsymbol{A}_i\end{aligned}$$

となるが，$\sum \boldsymbol{A}_i = 0$ より，$\sum \boldsymbol{r}_i' \times \boldsymbol{A}_i = \sum \boldsymbol{r}_i \times \boldsymbol{A}_i$ が成り立つ．よって，ベクトルのモーメントの和は基準の取り方に無関係に決まることが分かる．　…(答)

練習問題 6-6

(1) 小球が受ける張力が中心力なので，角運動量が保存する．よって，中心からの距離 r と速さ v の積は一定だから $rv =$ 一定．

2 乗して $\dfrac{1}{2}m$ をかければ，$\dfrac{1}{2}mv^2r^2 =$ 一定

となるので，$Kr^2 =$ 一定　が導かれた．

(2) 糸をゆっくりとわずかに引いて，半径が $r + \Delta r$，運動エネルギーが $K + \Delta K$ に変化したとすると (1) の結果より，

$(K + \Delta K)(r + \Delta r)^2 = Kr^2$

両辺を Kr^2 で割れば，

$$\left(1 + \frac{\Delta K}{K}\right)\left(1 + \frac{\Delta r}{r}\right)^2 = 1$$

$\left(1 + \dfrac{\Delta r}{r}\right)^2 \fallingdotseq 1 + \dfrac{2\Delta r}{r}$ と近似して，

$$\left(1 + \frac{\Delta K}{K}\right)\left(1 + \frac{2\Delta r}{r}\right) = 1$$

微小量の積 $\Delta K \Delta r$ を無視すると，

$$\frac{\Delta K}{K} + \frac{2\Delta r}{r} = 0 \quad \cdots ①$$

糸を引く力 F の仕事が小球の運動エネルギーの変化に等しいから，

$F(-\Delta r) = \Delta K \quad \cdots ②$

②式を①式に代入して，F について解けば，

$$F = \frac{2K}{r}$$
…(答)

この式に小球の運動エネルギー $K = \dfrac{1}{2}mv^2$ を代入すると，$F = \dfrac{mv^2}{r}$ が得られ，小球に働く糸の張力と遠心力とがつり合っていることが確認できる．

練習問題 6-7

(1) 球 1 と球 2 の間の万有引力によるポテンシャル・エネルギーを PE (球 1，球 2) のように記し，球 1 の全質量が中心に集中したものを中心 1 のように記すことにする．球 1 を質点 i $(i = 1, 2, \cdots)$ の集合体と見る．以下，Σ は i についての和である．図の (a)～(e) に示すように順次置き換えを行って，

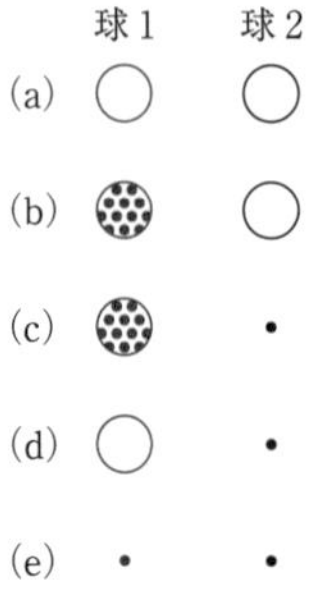

PE (球 1，球 2) $=$ ΣPE (質点 i，球 2) $=$ ΣPE (質点 i，中心 2) $=$ PE (球 1，中心 2) $=$ PE (中心 1，中心 2)

よって，球 1 と球 2 の間の万有引力によるポテンシャル・エネルギーはそれぞれの質量が中心に集中したときと同じであり，ポテンシャル・エネルギーから導かれる万有引力もそれぞれの質量が中心に集中したときと同じものになる．

(2) 中空球を薄い球殻の集まりと見る．半径 a，質量 M の密度が一様な薄い球殻の中心 O から距離 $R(< a)$ 離れた点 P に質量 m の質点があるとする．問題 6-7 と同様に，質

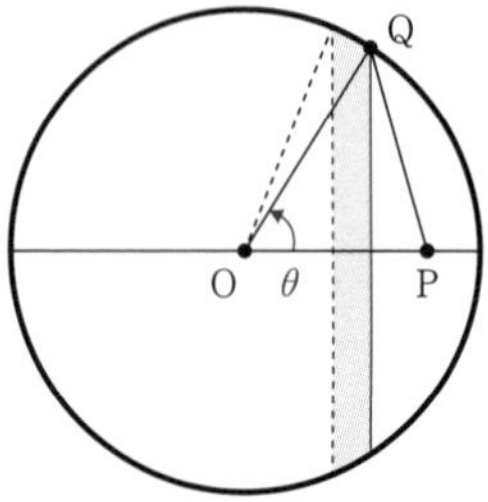

点と球殻の間のポテンシャル・エネルギー U は，

$$U=-\int_0^{\pi}\frac{Gm}{2}M\sin\theta\frac{1}{\sqrt{a^2+R^2-2aR\cos\theta}}d\theta.$$

ここで $t=\sqrt{a^2+R^2-2aR\cos\theta}$ と置くと $\theta=0$ のとき $t=\sqrt{a^2+R^2-2aR}=a-R$, $\theta=\pi$ のとき $t=\sqrt{a^2+R^2+2aR}=a+R$ となることに注意して

$$U=-\frac{GMm}{2aR}\int_{a-R}^{a+R}dt$$

$$=-\frac{GMm}{2aR}(a+R-a+R)=-\frac{GMm}{a}$$

となる．これより，空洞内部ではポテンシャル・エネルギーが一定値なので質点に働く力 $\boldsymbol{F}$ は，$\boldsymbol{F}=\left(-\frac{\partial U}{\partial x},-\frac{\partial U}{\partial y},-\frac{\partial U}{\partial z}\right)=\mathbf{0}$ となる．すなわち空洞内の質点に働く万有引力の和は $\mathbf{0}$ であることが分かる．

練習問題 6-8

(1) 微分方程式 $\frac{d^2u}{d\theta^2}+u=\frac{GMm^2}{L^2}$ を変形して $\frac{d^2u}{d\theta^2}=-\left(u-\frac{GMm^2}{L^2}\right)$ となるが，これは単振動の加速度の式 $\frac{d^2x}{dt^2}=-\omega^2(x-x_c)$ と同じ形なのでその解も単振動の解と同様に任意定数 A, δ を用いて，$u=\frac{GMm^2}{L^2}+A\cos(\theta+\delta)$ と書ける．座標軸を $\delta=0$, $A\geqq 0$ となるように選ぶことができるので，$u=\frac{GMm^2}{L^2}+A\cos\theta$ $(A\geqq 0)$ としてよい．これより，

$$r=\frac{1}{u}=\frac{1}{\frac{GMm^2}{L^2}+A\cos\theta}$$

$$=\frac{L^2}{GMm^2}\cdot\frac{1}{1+\frac{AL^2}{GMm^2}\cos\theta}$$

太陽のまわりを周回する惑星の回転角 θ は全範囲を取るので，$0\leqq\theta\leqq 2\pi$ の全ての角 θ に対して，$r>0$ となるから $1+\frac{AL^2}{GMm^2}\cos\theta>0$ でなければならない．よって，左辺の最小値が正であることより $1-\frac{AL^2}{GMm^2}>0$ だから $\frac{AL^2}{GMm^2}<1$ である．

そこで $e=\frac{AL^2}{GMm^2}$, $l=\frac{L^2}{GMm^2}$ …①

とおけば $r=\frac{l}{1+e\cos\theta}$ と書けて，楕円の極座標表示の式を得る．e は離心率，l は半直弦である．

(2) 太陽と惑星を結ぶ線分が描く面積速度 $\frac{dS}{dt}$ は，角運動量 L を用いて $\frac{dS}{dt}=\frac{L}{2m}$ と書ける．面積速度と公転周期 T の積が楕円の面積 πab (b は半短軸)に等しくなることより，$\frac{L}{2m}T=\pi ab$ …②

半直弦 $l=\frac{b^2}{a}$ を①式に代入して

$\frac{b^2}{a}=\frac{L^2}{GMm^2}$ …③

②，③式から L を消去して $T=2\pi\sqrt{\frac{a^3}{GM}}$ を得る．

練習問題 6-9

図のように，恒星の位置を原点とし惑星 A とともに回転する座標系をとる．A の位置は $(r_A, 0)$ とする．B の位置が $(r_B, 0)$ となるときを時刻 0 とすれば，時刻 t における B の位置は $(r_B\cos\omega t, r_B\sin\omega t)$ となる．

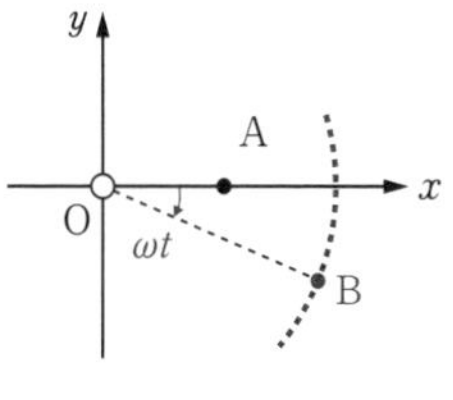

A, B 間の距離 d の 2 乗は,

$$d^2=(r_A-r_B\cos\omega t)^2+(r_B\sin\omega t)^2$$
$$=r_A{}^2+r_B{}^2-2r_Ar_B\cos\omega t$$

ここで, $d_{max}=r_A+r_B$, $d_{min}=r_B-r_A$ より, r_A, r_B を d_{max}, d_{min} で表せば,

$$r_A=\frac{d_{max}-d_{min}}{2},\quad r_B=\frac{d_{max}+d_{min}}{2}$$

となるので,

$$d^2=\left(\frac{d_{max}-d_{min}}{2}\right)^2+\left(\frac{d_{max}+d_{min}}{2}\right)^2$$
$$-2\,\frac{d_{max}-d_{min}}{2}\,\frac{d_{max}+d_{min}}{2}\cos\omega t$$
$$=\frac{d_{max}{}^2}{2}(1-\cos\omega t)+\frac{d_{min}{}^2}{2}(1+\cos\omega t)$$
$$=d_{max}{}^2\sin^2\frac{\omega t}{2}+d_{min}{}^2\cos^2\frac{\omega t}{2}.$$

$\omega=-\dfrac{2\pi}{T}$ を代入して, 平方根をとれば,

$$d=\sqrt{\left(d_{max}\sin\frac{\pi t}{T}\right)^2+\left(d_{min}\cos\frac{\pi t}{T}\right)^2}\qquad\cdots(答)$$

練習問題 6-10

(1) 図で点 C, D は楕円の焦点である. 楕円は 2 つの焦点からの距離の和が一定である点の軌跡なので, CB + DB = CA + DA = ED + DA = $2a$ より, CB = a である.

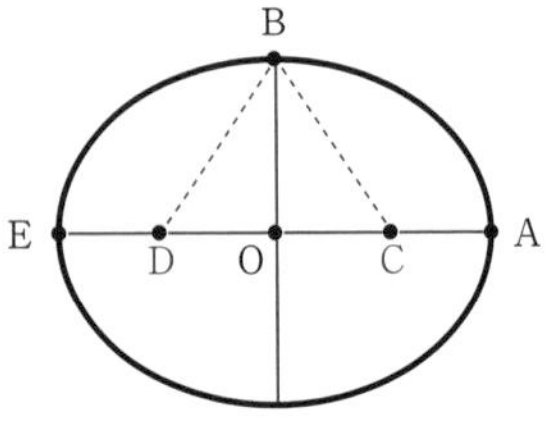

三平方の定理より, OC = $\sqrt{\text{CB}^2-\text{OB}^2}$ = $\sqrt{a^2-b^2}$.

離心率は,

$$e=\frac{\text{OC}}{\text{OA}}=\frac{\sqrt{a^2-b^2}}{a}=\sqrt{1-\left(\frac{b}{a}\right)^2}$$

…① (答)

(2) 遠日点で太陽と惑星の距離は最大で, $r_{max}=a+ea=(1+e)a$, 近日点で太陽と惑星の距離は最小で $r_{min}=a-ea=(1-e)a$ だから, 相加平均は,

$$\frac{r_{max}+r_{min}}{2}=a\qquad\cdots(答)$$

また相乗平均は, $\sqrt{r_{max}\,r_{min}}=a\sqrt{1-e^2}$.

①式を代入して, $\sqrt{r_{max}\,r_{min}}=b$　　…(答)

練習問題 6-11

(1) 力学的エネルギー保存則より,

$\dfrac{1}{2}mv^2-\dfrac{GMm}{r}=-\dfrac{GMm}{2a}$. これより,

$$v=\sqrt{GM\left(\frac{2}{r}-\frac{1}{a}\right)}\quad\cdots①\qquad\cdots(答)$$

(2) ①式より, 人工衛星の速さ v は距離 r の単調減少関数になっている. よって, 近地点で最大の速さをとる. $r=a-ea=a(1-e)$ を①式に代入して,

$$v_{max}=\sqrt{GM\left\{\frac{2}{a(1-e)}-\frac{1}{a}\right\}}$$
$$=\sqrt{\frac{GM(1+e)}{a(1-e)}}\qquad\cdots(答)$$

また, 遠地点で最小の速さをとる.

$r=a+ea=a(1+e)$ を①式に代入して,

$$v_{min}=\sqrt{GM\left\{\frac{2}{a(1+e)}-\frac{1}{a}\right\}}$$
$$=\sqrt{\frac{GM(1-e)}{a(1+e)}}\qquad\cdots(答)$$

短軸上の点は①式に $r=a$ を 代入して,

$$u=\sqrt{\frac{GM}{a}}\qquad\cdots(答)$$

練習問題 6-12

短軸上を通過するときの速さを u とする. 太陽から短軸上の点までの距離が a に等しいことに注意して, 力学的エネルギー保存則より $\dfrac{1}{2}mu^2-\dfrac{GMm}{a}=-\dfrac{GMm}{2a}$. これより, $u=\sqrt{\dfrac{GM}{a}}$ …①　が得られる. 短軸上の点近傍を円 C の一部で近似する. 短軸上の点での速度は

短軸に直角なので，円 C の中心は短軸上にある．太陽と惑星を結ぶ線分が短軸となす角を ϕ として，円 C の中心方向の運動方程式は，

$$m\frac{u^2}{\rho} = \frac{GMm}{a^2}\cos\phi \quad \cdots②$$

図より，$\cos\phi = \dfrac{b}{a}$ $\cdots③$

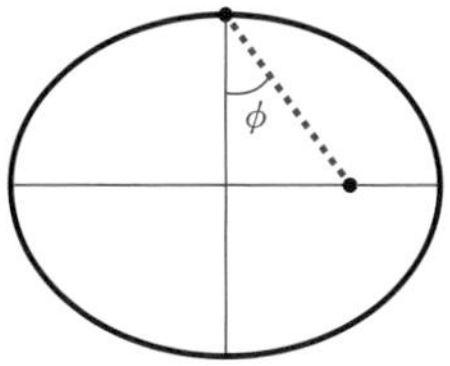

①,③式を②式に代入して，ρ について解けば

$$\rho = \frac{a^2}{b} \qquad \cdots(\text{答})$$

練習問題 6-13

鉛直方向の自由落下について，$H = \dfrac{1}{2}gt^2$ より，

$$g = \frac{2H}{t^2} = \frac{2 \times 2000}{33^2} = 3.7\,〔\mathrm{m/s^2}〕 \qquad \cdots(\text{答})$$

脱出速度 v_{esc} は，力学的エネルギーが 0 のときだから

$\dfrac{1}{2}mv_{\mathrm{esc}}{}^2 - \dfrac{GMm}{R} = 0$ より，$v_{\mathrm{esc}} = \sqrt{\dfrac{2GM}{R}}$.

惑星表面近くでの重力が $mg = \dfrac{GMm}{R^2}$ と表せることより $GM = gR^2$ を代入して，

$$v_{\mathrm{esc}} = \sqrt{2gR} = \sqrt{2 \times 3.7 \times 3.4 \times 10^6}$$
$$= 5.0 \times 10^3\,〔\mathrm{m/s}〕 \qquad \cdots(\text{答})$$

練習問題 6-14

共通重心から恒星 1，2 までの距離をそれぞれ r_1, r_2，恒星 1, 2 の速さをそれぞれ v_1, v_2 とする．

恒星 1 の運動方程式は，$m_1\dfrac{{v_1}^2}{r_1} = \dfrac{Gm_1m_2}{r^2}$ $\cdots①$

恒星 2 の運動方程式は，$m_2\dfrac{{v_2}^2}{r_2} = \dfrac{Gm_1m_2}{r^2}$ $\cdots②$

連星系の力学的エネルギー E は，

$$E = \frac{1}{2}m_1{v_1}^2 + \frac{1}{2}m_2{v_2}^2 - \frac{Gm_1m_2}{r} \quad \cdots③$$

①式より ${v_1}^2$，②式より ${v_2}^2$ をそれぞれ求め③式に代入して，

$$E = \frac{Gm_1m_2r_1}{2r^2} + \frac{Gm_1m_2r_2}{2r^2} - \frac{Gm_1m_2}{r}$$
$$= \frac{Gm_1m_2(r_1 + r_2)}{2r^2} - \frac{Gm_1m_2}{r}$$

$r_1 + r_2 = r$ を代入して，

$$E = -\frac{Gm_1m_2}{2r} \qquad \cdots(\text{答})$$

練習問題 6-15

恒星 1, 2 の速さをそれぞれ v_1, v_2，恒星間の距離を r とすれば，連星系の力学的エネルギー E は，

$$E = \frac{1}{2}m_1{v_1}^2 + \frac{1}{2}m_2{v_2}^2 - \frac{Gm_1m_2}{r}$$
$$= \frac{1}{2}\mu\,|\boldsymbol{v}_1 - \boldsymbol{v}_2|^2 - \frac{Gm_1m_2}{r}.$$

ここで，$\mu = \dfrac{m_1m_2}{m_1 + m_2}$ は換算質量，$\boldsymbol{v}_1 - \boldsymbol{v}_2$ は恒星 2 に対する恒星 1 の相対速度である．

問題 6-⑮で調べたように，恒星 2 に対する恒星 1 の相対運動は質量 $m_1 + m_2$ の中心天体のまわりの半長軸 $a_1 + a_2$ の楕円運動と見なすことができるので，相対運動の力学的エネルギー E' は

$$E' = \frac{1}{2}\mu\,|\boldsymbol{v}_1 - \boldsymbol{v}_2|^2 - \frac{G(m_1 + m_2)\mu}{r}$$
$$= -\frac{G(m_1 + m_2)\mu}{2(a_1 + a_2)}$$

と表せるが，$\mu = \dfrac{m_1m_2}{m_1 + m_2}$ より，$(m_1 + m_2)\mu = m_1m_2$ を代入すると，E' と E は等しいことが分かる．

よって，$E = -\dfrac{Gm_1m_2}{2(a_1 + a_2)}$ $\cdots(\text{答})$

練習問題 6-16

1 個の星から重心 O までの距離が $\dfrac{a}{\sqrt{2}}$ であるこ

とに注意して，重心の方向の運動方程式は，角速度を ω として，$M\dfrac{a}{\sqrt{2}}\omega^2 = \dfrac{GM^2}{a^2}\cos\dfrac{\pi}{4}\cdot 2 + \dfrac{GM^2}{(\sqrt{2}a)^2}$ となるので，これを ω について解けば，$\omega = \sqrt{\dfrac{(4+\sqrt{2})GM}{2a^3}}$．これより，回転の周期 T は，

$T = \dfrac{2\pi}{\omega} = 2\pi\sqrt{\dfrac{(4-\sqrt{2})a^3}{7GM}}$ …(答)

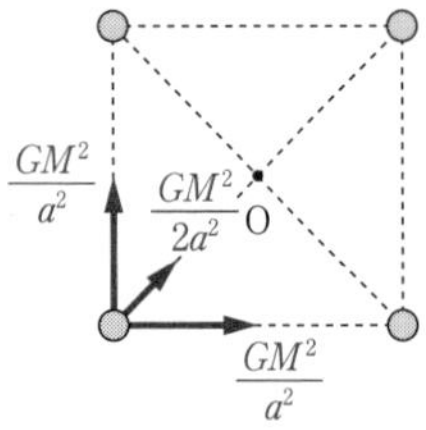

Chapter 7　剛体の運動

練習問題 7-1

(1) 斜円柱の重心の真下の床面上の点が斜円柱の底面内にあれば，重力と垂直抗力がつり合うので円柱は倒れない．

$\dfrac{h}{2}\tan\theta < a$ より，$h < \dfrac{2a}{\tan\theta}$ …(答)

(2) 斜円錐の重心の真下の床面上の点が斜円錐の底面内にあれば，重力と垂直抗力がつり合うので斜円錐は倒れない．斜円錐の重心の高さが $\dfrac{h}{4}$ なので条件は，

$\dfrac{h}{4}\tan\theta < a$ より，$h < \dfrac{4a}{\tan\theta}$ …(答)

練習問題 7-2

剛体の密度を ρ とする．空洞を同じ材料で埋めたとして，球の中心 O のまわりの重力のモーメントのつり合いの式は，

$\left(\dfrac{4}{3}\pi R^3 - \dfrac{4}{3}\pi r^3\right)\rho x = \dfrac{4}{3}\pi r^3 \rho y.$

これより，$r = \left(\dfrac{x}{x+y}\right)^{\frac{1}{3}} R$ …(答)

練習問題 7-3

板の質量を M とする．板を糸 1，2 で支えた場合について，板に働く力のつり合いより，

$T_1 + T_2 = Mg$ …①

頂点 A のまわりの力のモーメントのつり合いより，

$T_2 b = Mgx$ …②

次に，板を糸 3，4 で支えた場合について，板に働く力のつり合いより，

$T_3 + T_4 = Mg$ …③

頂点 A のまわりの力のモーメントのつり合いより，

$T_3 a = Mgy$ …④

①，②式より，$x = \dfrac{T_2 b}{T_1 + T_2}$ …(答)

③，④式より，$y = \dfrac{T_3 a}{T_3 + T_4}$ …(答)

練習問題 7-4

作用・反作用の法則から板が円柱から受ける垂直抗力の大きさも N である．

小球が板から受ける垂直抗力を N_0 として，小球に対して板に垂直な方向の力のつり合いの式は，$N_0 = mg\cos\theta$ …①

小球の加速度 α は，斜面方向の運動方程式 $m\alpha = mg\sin\theta$ より，$\alpha = g\sin\theta$

小球の板の下端からの距離 x は，

$x = l - \dfrac{1}{2}\alpha t^2 = l - \dfrac{1}{2}g\sin\theta\cdot t^2$ …②

板に対して下端のまわりの力のモーメントのつり合いの式は，

$Mg\dfrac{l}{2}\cos\theta + N_0 x = N\dfrac{R}{\tan\theta}$ …③

①，②式を③式に代入して N について解けば，

$N = \dfrac{g\sin\theta}{R}\left(\dfrac{1}{2}Ml + ml - \dfrac{1}{2}mgt^2\sin\theta\right)$ …(答)

練習問題 7-5

図のように，直方体が左側面から距離 x の位置を作用点とし，大きさ N の垂直抗力を底面から受けるとする．箱の加速度を右向きに β，直方体の質量を M とすると，箱に固定した座標系から見て直方体には水平左向きに慣性力 $M\beta$ が働く．直方体の左下の辺のまわりの力のモーメントのつり合いより，$Nx + M\beta\frac{b}{2} = Mg\frac{a}{2}$．この式に鉛直方向の力のつり合いより得られる $N = Mg$ を代入して，$x = \frac{a}{2} - \frac{\beta b}{2g}$．直方体が転倒しないためには垂直抗力の作用点が直方体の底面に含まれなければならないので，条件 $0 \leqq x \leqq a$ より，$0 \leqq \frac{a}{2} - \frac{\beta b}{2g} \leqq a$．

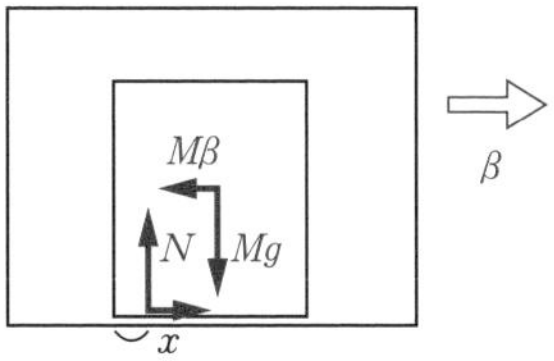

変形して $-\frac{a}{2} \leqq \frac{\beta b}{2g} \leqq \frac{a}{2}$ より $\left|\frac{\beta b}{2g}\right| \leqq \frac{a}{2}$ となり，箱の加速度の大きさの条件 $|\beta| \leqq \frac{ag}{b}$ を得る．

角振動数 ω，振幅 d の単振動では，加速度の最大値が $d\omega^2$ なので，$d\omega^2 \leqq \frac{ag}{b}$ より，角振動数の条件は $\omega \leqq \sqrt{\frac{ag}{bd}}$ である．周期の条件は $T = \frac{2\pi}{\omega} \geqq 2\pi\sqrt{\frac{bd}{ag}}$ …(答)

練習問題 7-6

三角形 ABC の重心を G，辺 BC の中点を D，頂点 A から辺 BC に下した垂線の足を点 E，重心 G から辺 BC に下した垂線の足を点 F とする．三角形の重心の性質より，AD : GD = 3 : 1 だから，AE : GF = 3 : 1 となる．

頂点 A につけた糸の張力を T として，辺 BC のまわりの力のモーメントのつり合いより，$T \times \mathrm{AE} = Mg \times \mathrm{GF}$．これより，$T = \frac{1}{3}Mg$ を得る．頂点 B，C につけた糸の張力も同様に $\frac{1}{3}Mg$ になる． …(答)

練習問題 7-7

(1) 重心 G を通り l に平行な軸のまわりの慣性モーメントを I_{G} とし，G から距離 h 離れた点 A を通り l に平行な軸のまわりの慣性モーメントを I とする．平行軸の定理より $I = I_{\mathrm{G}} + Mh^2$ となるので I が最小となるのは $h = 0$ のときであることが分かる．したがって，剛体の重心を通る軸のまわりの慣性モーメントが最小になる． …(答)

(2) 棒の重心を通る軸のまわりの慣性モーメント I_{G} を，棒を 2 等分してそれぞれの慣性モーメントの和として書き下すと，

$$I_{\mathrm{G}} = k\frac{M}{2}\left(\frac{a}{2}\right)^2 + k\frac{M}{2}\left(\frac{a}{2}\right)^2 = \frac{1}{4}kMa^2$$

…①

棒の端を通り棒に垂直な軸のまわりの慣性モーメント I は，平行軸の定理より，

$$I = I_{\mathrm{G}} + M\left(\frac{a}{2}\right)^2 = \frac{1}{4}kMa^2 + \frac{1}{4}Ma^2$$

…②

一方，$I = kMa^2$ とおいてあるから，②式より，$\frac{1}{4}kMa^2 + \frac{1}{4}Ma^2 = kMa^2$ となる．

これより，$k = \frac{1}{3}$ …(答)

また，重心を通る軸のまわりの慣性モーメントは①式より，

$I_{\mathrm{G}} = \frac{1}{12}Ma^2$ …(答)

練習問題 7-8

リングの線密度ρは，$\rho = \dfrac{M}{2\pi a}$.

リング上の各点を極座標$(r, \theta) = (a, \theta)$で表す．中心角$d\theta$を見込む微小円弧の質量が$\rho a d\theta$，$y$軸からの距離が$a\cos\theta$なので，直径（$y$軸）のまわりの慣性モーメント$I$は，

$$I = \int_0^{2\pi}(a\cos\theta)^2\rho a d\theta = \frac{Ma^2}{2\pi}\int_0^{2\pi}\cos^2\theta\, d\theta.$$

ここで，$\displaystyle\int_0^{2\pi}\cos^2\theta\, d\theta = \int_0^{2\pi}\left(\frac{1}{2} + \frac{1}{2}\cos 2\theta\right)d\theta$

$\displaystyle= \left[\frac{1}{2}\theta + \frac{1}{4}\sin 2\theta\right]_0^{2\pi} = \pi$を代入すれば，

$I = \dfrac{1}{2}Ma^2$ …（答）

練習問題 7-9

$\angle \mathrm{CAB} = \theta$，針金の線密度を$\rho$とし，点Aを原点とする$x$軸をABに沿って取る．

位置xの軸ACからの距離が$x\sin\theta$，針金の$x \sim x + dx$部分の質量が$\rho\, dx$なので，AB部分の慣性モーメントI_{AB}は，

$$I_{\mathrm{AB}} = \int_0^a (x\sin\theta)^2\rho dx = \rho\sin^2\theta\int_0^a x^2 dx$$

$$= \rho\sin^2\theta\left[\frac{1}{3}x^3\right]_0^a = \frac{1}{3}\rho a^3\sin^2\theta$$

となり，$\sin\theta = \dfrac{\mathrm{CB}}{\mathrm{AC}} = \dfrac{b}{\sqrt{a^2 + b^2}}$を代入すれば，$I_{\mathrm{AB}} = \dfrac{\rho a^3 b^2}{3(a^2 + b^2)}$.

対称性より，I_{AB}の式でaとbを入れ替えればI_{BC}を得る．

$$I_{\mathrm{BC}} = \frac{\rho b^3 a^2}{3(b^2 + a^2)}.$$

針金ABCの慣性モーメントIは，

$$I = I_{\mathrm{AB}} + I_{\mathrm{BC}} = \frac{\rho a^2 b^2(a + b)}{3(a^2 + b^2)}.$$

針金の質量は$M = \rho(a + b)$と書けるので，

$I = \dfrac{Ma^2b^2}{3(a^2 + b^2)}$ …（答）

練習問題 7-10

円板をxy面内に置き，円板の中心を原点に合わせる．z軸のまわりの慣性モーメントI_zは，**問題** 7-⑩の結果より，$I_z = \dfrac{1}{2}Ma^2$である．x軸のまわりの慣性モーメントI_x，およびy軸のまわりの慣性モーメントI_yはともに直径を軸とする慣性モーメントIに等しい．

垂直軸の定理$I_z = I_x + I_y$より，$I_z = I + I$.

これより，$I = \dfrac{1}{2}I_z = \dfrac{1}{4}Ma^2$ …（答）

練習問題 7-11

半径a，質量Mの球の直径を軸とする慣性モーメントの公式$I = \dfrac{2}{5}Ma^2$を用いて，

$I = \dfrac{2}{5} \times 6.0 \times 10^{24}〔\mathrm{kg}〕\times (6400 \times 10^3〔\mathrm{m}〕)^2$

$= 9.8 \times 10^{37}〔\mathrm{kg \cdot m^2}〕$ …（答）

自転軸のまわりの角運動量Lは，地球の自転周期をTとして，

$$L = I\omega = I\frac{2\pi}{T}$$

$$= \frac{9.8 \times 10^{37}〔\mathrm{kg \cdot m^2}〕\times 2 \times 3.14}{24 \times 3600〔\mathrm{s}〕}$$

$= 7.1 \times 10^{33}〔\mathrm{kg \cdot m^2/s}〕$ …（答）

練習問題 7-12

円板の重心Gのまわりの慣性モーメントは$I_{\mathrm{G}} = \dfrac{2}{5}Ma^2$.

平行軸の定理より固定軸Oのまわりの慣性モーメントIは，

$I = Mb^2 + I_{\mathrm{G}} = M\left(b^2 + \dfrac{2}{5}a^2\right)$となるので，

問題 7-⑫で得た実体振り子の周期の式を用いて，$T = 2\pi\sqrt{\dfrac{I}{Mgb}} = 2\pi\sqrt{\dfrac{1}{g}\left(b + \dfrac{2a^2}{5b}\right)}$ …（答）

相加・相乗平均の関係を用いれば，

$$T \geqq 2\pi\sqrt{\frac{2}{g}\sqrt{b \cdot \frac{2a^2}{5b}}} = 2\pi\sqrt{\frac{2\sqrt{10}\,a}{5g}}$$

となる．等号は $b = \dfrac{2a^2}{5b}$ のとき成立する．よって，$b = \dfrac{\sqrt{10}}{5}a$ のとき周期は最小値 $2\pi\sqrt{\dfrac{2\sqrt{10}\,a}{5g}}$ になる． …(答)

練習問題 7-13

剛体を形成する質量 m の質点を考え，重心に対する位置ベクトルを $\boldsymbol{r}$ とすると，重心に対する相対速度は $\boldsymbol{v} = \boldsymbol{\omega} \times \boldsymbol{r}$ と書ける．外積の公式を用いて速度の2乗は，

$$\boldsymbol{v}^2 = (\boldsymbol{\omega} \times \boldsymbol{r})\cdot(\boldsymbol{\omega} \times \boldsymbol{r})$$
$$= (\boldsymbol{\omega}\cdot\boldsymbol{\omega})(\boldsymbol{r}\cdot\boldsymbol{r}) - (\boldsymbol{\omega}\cdot\boldsymbol{r})(\boldsymbol{r}\cdot\boldsymbol{\omega}) \quad \cdots①$$

質点の重心に関する相対角運動量 $\boldsymbol{l}$ は，

$$\boldsymbol{l} = \boldsymbol{r} \times m\boldsymbol{v} = \boldsymbol{r} \times m(\boldsymbol{\omega} \times \boldsymbol{r}) = m\boldsymbol{r} \times (\boldsymbol{\omega} \times \boldsymbol{r})$$
$$= m(\boldsymbol{r}\cdot\boldsymbol{r})\boldsymbol{\omega} - m(\boldsymbol{r}\cdot\boldsymbol{\omega})\boldsymbol{r}$$

と書けるが，これと角速度ベクトル $\boldsymbol{\omega}$ との内積を作れば，

$$\boldsymbol{l}\cdot\boldsymbol{\omega} = m(\boldsymbol{r}\cdot\boldsymbol{r})(\boldsymbol{\omega}\cdot\boldsymbol{\omega}) - m(\boldsymbol{r}\cdot\boldsymbol{\omega})(\boldsymbol{r}\cdot\boldsymbol{\omega}) \quad \cdots②$$

①，②式より，質点の重心に対する相対運動エネルギーが $\dfrac{1}{2}m\boldsymbol{v}^2 = \dfrac{1}{2}\boldsymbol{l}\cdot\boldsymbol{\omega}$ と書けることがわかる．剛体を形成する質点の角運動量の和が剛体の全角運動量 $\boldsymbol{L}$ に等しいことから，質点の相対運動エネルギーの和である剛体の回転運動エネルギー K は，$K = \dfrac{1}{2}\boldsymbol{L}\cdot\boldsymbol{\omega}$ と表すことができる． …(答)

練習問題 7-14

(1) 等加速度直線運動の式を用いて $v^2 - 0^2 = 2ad$ より，

$$v = \sqrt{2ad} = \sqrt{\frac{2gd(m_2 - m_1)}{m_1 + m_2 + \dfrac{I}{R^2}}} \quad \cdots(答)$$

(2) 力学的エネルギーの保存より，

$$m_2gd - m_1gd = \frac{1}{2}m_1v^2 + \frac{1}{2}m_2v^2 + \frac{1}{2}I\omega^2.$$

ここで，$v = R\omega$ より $\omega = \dfrac{v}{R}$ を代入して v について解くと，

$$v = \sqrt{\frac{2gd(m_2 - m_1)}{m_1 + m_2 + \dfrac{I}{R^2}}} \quad \cdots(答)$$

練習問題 7-15

中空円柱が斜面から受ける摩擦力を F として，重心の運動方程式は，$Ma = Mg\sin\theta - F$ …①

回転の運動方程式は，$I\dfrac{d\omega}{dt} = FR_1$ …②

中空円柱が斜面に対して滑らないことから，中空円柱の重心速度 v を用いて，$v = R_1\omega$．これを時間微分して，$a = R_1\dfrac{d\omega}{dt}$ …③

①，②，③式より $\dfrac{d\omega}{dt}$ と F を消去して a について解けば，$a = \dfrac{g\sin\theta}{1 + \dfrac{I}{MR_1{}^2}}$.

円柱の底面から見た面密度を σ とすると，$M = (\pi R_1{}^2 - \pi R_2{}^2)\sigma$.

円板の中心を通り円板に垂直な軸まわりの慣性モーメントの式を用いて，くり抜かれた円柱の中心軸まわりの慣性モーメント I は，

$$I = \frac{1}{2}(\pi R_1{}^2\sigma)R_1{}^2 - \frac{1}{2}(\pi R_2{}^2\sigma)R_2{}^2$$
$$= \frac{1}{2}\pi\sigma(R_1{}^4 - R_2{}^4)$$
$$= \frac{1}{2}\pi\sigma(R_1{}^2 - R_2{}^2)(R_1{}^2 + R_2{}^2)$$
$$= \frac{1}{2}M(R_1{}^2 + R_2{}^2)$$

となるので，$a = \dfrac{2g\sin\theta}{3 + \left(\dfrac{R_2}{R_1}\right)^2}$ …(答)

練習問題 7-16

初めの重心速度 v_0 は，球が斜面上を滑らないことより，$v_0 = R\omega_0$.

球の質量を M，中心を通る軸のまわりの慣性モ

ーメントを I として，力学的エネルギー保存則より，

$$\frac{1}{2}M{v_0}^2 + \frac{1}{2}I{\omega_0}^2 = Mgd\sin\theta.$$

これより，$d = \dfrac{MR^2 + I}{2Mg\sin\theta}{\omega_0}^2$．球の慣性モーメント $I = \dfrac{2}{5}MR^2$ を代入すれば，$d = \dfrac{7R^2{\omega_0}^2}{10g\sin\theta}$

…(答)

練習問題 7-17

重心の運動方程式は，

$$m\frac{v^2}{R+r} = mg\cos\theta - N \quad \cdots①$$

力学的エネルギー保存則は，

$$mgH = \frac{1}{2}mv^2 + mg(R+r)\cos\theta + \frac{1}{2}\frac{2}{5}mr^2\omega^2 \quad \cdots②$$

球が半円柱面上で滑らない条件は，$v = r\omega$ …③

①～③式より，v, ω を消去して N を求めれば，

$$N = \frac{1}{7}mg\left(17\cos\theta - \frac{10H}{R+r}\right)$$

球が半円柱面から離れるのは $N = 0$ となるときなので，$\cos\theta = \dfrac{10H}{17(R+r)}$．

高さは，$h = (R+r)\cos\theta = \dfrac{10}{17}H$ …(答)

練習問題 7-18

鉄球に加える力を f とすると，回転の運動方程式 $\dfrac{dL}{dt} = fl$ より，$dL = fl\,dt$．積分して，$\int dL = \int fl\,dt$ より，$\Delta L = l\int f\,dt$．角運動量の変化は $\Delta L = I\omega$ であり，$\int f\,dt$ は力積 $F\,\Delta t$ に等しいので，$I\omega = l\,F\,\Delta t$.

中心軸のまわりの慣性モーメント $I = 2\left(Ml^2 + \dfrac{2}{5}MR^2\right)$ を代入して，

$$\omega = \frac{5lF\Delta t}{2M(5l^2 + 2R^2)}$$ …(答)

参考図書

［1］ 宮台朝直『初等物理シリーズ1　力と運動』裳華房

［2］ 有光敏彦『初等物理シリーズ3　熱とエネルギー』裳華房

［3］ 岸根順一郎・松井哲男『力と運動の物理』放送大学教育振興会

［4］ 篠本 滋・坂口英継『基幹講座 物理学 力学』東京図書

［5］ 山内恭彦『一般力学』岩波書店

［6］ 湯川秀樹『理論物理学を語る』日本評論社

［7］ Paul G. Hewitt 他著，吉田義久訳『物理科学のコンセプト1　力と運動』共立出版

［8］ Paul G. Hewitt 他著，黒星瑩一訳『物理科学のコンセプト2　エネルギー』共立出版

［9］ R. P. Feynman 他著，坪井忠二訳『ファインマン物理学Ⅰ　力学』岩波書店

［10］ C. Kittel 他著，今井 功監訳『バークレー物理学コース　力学』丸善出版

［11］ 永田一清・佐野元春・轟木義一『新・基礎　力学演習』サイエンス社

［12］ M. Chen 著，小出昭一郎他訳『バークレー物理学演習』培風館

［13］ 石綿夏委也『大学1・2年生のためのすぐわかる微分積分』東京図書

［14］ 石綿夏委也『大学1・2年生のためのすぐわかる微分方程式』東京図書

［15］ 島尾永康『ニュートン』岩波書店

［16］ 嶺重 慎『ブラックホール天文学』日本評論社

［17］ 嶋沢真也『連星から見た宇宙』講談社

［18］ ロゲルギスト『新 物理の散歩道　第2集』ちくま学芸文庫

［1］［2］は初歩的な導入から始まるので入門者に適している．［3］［4］は現代的な標準テキストである．［5］は高度な名著として知られている．［6］は読み物風になっていて楽しめる．［7］［8］では豊富な具体例により物理法則の意味するところが体感できる．［9］［10］は教養課程の名著として世界的に知られている．［11］［12］は手頃な演習書である．［13］［14］は微分・積分の数学に関する参考図書，［15］～［18］は column の参考図書である．

索引

ち

つ

て

と

な

に

ね

は

ひ

ふ

●著者紹介
堀江克己（ほりえ　かつみ）

1957 年埼玉県生まれ.
東京大学理学部物理学科卒業.
半導体メーカー勤務，両国予備校講師などを経て，現在河合塾講師.
物理の分かりやすい解説を編み出すことや新作問題の考案に精力を注ぎ続けている.

大学《だいがく》 1《いち》・2《に》年生《ねんせい》のためのすぐわかる力学《りきがく》
2021 年 9 月 25 日　第 1 刷発行

著　者　堀江克己
発行所　東京図書株式会社
〒102-0072　東京都千代田区飯田橋 3-11-19
電話●03-3288-9461
振替●00140-4-13803
ISBN 978-4-489-02366-8
http://www.tokyo-tosho.co.jp/